贵州特色乡土树种育苗技术

韦小丽　范云美 / 主编

U0209721

贵州科技出版社

图书在版编目（CIP）数据

贵州特色乡土树种育苗技术/韦小丽，范云美主编
. -- 贵阳：贵州科技出版社，2023.4

ISBN 978-7-5532-1135-0

Ⅰ.①贵… Ⅱ.①韦… ②范… Ⅲ.①树种—育苗—
贵州 Ⅳ.①S723.1

中国版本图书馆 CIP 数据核字（2022）第 197982 号

贵州特色乡土树种育苗技术

GUIZHOU TESE XIANGTU SHUZHONG YUMIAO JISHU

出版发行	贵州科技出版社
地　　址	贵阳市观山湖区会展东路 SOHO 区 A 座（邮政编码：550081）
网　　址	http://www.gzstph.com
出 版 人	王立红
经　　销	全国各地新华书店
印　　刷	贵州新华印务有限责任公司
版　　次	2023 年 4 月第 1 版
印　　次	2023 年 4 月第 1 次
字　　数	389 千字
印　　张	13
开　　本	889 mm × 1194 mm　1/16
书　　号	ISBN 978-7-5532-1135-0
定　　价	58.00 元

《贵州特色乡土树种育苗技术》

编辑委员会

主　　任：胡洪成

副 主 任：傅　强　孙福强　姚世超

主　　编：韦小丽　范云美

执行主编：穆　兵　韦　忆

副 主 编：杨华斌　戴佳丽　王明彬

委　　员：（按姓氏笔画排序）

王　嫚　王明彬　韦　忆　韦小丽　刘作文

苏　莉　苏石诚　杨华斌　杨通翠　陈　阳

陈骥越　范云美　穆　兵　戴佳丽

前　言

　　林木种苗是林业生产的物质基础。近年，随着国家生态文明建设的推进，国家林业和草原局将森林质量提升作为推进生态文明建设的重要举措，启动了国家储备林建设工程，开展集约人工林培育，实施现有林改培计划，大力推进珍贵用材树种和特色乡土树种的培育。种苗繁育是珍贵用材树种和特色乡土树种培育的基础，是国家储备林建设工程顺利实施的重要保障，为此，本书编委会编写《贵州特色乡土树种育苗技术》一书，以普及特色乡土树种育苗知识，指导林业苗圃从业人员、林业生产管理技术人员科学培育壮苗，提高国家储备林用苗质量，这对于推动贵州省国家储备林建设、特色林业产业发展和乡村振兴中美化、绿化人居环境，具有极其重要的意义。

　　本书共六章：第一章至第三章主要为种苗培育及管理人员普及种苗繁育的基本知识，其中第一章主要介绍林木种子采集、种实调制和种子贮藏的基本理论和技术，旨在让苗圃工作者掌握林木种子品质保障的相关技术环节，提高育苗用种子质量；第二章主要介绍苗圃建立及土壤管理的基本理论和技术，旨在让苗圃工作者科学合理地选地、用地和维护土壤地力；第三章主要介绍苗木培育的基本理论和技术，包括大田播种育苗技术、容器育苗技术、无性繁殖育苗技术、移植苗培育、苗木出圃，旨在让苗圃工作者熟悉和掌握主要苗木类型的培育技术，科学地培育壮苗。第四章至第六章介绍贵州主要珍稀树种、特色经济林树种和特色乡土园林绿化树种育苗技术，系统阐述了16个珍稀乡土树种、9个特色经济林树种和8个特色乡土园林绿化树种的实生苗培育（大田播种育苗和容器育苗）、无性繁殖育苗（扦插、嫁接和组织培养育苗）、病虫害防治和苗木出圃等内容。

　　本书较全面地总结了贵州近十年在特色乡土树种育苗方面的科研成果，借鉴了其他省（区、市）种苗科研工作者的育苗经验，引入了大量行业标准、地方标准的内容，体现了育苗技术的先进性和规范性。本书既是可供森林培育教学、科研工作者和研究生参考的专业书，又是一本非常适用于林业苗圃从业人员、林业生产管理技术人员参考的工具书。

　　本书的出版得到贵州省林木种苗站的大力资助，在编写中得到贵州省及四川省林木种苗科研人员提供的很多资料和图片，在此一并致谢！由于时间仓促，加之编写人员水平有限，本书在体系构建和内容编写方面尚存需完善之处，企盼读者批评、指正。

编　者

2022 年 6 月

目　录

第一章　林木种子采集与处理

第二章　苗圃建立及土壤管理

第五章　贵州特色经济林树种育苗技术

第六章　贵州特色乡土园林绿化树种育苗技术

第一章 林木种子采集与处理

林木种子是指可以用于直接更新造林或培育苗木的繁殖材料，包括种子、果实、枝、叶、茎、根等营养器官和组织、细胞、细胞器、人工种子等。林业生产周期长，种子工作做得好与坏直接关系造林绿化和各项生态建设工程的成败。缺少种子或使用劣质种子育苗造林，不仅影响树木成活、成林、成材，还会带来不可估量的损失。林木种子工作对林业生产来说是百年大计，因此，选择优良的母树采种，严格做好林木种子的采集、加工和贮藏各环节工作，十分必要，也势在必行。

第一节 种子的成熟

所谓"种子的成熟"，就是植物胚珠受精后发育成种子的过程。一个完整的种子必须具备种皮、胚根、胚芽、胚轴、子叶（图1-1）。种子的生命集中体现在胚上。在适宜的条件下，胚芽发育成植株的主茎和叶，胚根发育成根；子叶和胚乳贮存了种子萌发所需的淀粉、蛋白质、脂肪等物质；种皮可保护种子免受外界侵害。

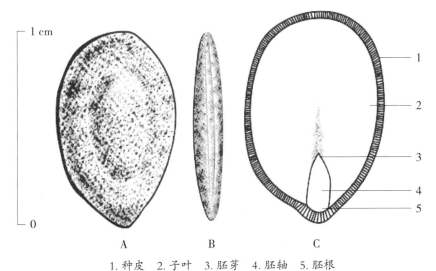

1.种皮 2.子叶 3.胚芽 4.胚轴 5.胚根

图1-1 新银合欢种子的正面（A）、侧面（B）和纵切面（C）

一、种子成熟的几种状态

（一）种子的生理成熟

种子的各个器官如胚、种皮形成，胚具有发芽能力时，种子即达到生理成熟。此时，有些树木种子的胚乳已形成，如裸子植物油松、白皮松等；有些树木种子的胚乳在种子形成过程中被吸收或消失，如刺槐、栗、胡桃（核桃）等。生理成熟的种子虽然具备发芽能力，但含水量高，营养物质处于易溶状态，生物化学反应活跃，种皮还不致密，保护能力还不强。种子的生理成熟过程是一个复杂的生物化学反应过程，是由树木的生物学特性决定的，同时受环境因子的影响。适宜的环境因子对种子成熟有利。

（二）种子的形态成熟

种子的胚发育完全后，外部形态也发生了变化，呈现出该树种种子特有的成熟特征，称为形态成熟。

种子形态成熟后的特征表现：内部营养物质积累停止，营养物质以脂肪、淀粉和蛋白质的形式贮存在种子中；种子含水量下降，种皮坚硬致密，透性降低，抗性增强；种子呼吸减弱，进入休眠，耐贮藏。

（三）种子的生理后熟

生理成熟和形态成熟的先后因植物种类的不同而不同。一般种子先生理成熟，后形态成熟，但有些种子生理和形态几乎同时成熟，还有一些种子是形态成熟后才生理成熟。这类种子虽然表现出形态成熟特征，但因胚未发育完全，或存在发芽抑制物，不具备发芽能力，还需经过一段时间的发育或营养物质累积，才能具备发芽能力，这种现象称为种子的生理后熟。

例如：银杏形态成熟时，其假种皮呈黄色、变软、易脱落、有臭味，但此时胚还未发育完全，不具备发芽能力，还需要经过生理后熟阶段，胚发育完全后才具备发芽能力；南方红豆杉采种时胚的长度只有 2 mm，室外埋藏 1 年后，胚才分化完善，这时胚长达 5~6 mm，方可发芽；珙桐、青钱柳的种子也需混沙湿藏 1 年，才具备发芽能力。

二、影响种子成熟的因素

在各树种种子成熟的季节，种子成熟时果实的形态、颜色及积累营养物质所需的时间等，都是由树种遗传特性决定的，环境条件对种子成熟的具体时间、果实和种子的物理性状等有一定影响。

（一）树种自身生物学特性

不同树种种子的成熟时间是不一样的。多数树种在秋季成熟，即所谓"春华秋实"；有的树种在早春成熟，如圆柏（桧柏）；有的树种在春末夏初成熟，如杨树、柳树、榆树、亮叶桦等；有的在夏季成熟，如山桃、桑、构；还有的在冬季成熟，如油茶、闽楠、楠木等。

（二）环境条件

1. 树种所处的地理位置

同一树种一般在南方成熟得早，在北方成熟得晚。有些（如侧柏）则相反，由于在北方生长期短，种子提前成熟，但在南方生长期长，种子成熟期推迟。

2. 立地条件

同一地区同一树种，其种子生长在光照条件好的地方比生长在光照条件差的地方成熟早，生长在低海拔的地方比生长在高海拔的地方成熟早，生长在土壤瘠薄的地方比生长在肥沃的地方成熟早；干旱年份比雨水多的年份成熟早。

三、判断种子成熟的方法

在生产中，种子成熟与否可根据种实的外部形态，通过感官来判断，也可通过比重测量、发芽试验、生化分析、解剖等方法来判断。

（一）外部形态特征判断

不同的树种、不同的种实类型，其成熟特征的表现不同。一般种子成熟时，球果或果实由绿色变为深暗的颜色，可据此判断种子是否成熟。球果类的果鳞硬化、干燥、微裂、颜色变深，如华山松、侧柏、马尾松、杉木变为黄褐色；干果类的荚果、蒴果、翅果等的果皮由绿色变为白色、黄色、褐色等，果皮干燥、硬化、紧缩，如刺槐、五角枫的果皮变为褐色，榆树的果皮变为白色，皂荚的果皮变为黑色或褐色；肉质果类的浆果、核果、仁果等的果皮软化，颜色变化因树种不同而不同，如银杏、苦楝的果皮变为黄色，冬青、山桐子、火棘的果皮变为红色，樟、楠木、女贞的果皮变为紫黑色。

（二）味觉判断

一些种实是否成熟可用味觉进行判断。果实在成熟过程中，有机酸转变为糖，单宁被氧化为无涩味的物质。因此，果实成熟后，果肉酸涩味下降，甜香味增加。

上述两种判断方法虽简单易用，但需在实践中认真观察，积累经验，才能作出准确的判断。比重法、发芽试验法、解剖法、生化测定法是更精确的判断方法，但因操作复杂，目前在生产中应用不多。

第二节　采　种

一、采种期的确定

采种期适宜与否，对种子产量、质量的影响很大。采种过早，种子还没有完全成熟，种子发芽率低且不耐贮藏；采种过晚，受鸟兽害和天气的影响，种子产量、质量均会降低。因此，必须在适宜的时期采种。如何确定适宜采种期，关键在于林木种子的成熟期、成熟特征及种实脱落期的长短。采种期的确定可遵照下列原则进行：

（1）成熟后立即脱落，或带翅、带絮毛的小粒种子易被风吹散的，应在种子成熟到开始脱落前采集。如杉木、杨树、柳树、亮叶桦的种子。

（2）种实脱落期长，果实颜色鲜艳，易被鸟兽啄食的，应在其形态成熟后立即采集。如樟、栾树、女贞、乌桕、玉兰、冬青等的种实。

（3）种实长期不易脱落的，不宜留在树上过久，应及早采摘，但采种时间可相对延长。如苦楝、刺槐、臭椿、皂荚、花榈木、红豆树、中国槐等。

（4）休眠期长的种子，为了缩短休眠期，可在其生理成熟后、形态成熟前采集，采集后立即播种或贮藏。如山楂、红豆杉、椴树等。

二、采种林分及母树的选择

已建立母树林和种子园等良种基地的树种是首选对象。但目前大量的乔灌木种子仍然是从天然林、人工林和孤立木上采集。由于林分有优劣之分，种子的遗传品质也存在极大差异，为了避免在劣等林分中采种，《中华人民共和国种子管理条例》规定必须划定采种林分。《中华人民共和国种子法》第三十五条规定："在林木种子生产基地内采集种子的，由种子生产基地的经营者组织进行，采集种子应当按照国家有关标准进行。禁止抢采掠青、损坏母树，禁止在劣质林内、劣质母树上采集种子。"

采种林分或母树的选择条件：种源清楚，生长健壮，干形优良，无严重病虫害，结实丰富，抗性强。对于松属树种，采过脂的林分或母树不宜作采种林分或母树。此外，采种母树的树龄也应考虑在内，应选结实良好的中壮龄母树或林分。一般速生针叶树种选择树龄 15～30 年及以上的母树；生长慢的树种，树龄 30～40 年及以上较合适；生长快的阔叶树种，一般树龄 10 年以上就可以采种。贵州主要造林树种采种母树树龄见表 1-1。

表 1-1 贵州主要造林树种采种母树树龄

树种	树龄/年	树种	树龄/年	树种	树龄/年
杉木	15～30	银杏	40～100	檫木	10～30
马尾松	15～40	樟	20～50	麻栎	20～50
华山松	20～40	楠木	20～50	鹅掌楸	15～30
云南松	30～40	香椿	15～30	核桃	20～40
柏木	20～40	楸树	15～30	大叶栎树	20～40
柳杉	15～60	苦楝	10～20	木荷	25～40
桤木	10～25	猴樟	15～40	黄连木	20～40
山鸡椒	>7	棕榈	10～15	花椒	10～20

三、采种方法

（一）立木上采种（树上采种）

适用于小粒种子和种子脱落后易被风吹散的树种，以及成熟后虽不易脱落，但不便于地面收集的树种，如杉木、马尾松、侧柏、桉、臭椿、木荷、刺槐等。一般多用于树干低矮或需借助工具才能上树采种的树种。常用采种工具有采摘刀、采种钩、高枝剪等，上树工具有采种梯、上树环、绳套、折叠梯等。地势平坦的地方可以用升降机上树采种，此法有利于保护母树。

（二）地面收集

适用于大粒种子。种子成熟后用棍棒敲打使其掉落于地，然后在地面收集，如栗、油桐、油茶等。对于脱落后不易收集的中粒、小粒种子，可先于母树周围铺垫尼龙网、塑料薄膜等，再摇动母树收集种子。

（三）机械采种

对于树干高大、果实单生、树上采种有困难的树种，通过机械动力震动来摇落果实，用采种网或采种帆布收集果实，如马尾松、杉木、樟、楠木等。我国早在20世纪80年代就已成功研制出杉木震动式采种机。

四、注意事项

（一）注意安全

上树采种时应系好安全带、绑好安全绳、戴好安全帽。最好选择天晴无风时采种，种子容易干燥，调制方便，作业也安全。阴雨天采种，种子容易发霉。有些树种的果实在干燥空气中易开裂，趁着早晨有露水时采集，能防止种子散落过多。当风力达4级以上，禁止采种作业。

树下收集种子的作业者，应随时注意树上采集种子的作业者的情况，避免滑落的工具或折枝掉下而被砸伤。

（二）注意保护母树

采种时要注意保护好母树，特别是在公园、景区和保护区进行采种时，要防止破坏有价值的树木，避免大量损伤母树枝条。

（三）做好登记

采种过程中，为了分清种源、防止混杂、合理使用种子、保证种子质量，必须对采集的种子或就地收购的种子进行登记，要分批登记，分别包装，种子包装容器内外均应编号并贴上标签。具体见图1-2、图1-3。

种子采收登记表

采种人：_____ 采种时间：_____

地理位置：_____ 省（区、市）_____ 县（区、市）_____ 乡（镇）_____ 小地名_____

海拔：_____ 经度：_____ 纬度：_____

地形：（　　　）　　1. 平地　　　2. 坡岗　　　3. 丘陵　　　4. 低山　　　5. 高山　　　6. 其他

坡向：（　　　）　　1. 阳坡　　　2. 半阳坡　　　3. 半阴坡　　　4. 阴坡

坡度：（　　　）　　1. 0°~10°　　2. 10°~30°　　3. 30° 以上

坡位：（　　　）　　1. 上　　　　2. 中　　　　3. 下

坡形：（　　　）　　1. 直线坡　　2. 凹形坡　　3. 凸形坡

基岩：_____

土壤：_____

土层厚度：_____

林分类型：（　　　）　　1. 混交林　　2. 散生林　　3. 孤立木

图 1-2　种子采收登记表

采种母树生长状况调查表

编号	年龄/年	树高/m	胸径/cm	枝下高/m	冠幅/m	健康状况	开花结实情况	采收种子重量/kg

图 1-3　采种母树生长状况调查表

第三节　种实调制

林木的种子和果实简称种实。种实调制是对采种后的果实和种子进行脱粒、干燥、净种、分级。不同的种实构造不同，调制的方法也不同。生产上为了调制方便，把调制方法相同或相似的种实归为一类。种实可分为球果类、干果类、肉质果类三大类。

一、各类林木种实的调制

（一）球果类

绝大多数裸子植物的种实属于球果类，种子包在种鳞之内，种鳞张开，种子即脱落。但银杏、三尖杉、红豆杉、香榧等属肉质果类。

1. 自然干燥脱粒

此法以日光暴晒为主。即将球果铺于晒坝上，日晒至鳞片开裂，再用棍棒敲打脱粒。含松脂多的树种如马尾松，其鳞片不易开裂，可采取堆沤的方法。具体做法：将球果铺于晒坝上，厚 10 cm 左右，将石灰水（氢氧化钙：水＝100∶1）均匀洒在松果上，用塑料薄膜盖上堆沤 10 d 左右，然后揭开塑料薄膜，期间经常翻动，晒至鳞片干裂，敲打即可脱粒。自然干燥脱粒安全、可靠，但受天气条件和场所限制。

2. 人工干燥脱粒

指用人工通风、加温，促使球果干燥开裂，种粒脱出的方法。人工干燥脱粒可以通过控制干燥条件缩短干燥周期，不受天气条件限制，但要注意干燥温度。

常用的有干燥室法和烘箱法，贵州省黄平县林场国家马尾松良种基地、黎平县东风林场国家杉木良种基地都有人工干燥室（房）。球果干燥的温度一般为 36 ～ 60 ℃，因树种不同，球果干燥温度也不同，如马尾松不能超过 55 ℃，落叶松、杉木、云杉不能超过 50 ℃。

人工干燥脱粒的技术要点如下：

先排湿预热，然后逐渐升温，避免种子受伤。对于含水率高的球果，如果突然升到高温，种子处于蒸煮状态，种子生活力会受到严重影响。同时，高温只会使球果表面干燥，且受热不均，反而造成脱粒困难。因此，要先排湿预热。干燥时温度应逐渐从低到高，否则会损伤种子，导致发芽率降低。例如：云杉种子在 45 ℃烘干，种子绝对发芽率为 95%；在 60 ℃烘干，种子绝对发芽率为 87%。

经常检查干燥室（房）温度、湿度，不适宜时及时调节。

脱粒后的种子应及时取出，以免过度干燥导致种子丧失生活力。对于带翅的种子如云杉、冷杉干燥脱粒后，种子应去翅，以便贮藏。

（二）干果类

蒴果、荚果、翅果、坚果、蓇葖果、瘦果等都属于干果类。干果类种实的调制主要包括清除果皮、果翅、枝叶等杂质，获得纯净的种子。这类种子很多，差异也较大，有的干果开裂，有的不开裂，有的含水量高，有的含水量极低，需要根据其不同特点，采用不同的调制方法。

1. 干裂果

种子成熟时果皮沿果实裂缝开裂，种子即脱出，包括荚果、蒴果、蓇葖果。安全含水量低的可直接置于太阳下晒干，然后再敲打脱粒，如刺槐、皂荚、合欢等的荚果；安全含水量高的宜置于通风、干燥的室内阴干后脱粒，如杨树、柳树，或用专门的蒴果调制机脱粒。

2. 干闭果

种子成熟后果实不开裂，包括翅果、坚果、瘦果、颖果等。这类种子无须从果实中取出种子，调制方法比较简单，只需适当干燥，防止其发霉，保持其生活力即可。但应注意干燥方法，一般不能直接暴晒，宜放在通风处阴干，如榆树、杜仲、亮叶桦。栎属坚果含水量高，日晒种子易丧失发芽力，采集后应及时手选或水选净种，去除虫蛀种粒，然后于通风处摊开晾干，种子达到安全含水量后即可贮藏。

（三）肉质果类

肉质果是指浆果、核果、聚花果及种子有假种皮的果实。浆果如樟、楠木，核果如苦楝、檫木，聚花果如桑、构，种子有假种皮的如红豆杉、香榧等。这类果实的果皮多系肉质，含有较多的糖类、果胶及大量水分，易发酵腐烂。因此，肉质果类种实采集后应立即调制，否则种子品质会降低。

肉质果类的调制关键是去掉肉质果皮。软果皮可以直接挤压、揉搓，弄碎果皮，挤出种子，然后经水选、晾晒干燥而获得净种。硬、脆果皮要先软化果皮，然后再去掉果皮，取出种子。由于肉质果果皮的软硬、薄厚不尽相同，调制方法也不同。软果皮如金银木、毛樱桃等，可直接揉搓，弄碎果皮，挤出种子；樟、楠木、银杏等可在水中浸泡一段时间（浸泡时间不可过长），使果皮松软，然后揉搓，弄碎果皮，取出种子；核桃等种实采用堆沤法，待其果皮腐烂，取出种子。

适时采种可使一些肉质果类种实的调制变得容易。例如：核桃形态成熟后再采集，大多果实果皮开裂，种子自动掉出；黑枣软化后再采摘，种子也更容易取出。

二、净种和干燥

（一）净 种

净种的目的是清除杂物，提高种子的播种品质及种子的耐贮性。通常根据种子、夹杂物的大小和比重不同，采用不同的净种方法。

1. 筛 选

用不同规格网眼的筛子筛选，清除大于或小于种子粒径的杂物。

2. 风 选

用于小粒种子。饱满种子与杂物重量不同，利用风力将其分开。通常用风车、簸箕等简单工具，要求风力适度，过大易吹去健壮种子，过小则达不到净种目的。

3. 水 选

利用种子与夹杂物比重的差异选种。良种下沉，虫害粒、发育不良粒和夹杂物上浮。注意水选后的种子不宜暴晒，只能阴干。

（二）干 燥

经过净种去杂后的纯净种子，还须适当干燥，使种子达到安全含水量标准，以较好地保持种子的生活力。贵州主要造林树种种子安全含水量见表 1-2。

表 1-2 贵州主要造林树种种子安全含水量

树种	安全含水量 / %	树种	安全含水量 / %
柳杉	5 ~ 7	楝	<10
杉木	<8	大叶榉树	10 ~ 12
马尾松	<10	侧柏、圆柏	<10
亮叶桦	6 ~ 8	皂荚、木荷	<12
柏木	10 ~ 12	樟、楠木	20
喜树	<12	水青冈	20 ~ 25
香椿	<12	油茶	30
棕榈	10 ~ 12	栎属	40 ~ 50

种实调制过程中的去翅、净种和干燥环节最易造成种子损伤。国外普遍采用容器育苗和裸根育苗等精播技术，对去翅、净种的技术要求很高。例如：瑞典采用湿法去翅，可防止去翅时损伤种皮，有利于种子保持发芽能力和生活力。"低温干燥系统"可在常温（18 ℃）下对种子进行迅速而有效的干燥，对于大多数针叶树种和阔叶树种种子而言，低温干燥能更好地保持种子生活力，提高发芽能力。水选净种机械可将种子中的沙粒、松脂等杂质和机械损伤的种子去掉。林业发达国家种实调制实现了全过程机械化，常用的机械包括：种子和球果干燥箱、种子脱粒生产线、净种和分级机、去翅机、水选机、重力分选机等。与国外相比，我国在这方面的技术水平还有待提高。

三、种子分级

种子分级就是把某一树种的种子按粒径分类，一般分为大、中、小 3 级。种粒大小可以在一定程度上反映种子优劣情况，不同粒径的种子育苗造林效果不同，因此种子分级在育苗造林上具有一定意义。一般粒径大的种子千粒重大，种子饱满，营养物质丰富，生活力强，发芽率高，育出的苗木强壮。使用经过分级选出的优良种子育苗，单位面积用种量少，出苗整齐，苗木生长均匀，苗木优质，便于管理。

净种、干燥、分级后的种子要及时登记，登记内容包括树种、产地、采集时间、采集人、处理方法、粒级等。在美国，种子标签要跟随种子贮藏、调拨运输、育苗、造林至森林收获的整个营林过程，不管哪一个环节出现问题，都可以对种子进行排查，为之后的种子调拨与经营提供依据。我国也建立了种子标签制度，但实际执行中还存在很多问题，需要进一步研究解决。

第四节　种子贮藏

种子贮藏的目的是储备播种育苗的种子，其实质是在一定的时间内保持种子生活力。

种子净种、分级后，受播种季节、生产计划等因素的影响，不能立即播种，需将种子按一定的方法贮藏一段时间。一些春末夏初成熟、不耐贮藏的种子，可随采随播，如杨树、柳树、榆树。但大多数树种种子不能采种后立即播种，需要等到翌年春季播种，丰收年采收的种子要留给歉收年使用，因此，要进行种子贮藏。如果种子贮藏得当，种子生活力延长达数年甚至数十年之久。反之，如果贮藏不当，则很快使种子失去生活力，也就失去了贮藏种子的意义。

种子贮藏前要充分净种，去除杂质，并使种子达到安全含水量。大多数种子的安全含水量为 3% ~ 14%，适宜的贮藏温度为 0 ~ 5 ℃，空气相对湿度为 30% ~ 50%。贮藏时要注意通风透气，按树种、批次、质量、产地分别贮藏。贮藏场所、容器要贴标签，注明树种、批次、贮藏时间等。

种子贮藏方法主要有干藏法和湿藏法两种。安全含水量低的种子采用干藏法，安全含水量高的种子采用湿藏法。

一、干藏法

即把经过充分干燥的种子贮藏在干燥的环境中并保持干燥状态的贮藏方法。大多数种子都可采用干藏法，如大部分针叶树种，刺槐、合欢、皂荚、桑、榆树等。干藏法又分普通干藏法、密封干藏法两种。

（一）普通干藏法

即将充分干燥的种子装入麻袋、布袋、箩筐、纸箱、缸、木桶等容器中，置于低温、干燥、通风的仓库或普通贮藏室内贮藏。本法主要适用于安全含水量低、在自然状态下不易丧失发芽能力的种子，但只能做短期贮藏。如柏科、豆科、槭树科、楝科等大多数树种的种子。

贮藏期间，为防止种子生虫和温度升高，可在贮藏容器或贮藏室（库）内放一定量的生石灰；贮藏期间，要定期检查，发现种子霉烂、变质、发热、发潮，应立即采取晾晒、通风、干燥等措施。如果是种子贮藏库，库内温度应控制在 –5 ~ 5 ℃，0 ℃左右最好；空气相对湿度控制在 40% ~ 60%。

普通干藏法不如密封干藏法效果好。例如：刺槐种子采用普通干藏法可贮藏 2.5 年，发芽率为 23.5%；采用密封干藏法可贮藏 2.5 年，发芽率为 42.5%。

（二）密封干藏法

即将种子充分干燥，放置在与外界空气隔绝的环境中的贮藏方法。本法适用于安全含水量极低，在自然条件下易丧失发芽能力的种子。如杨树、柳树、榆树、桑等树种的种子，通常置于铝箱、铁箱、聚乙烯袋或罐、缸中密封贮藏。种子不受外界温湿度变化的影响，长期保持干燥状态，呼吸微弱，能够长期保持生活力。

密封干藏法是目前种子长期贮藏最好的方法。

为防止种子吸湿、受潮，贮藏容器中应留出一定空间（种子通常放至九成满），并放入木炭、变色硅胶、氯化钙等吸湿剂，然后加盖，用石蜡、火漆、黏土等密封。木炭用量为种子总质量的 20% ~ 50%，变色硅胶用量约为种子总质量的 10%，氯化钙用量为种子总质量的 1% ~ 5%。

长期贮藏大量种子时，应建造种子贮藏库。种子贮藏库要求保持较低温度（通常为 0 ~ 5 ℃，有的要求为 –2 ℃）。有的种子贮藏库建在山洞中，采用自然通风降温，但这种种子贮藏库的温度一般最低只能达到 8 ~ 10 ℃，而且年温度变化较大，稳定性较差。若采用人工控温，可以保证要求的温度，但人工控温种子贮藏库的建设通常投资较大，技术要求高。

二、湿藏法

将种子置于湿润、适度低温、通气的条件下贮藏的方法。本法适用于安全含水量高的种子，如栎属、七叶树、核桃、油茶、樟、楠木、檫木等树种的种子。一些深度休眠的种子，如白蜡树、山楂、红豆杉、椴树、珙桐、青钱柳等树种的种子，也必须采用湿藏法，通过混沙湿藏解除休眠，为发芽创造条件。

湿藏的方法很多，主要有坑藏法、堆藏法和流水贮藏法等。不管采用哪种贮藏方法，贮藏期间都要求具备 3 个条件：①经常保持湿润，以防种子失水干燥；②温度控制在 0~5 ℃；③保持良好通风条件。

（一）堆藏法

可选择室内，也可选择室外。选择空气流通条件良好、干燥、阴凉的房间，先在地面上洒一些水，铺上约 10 cm 厚的湿沙，然后将种子与湿沙按 1:3 的体积比混合或分层铺放，堆至高 50~80 cm、宽 1 m 左右，长度视种子数量和堆放场所的长度而定。沙的湿度以饱和含水量的 60% 为宜，即手握成团不滴水、松手触之能散开的程度。

对于一些粒经小、量少的种子，可于缸、箱中混沙湿藏。

（二）坑藏法

在室外选择地势高燥、排水良好、背风和管理方便的地方挖坑贮藏。坑宽 1 m 左右；坑长度可视种子数量和地形而定；坑深为地下水位以上、土壤冻结层以下，一般深 1 m 左右。坑内底面倾斜，先在坑底铺厚 10~15 cm 的粗沙、卵石或砾石便于排水，再铺上细沙；在坑中每隔 1 m 插 1 束秸秆或带孔的竹筒，使其高出地面 30 cm 左右，以利通气。种子与沙按 1:3 的体积比混合或分层铺置，一直堆至离地面 20~40 cm，再铺放 1 层细沙，上面用稻草或其他材料覆盖，四周挖好排水沟（图 1-4）。

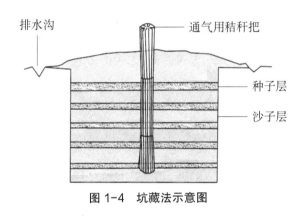

图 1-4　坑藏法示意图

（三）流水贮藏法

在有条件的地方，大粒种子可以采用流水贮藏法，如栎类、核桃等。选水面较宽，水流流速较慢，水深适度，水底淤泥、腐草少，又不冻结的溪涧河流，在周围用木桩、柳条筑成篱堰，把种子装入箩筐、麻袋内，置于其中贮藏。

此外，还可采取冷冻贮藏（如冰箱和冷库），北方地区还可采取雪藏。

三、种子的包装和运输

运输时为保证种子质量，必须做好包装，以防种子暴晒、受潮、发霉、机械损伤、受冻、受压等。

安全含水量低的种子可直接用麻袋、布袋装运，但不宜装得过满；安全含水量高的种子可用木箱、竹筐运输，但要分层摆放，层间用秸秆或草编隔开，防止种子受挤压。

杨树、柳树等易丧失发芽能力的种子宜用密封容器装运。

运输途中为防止种子被日晒、雨淋或受冻，应用棚布等覆盖种子。

第二章　苗圃建立及土壤管理

第一节　苗圃地的选择

苗圃是采用良种培育壮苗的重要基地，苗圃建设是林业生产中最重要的基础建设工作之一。只有建立起足够数量，并具有较高生产技术水平的苗圃，才能培育足够的优质壮苗，完成造林绿化任务。

苗圃地的选择对苗圃的建立至关重要。苗圃地条件的好坏直接影响苗木的产量、质量和生产成本。选择苗圃地，首先要对苗圃的自然、社会、经济条件进行必要的了解，并结合主要培育苗木的种类和特性进行全面分析，综合各方面的条件，最后作出决定。

一、基本条件

（一）地理位置

尽量选在造林地中心或附近，绿化苗圃应考虑在城市附近，以便苗木的销售；选择水电路"三通"的地方，以便苗木的管理、运输和职工生活。此外，建立苗圃应选择人力、物力条件较好的地区，以便苗圃劳动力和育苗物资的配置。

（二）地形条件

固定的大型苗圃宜选在地势平坦、排水良好的地方或坡度不超过 3° 的缓坡地带。若坡度太大，易引起水土流失，造成土壤肥力降低，管理难度增加。土壤黏重多雨地区，苗圃地不宜过平，可选择 3° ~ 5° 的坡地；山区应设法降低坡度，如沿等高线带状整地或坡改梯。

（三）土壤条件

土壤是苗木生长所需水分、养分的来源，对苗木质量的影响很大，苗木根系生长发育的好坏，根类、根量，根系吸收和合成能力的高低，等等，都与土壤有密切关系。土壤的质地和结构、肥力、pH 等都对苗木生长发育具重要作用。

1. 土壤质地和结构

土壤质地和结构的好坏直接影响土壤水、肥、气、热的协调供应。从土壤质地和结构看，苗圃地土壤质地以沙壤土、壤土和轻黏土为宜，结构以团粒结构为宜。沙壤土、壤土石砾含量低，结构疏松，通透性好，降雨时能充分吸收雨水，地表径流少；灌溉时土壤水分渗透均匀，能协调供应苗木生长所需的土壤水、肥、气、热，有利于苗木出土和根系发育。

2. 土壤 pH

不同树种对土壤酸碱度的适应能力不同，苗圃地的土壤 pH 应与所培育树种的特性相适应。大多数针叶树种苗木适宜中性或微酸性土壤（pH 值为 5 ~ 7.5），但柏科树种喜碱性土壤；阔叶树种苗木多适宜中性或微碱性土壤（pH 值为 6 ~ 8）。

过酸的土壤中含有较多的活性铝离子，不仅会影响苗木生长，且容易引起铁、锰、磷缺乏。pH 值在 5 以下，可加生石灰改良土壤 pH，如毕节市常用生石灰改良 pH 值为 4 以下的黄棕壤。

3. 土壤肥力

苗圃土壤的肥力良好，能培育出抗逆性强的苗木。忌选肥力低下的撂荒地或地力衰退的久耕地。另外，应考虑不同树种对土壤肥力的需求，如马尾松、喜树耐贫瘠，樟、杉木喜肥沃。

4. 土层厚度

土层厚度反映土壤的水肥容量，土层厚度低于 40 cm 及砾石或沙砾层过厚的地方不宜作为苗圃地。

（四）水 源

水分是种子发芽和苗木生长的必需条件，因此苗圃地必须选在水源充足的地方，如河流、湖泊、池塘附近。此外，还应考虑苗圃地的地下水位。地下水位过高，苗木贪青徒长，苗木木质化程度低，易遭受冻害；地下水位过低，则要增加灌溉次数和灌溉量。地下水位高度因土壤质地而异，一般轻壤土为 4 m，沙壤土为 2.5 m，沙土为 1 ~ 1.5 m。

（五）病虫害状况

育苗工作常因病虫害而承受重大损失，应本着"防重于治"的原则选择苗圃地。在选择苗圃地时应重视病虫害调查，尤其应查清蛴螬、蝼蛄、地老虎等主要地下害虫和立枯病菌的感染程度，如危害十分严重，应避免选用或采取措施加以消除。种过十字花科（如白菜）和茄科植物（马铃薯、烟草、茄子、辣椒）的土地易发生猝倒病，不宜选作苗圃地。地势低洼，土壤过于黏重的地块也易发生猝倒病，同样不宜选作苗圃地。

二、山区苗圃地的选择条件

山区地形、地貌、土壤都很复杂，因此多是就地造林、就地育苗。在山区选择苗圃地与在一般地区有所不同，应重点考虑土壤水分、养分和光照。其他条件与一般地区相同。

（一）地形条件

在山区，地形对各生态因子起再分配作用，故山区选择苗圃地应注重地形条件。尽可能选择在地势平坦、坡度较缓的地方建立苗圃，坡度最好控制在 10° 左右，如不好控制，可沿等高线带状整地或坡改梯，如贵州省从江县西山苗圃坡度在 30° 左右，均进行了坡改梯。

在山区，坡向对植物生长的影响特别明显，原因是坡向影响光照时间和光照强度。山区苗圃地最好选在半阴坡或半阳坡。阳坡湿度、气温昼夜变幅大，土壤干旱、瘠薄，种子发芽不稳定，不宜选作苗圃地。西向坡日照强，土壤容易过干，苗木易遭受日灼伤害，一般坡向以东南向、东向、东北向为好。

坡位不同会导致生态因子的系列变化，应避免选用山顶、山脊。也不宜选用易积水的低洼地、光照不足的山谷、风害严重的风口，最好选用山体中下部。

（二）土壤条件

山区苗圃地通常以土壤的物理性状来衡量土壤条件的好坏，如土层厚度、石砾含量、土壤质地和结构。在土壤水分充足、光照条件适宜的情况下，要选土层深厚、石砾含量少的区域，土层厚度以40～50 cm为宜。

贵州地形条件复杂，不同岩性发育的土壤其物理性质、化学性质完全不同，适于种植具有不同生态学特性的树种。因此，在苗圃地的选择上应考虑土壤的宜林性。如黔东南震旦系发育的板岩与变余岩，其风化物中盐基丰富，土壤质地适中，土层深厚，适于杉木、马尾松、樟、楠木等多种苗木生长；碳酸岩类发育的石灰土土层较薄，石砾含量高，适于培育榆树、柏木、刺槐等苗木；第四系古风化壳发育的黄壤土层深厚，但质地黏重，养分贫乏，需改良后才能选作苗圃地。

第二节　土壤管理

土壤是苗木的重要生存环境，苗木从土壤中吸收各种养分和水分。为了培育高产、优质的苗木，必须保持并不断提高土壤肥力，使土壤能持续不断地协调供应苗木生长所必需的水、肥、气、热。合理地进行苗圃地土壤管理，不仅能促进苗木生长、缩短育苗周期，还能达到定向培育的目的。

苗圃地土壤管理主要包括土壤耕作、苗圃除草、苗圃施肥和轮作。

一、土壤耕作

土壤耕作是苗圃地土壤管理的基础，只有通过精耕细作，才能让轮作和施肥的效果更好地发挥，为苗木生长提供适宜的环境条件。

（一）土壤耕作的作用

1. 提高土壤的蓄水保墒能力

俗话说："深耕细耙，旱涝不怕。"一方面，翻耕后耕作层毛细管被切断，减少了土壤水分的蒸发；另一方面，土壤疏松，孔隙度增加，提高了土壤透水性，有利于降水渗透，减少地表径流。

2. 提高土壤肥力

耕地结合有机肥料的施放，有利于土壤形成团粒结构，能确保苗木获得生长发育所需的水、肥条件。

3. 改善土壤温热状况

整地后土壤通透性增加，气体交换良好，有利于土壤中微生物活动，从而促进养分的分解，也有利于苗根呼吸。同时，土壤孔隙度增加，土壤中水分、空气比例适宜，改善了温热条件，昼夜温差缩小，有利于苗木生长。

4. 消灭杂草和防除病虫害

耕地时翻埋草根、草籽，晒死或冻死病菌孢子、虫卵，在一定程度上可以起到消灭杂草和防除病虫害的作用。

（二）土壤耕作的基本环节

1. 耕地（犁地、翻耕）

耕地是土壤耕作中起主要作用的环节。耕地的关键是掌握好深度，总原则是"深耕"。

适宜的耕地深度取决于育苗类型、气候条件、土壤条件和耕地季节等。从育苗类型来看，一般播种苗耕地深度为 20~25 cm，扦插苗、移植苗耕地深度为 25~35 cm。从气候条件、土壤条件来看，北方干旱地区为了蓄水保墒，南方土壤黏重、贫瘠地区为了改善土壤结构，都应适当加深耕地深度。从耕地季节来看，秋耕宜深，春耕宜浅。但耕地深度并不是越深越好，耕地过深会造成苗木根系过长，给起苗工作带来困难，甚至导致苗木质量下降，影响造林成活率。一般在起苗后（秋冬季）耕地，来年春季筑床前再耕 1 次，"两犁两耙"结合有机肥的施放。秋耕可促进土壤风化、蓄水保墒，也有利于消灭杂草和防除病虫害，耕地质量最好，贵州省习惯秋耕。从保护土壤结构来说，当土壤含水量为其饱和含水量的 50%~60% 时，耕地质量最好。

2. 耙 地

耙地是在耕地后进行的表土耕作措施，其目的是破除大土块，清除异物，混拌肥料，利于作床。耙地要求耙细、耙匀，清除残根，但耙地易破坏土壤结构。在有团粒结构的土壤上和不影响土壤水分和幼苗出土的前提下，尽量不耙地。在贵州，育苗基本上不耙地，通常在耕地后、作床前碎土，拣出杂物。在冬季不积雪的地区，宜在秋季边耕边耙，耕耙结合，防止跑墒。但低洼盐碱地和水湿地，耕地后不必马上耙地，以便经过晒垡，促进土壤熟化，提高土壤肥力。春耕后应立即耙地保墒，否则不利于播种。

3. 中 耕

中耕是在苗木生长期间进行的表土耕作措施，通常又被称为"无水灌溉"。苗木在生长期间，降雨、灌溉等过量易造成土壤板结，土壤通透性不良，从而影响苗木生长。土壤过湿板结时，中耕可以疏松土壤，改善土壤通透性；土壤干旱时，中耕可以切断土壤毛细现象，减少土壤水分蒸发。

通常在苗木生长期间结合灌溉、除草进行中耕。中耕 2~3 次 / 年。中耕深度因苗木大小而异，小苗根系较浅，一般 2~4 cm，大苗根系较深，可逐渐加深到 7~8 cm。操作过程中要注意不要损伤根系，碰伤苗木。

山地育苗时，为防止水土流失，耕作时应采取下列措施：①修筑水平梯田，宽 1.5~2 m，埂高 30~80 cm，并深耕细耙，拣出杂草和石块；②15°~30° 的坡面沿等高线带状整地，带宽 1~1.5 m（先清除杂灌，再深耕细整）；③撂荒地或生荒地要先清除杂灌、树根、石块，于上一年秋季浅耕 1 次，待杂草发芽后再耕 1 次，或"三挖三烧"。

二、苗圃除草

苗圃中的杂草会与苗木争夺水分、养分和光照，而且还是病虫害的根源，因此育苗时必须清除杂草，保证苗木健壮生长。

苗圃除草方法有人工除草、化学除草、机械除草和生物除草（如以菌治草、以虫治草、利用食草动物取食杂草），最常见的是人工除草和化学除草。人工除草要遵循"除早、除小、除了，一勤（除草次数多，见草就除）、二细（除草工作仔细，斩草除根）、三及时（把杂草消灭在发生危害之前）"原则。这一原则既省工又省力，但相比其他方法，人工除草效率低，劳动强度大。据统计，苗圃除草日一般占育苗作业工日的40%~60%。

与人工除草相比，化学除草具有高效、及时且减轻劳动强度的优点，已越来越受到重视。

（一）化学除草剂的分类

为了科学研究和使用方便，通常根据化学除草剂的化学结构、作用方式、在植物体内的运转情况、使用方法进行分类。

1. 按化学结构分类

分为无机化学除草剂和有机化学除草剂。无机化学除草剂是由天然矿质原料制成的、不含碳素的化合物，其化学性质稳定，不易分解，大多数能溶于水；除草性能低，用药量大，绝大多数属灭生性的。如氯酸钾、硫酸铜、石灰氮等。有机化学除草剂主要由苯、醇、脂肪酸、有机胺等有机化合物合成，其特点是用量小，适用性广，药效高。有机化学除草剂按其化学成分，又可分为脂肪族化合物、酰胺类、苯氧乙酸类、醚类、酚类和脲嘧啶类等。

2. 按作用方式分类

可分为选择性除草剂和非选择性（灭生性）除草剂。选择性除草剂可杀伤某一类杂草，但对苗木和其他杂草无害，如精禾草克（精喹禾灵）、拿捕净（烯禾啶）、杀草醚、盖草能、扑草净、果尔等；非选择性除草剂则是所触及的植物都会被杀死，如草甘膦、五氯酚钠、杀草枯等。非选择性除草剂多用于苗圃地周围保护地或秋季起苗后的苗圃地除草，这类除草剂也可采用特殊施药方式（如定向喷雾、涂抹）和施药时间（如播后苗前）达到选择性除草目的。

3. 按在植物体内的运转情况分类

分为触杀型除草剂和内吸型除草剂。触杀型除草剂只能起到局部触杀作用，不能在植物体内运转。此类除草剂只能杀死杂草的地上部分，对杂草的地下部分或有地下茎的多年生深根性杂草效果较差，使用时需要均匀喷洒才能收到良好除草效果，如五氯酚钠。内吸型除草剂被植物吸收后在植物体内运转，传导到植物的分生组织，引起这些部位的生理代谢变化，造成植物残死，如草甘膦。内吸型除草剂对防除一年生和多年生深根性杂草有效，此类除草剂不会急速见效，也不宜用量过大，否则只会起到局部触杀作用，不利于吸收传导，药效降低还会损害苗木。内吸型除草剂被植物吸收的部位不同，处理方法也不同，如能被根、茎、叶同时吸收，既可做茎叶处理，也可做土壤处理，如只能被茎、叶吸收则做茎叶处理，只能被根吸收则做土壤处理。

4. 按使用方法分类

可分为茎叶处理剂和土壤处理剂。茎叶处理剂是将除草剂兑成一定浓度的溶液，以细小的雾滴均匀地喷洒到植株上，如草甘膦、莠去津（阿特拉津）。土壤处理剂则是将除草剂喷洒到土壤中形成一定厚度的毒土层，被杂草的幼芽、幼苗地上部分及其根系接触吸收而起到毒杀作用，如毒草胺、扑草净、氟乐灵等。

掌握除草剂的分类，了解除草剂的化学结构、作用方式、在植物体内的转运情况、使用方法，有助于我们更有效地使用除草剂。

（二）除草剂的用量

除草剂与其他农药不同，它没有严格的浓度要求，只规定用量，按规定用量均匀喷洒在规定面积上即可。除草剂的除草效果会随药量大小而变化，一般用药量少则除草效果差，反之则除草效果好，但不能超过其合理用量（规定用药量）。

如何确定除草剂的合理用量，使其既达到较高的除草效果，又不伤害苗木，主要应考虑以下几个5个方面。

1. 苗木种类

不同树种的抗药性和敏感程度不同。从抗药性和敏感程度来讲，一般针叶树种＞阔叶树种，常绿树种＞落叶树种。因此，用药时阔叶树种采用用药量下限，常绿树种和针叶树种采用用药量上限。

2. 苗　龄

同一树种，对某种药剂的抗药性会随着苗龄增大而增强，故二年生苗比一年生苗用药量大；留床苗、移植苗比新育苗用药量大。

3. 施药时间

对残效期短的药剂，播种前做土壤处理，用药量可大，采用用药量上限；播后苗前做土壤处理，因种子在毒土层下，尤其是针叶树种，可采用用药量上限。新播幼苗第一次用药，做茎叶处理，因其幼苗嫩弱，抗药性差，用药量宜用下限；第二次用药，用药量可稍增加。

4. 杂草种类及其生长特点

草少、草小时，一年生杂草根系浅，用药量宜用下限或中限；草多、草大时，多年生深根性杂草的用药量宜用中限或上限。

5. 环境条件

在土温高、湿度大的沙壤土上用药，药效反应快，除草效果好，采用用药量下限；在土温低、干燥、结构紧密的土壤上用药，药效反应慢，除草效果差，采用用药量中限至上限。降雨多的地区或季节，药剂易淋溶，引起药害和残效期缩短，可适当降低用药量，采用用药量下限至中限；降雨量少的地区或季节，可适当增加用药量。

（三）除草剂的用法

1. 茎叶处理法

即直接将除草剂喷洒或涂抹到杂草茎叶上。如采取播前茎叶处理，要求使用具有广谱性、选择性差，无残留的除草剂，如精禾草克、草甘膦；如采取播后茎叶处理，则要求除草剂必须具有选择性，选择对杂草有效、对苗木安全的时期进行。

茎叶处理法一般采取喷雾法，可进行行间喷雾，喷头上加罩，低压喷洒，以减少对苗木的危害。要求喷洒均匀，在无风或小风的晴天进行，气温太高时不宜喷洒。喷后下雨应重喷，否则会影响药效。此外，还可采取涂抹法。

2. 土壤处理法

即采用喷雾、泼浇、撒毒土的方法，将除草剂施到土壤中，形成一定厚度的毒土层，除草剂接触杂草种子、幼芽、幼苗或被杂草各部分吸收而起到杀灭杂草的作用。此法一般用于防治某些多年生杂草和种子繁殖杂草，多在播种前或播后苗前使用。

土壤处理法常用的方法有喷雾法、泼浇法和毒土法。一般播种前用毒土法，播种后用喷雾法。喷雾法是使用常规喷雾器把除草剂喷洒在土壤表面或表层，要求除草剂接触土壤；泼浇法是将药剂稀释成要求的浓度，搅拌均匀后浇在土壤表面；毒土法是将除草剂与潮湿的细土或细沙按一定比例均匀混合后，撒施于土壤中，细沙或细土湿度要求在60%左右。土壤处理应注意两个问题：一是药剂的淋溶性。做土壤处理的药剂（如五氯酚钠）一般溶解度较小，但在沙性强、有机质含量少、降水量多的情况下，会有少量药剂淋溶到土壤深层，导致苗木受害，故施药量应降低。二是残效期。残效期短的药剂应在杂草萌发盛期使用，使用残效期长的药剂应考虑后茬苗木的安全。

综上所述，化学除草虽然有效率高的优点，但技术要求高，使用时要慎重，不能盲目推广使用，否则会对苗木造成危害。如1998年黎平县用草甘膦进行马尾松苗圃除草，播种当天使用化学除草剂除杀萌发的幼嫩杂草，结果导致施用除草剂的地方出苗少且生长差，可能是草甘膦残效期长、用药量过多所致。

（四）施药时的注意事项

（1）采用喷雾法应选择无风或风力在1~2级的晴天，在早晨叶面的露水干后，傍晚露水出现以前进行。

（2）不论是毒土法还是喷雾法，都要施药均匀、周到，严格防止漏施和重施。

（3）茎叶处理时，喷头应与被喷射的植物保持适当的距离和角度，在保证除草效果的同时，减少除草剂发生飘移，伤害邻近敏感植物。

（4）喷药的方向应顺风或与风向呈斜角。背风喷药时，要退步移动喷洒。

（5）配置的药液最好刚好能喷完需要施药的苗圃面积。如果药液没有喷完，应把剩下的药液再加一些水，均匀喷洒，不要集中一地多喷，以保证药效和防止药害。

（6）停止喷药时，或在地头转弯处，要关闭喷管，更不能随意向其他植物喷洒。

（7）某些非内吸型除草剂及附着力极差的除草剂，如喷药后半天内遇大雨，应补喷1次。

（五）除草剂的混用

两种或两种以上的除草剂混用，可以起到降低用药量、扩大杀草范围、增强药效与安全性等作用。除草剂与杀菌剂、杀虫剂、增温剂及肥料混用，可达到一次用药获得多种效果和节约人力、物力的目的。

除草剂混用的一般原则是"取长补短"。混用原则：①残效期长的与残效期短的结合；②在土壤中移动性大的与移动性小的结合；③内吸型与触杀型结合；④药效快的与药效慢的结合；⑤对双子叶杂草杀伤力强的与对单子叶杂草杀伤力强的结合；⑥除草与杀菌、杀虫、施肥等结合。

除草剂混用应注意：①遇到碱性物质分解失效的药剂不能与碱性物质混用；②混合后会产生化学反应、引起植物药害的药剂不能混用；③混合后会出现破乳现象的剂型，或者混合后产生絮凝或大量沉淀的药剂不能混用。

一般来说，两种除草剂混用，用药量是它们单用时用药量的一半；3种除草剂混用，则是它们单用时用药量的1/3。但这不是绝对的，混用时必须根据除杀对象、苗木情况、药剂特点及环境条件等灵活运用。

（六）苗圃主要除草剂

除草剂的种类很多，要正确有效地使用，关键是抓住除草剂的药性和发挥药效所需的条件。现将目前苗圃应用最广的几种除草剂及使用方法（见表2-1）简介如下。

表 2-1　苗圃常用除草剂使用方法

除草剂名称	含量及剂型	参考使用量 /（mL·hm^{-2}）	使用对象	使用方法	主要树种	类型
果尔	24% 乳油	675 ~ 900	广谱	茎叶处理、芽前土壤处理	针叶	触杀型
盖草能	10.8% 乳油	450 ~ 750	禾本科杂草	茎叶处理	阔叶、针叶	内吸型
森草净	70% 可湿性粉剂	5 ~ 50	广谱	茎叶处理、芽前土壤处理	阔叶、针叶	内吸型
氟乐灵	48% 乳油	2100	禾本科杂草、小粒种子阔叶杂草	芽前土壤处理	阔叶、针叶	触杀型
敌草胺	20% 乳油	1500 ~ 3750	广谱，对多年生杂草无效	芽前土壤处理	阔叶、针叶	内吸型
乙草胺	50% 乳油	900 ~ 1125	广谱	芽前土壤处理	阔叶	触杀型
草甘膦	10% 水剂	100 ~ 450	广谱	茎叶处理、芽前土壤处理	针叶	内吸型
扑草净	50% 可湿性粉剂	500 ~ 1500	广谱	土壤处理	阔叶、针叶	内吸型
丁草胺	60% 乳油	1350 ~ 1700	禾本科杂草	芽前土壤处理		内吸型
莠去津	40% 胶悬剂	450 ~ 750	阔叶杂草	茎叶处理	针叶	触杀型
精禾草克	5% 乳油	600 ~ 3000	禾本科杂草	茎叶处理	阔叶	内吸型
敌草隆	25% 可湿性粉剂	2750 ~ 4500	广谱	芽前土壤处理	阔叶、针叶	内吸型
拿捕净	12.5% 乳油	200 ~ 400	禾本科杂草	茎叶处理	阔叶、针叶	内吸型

1. 果尔（乙氧氟草醚）

果尔为选择性触杀型除草剂，在针叶树种苗圃使用安全有效。果尔用于杉木育苗地除草，除草效果在 90% 以上，残效期可达 2 个月，对苗木安全，对苗高、地径、出苗数等无显著影响。果尔用量播后芽前为 1125 ~ 1500 mL/hm^2，苗期为 750 ~ 1125 mL/hm^2。

针叶树种幼苗出土多带种壳，幼芽有种壳保护，可以安全穿过土层，而且其子叶为针状、面积小，具蜡质，角质层较厚，不易接触药剂。杂草多为留土萌发，顶芽裸露，叶片平伸面积大，角质层薄，易接触药剂。因此，在针叶树种苗圃中施用果尔安全有效。

果尔药效迅速，茎叶处理 1 ~ 3 d 杂草便有反应。最先是杂草嫩叶叶尖出现褐斑，继而扩大，叶片变黄，最后干枯而死。果尔防除阔叶杂草效果好，防除禾本科杂草效果差。若苗圃地单子叶杂草多，可与盖草能、扑草净、拿捕净混用，按规定药量均匀地喷洒到床面即可。

茎叶处理时，果尔药效与药液浓度有关系。研究表明，药液浓度以 1 :（1000 ~ 2000）为宜。浓度大于 1 : 600，易伤苗，浓度小于 1 : 2000，药效较差。茎叶处理时要掌握好药液浓度。

果尔的药效与土壤类型关系不大，但与土壤质地和有机质的含量有关。药剂施于土壤后，易被土壤胶体颗粒和有机质吸附，用药时要根据土壤的情况，酌情增减用量。

果尔的药效受温度影响，气温越高，药效越好。气温低于 20 ℃时施药，效果差，因此，低温地区或春季用药时可酌情加大用药量。这种除草剂具有见光反应的特殊性，应选在天气晴朗时使用。果尔是触杀型药剂，茎叶处理时，不要在烈日下用药；土壤处理时，喷药后不要松土，以免打乱土表的药层，影响药效。

第二章　苗圃建立及土壤管理

2. 盖草能（高效吡氟甲禾灵）

盖草能是选择性内吸型除草剂，主要通过植物的叶面吸收，传导到整个植株，抑制茎和根的分生组织，使其停止生长。盖草能性质稳定，在土壤中残效期长，稀释后的药剂放置 1 个月洒落到土壤中仍有杀草作用。其药效因用量、杂草生长密度、土壤和周围环境而定。

研究表明：每公顷土地用 10.8% 盖草能乳油 600 mL，能把 4~8 叶期的禾本科杂草灭除，对杨树苗、泡桐苗、桉树苗等针叶树苗安全有效。对于上述树种的留床苗、移植苗、扦插苗，每公顷土地用 10.8% 盖草能乳油 1500 mL，能灭除高大的禾本科杂草，对苗木安全。主要防除的杂草有马唐、蟋蟀草、狗尾草、狗牙根、早熟禾及匍匐水草等，但对阔叶杂草无效。若与果尔混用，能有效地防除单子叶、双子叶杂草，混合比例视禾本科和阔叶杂草所占的比例而定，一般为 1∶1。

盖草能在北方的最佳施药期为 6 月下旬至 7 月上旬，在南方的最佳施药期为 5 月下旬，防除一年生禾本科杂草有效率在 95% 以上，残效期为 1 个月左右。

盖草能为茎叶处理剂，施药前需了解天气情况，施药后 3 h 内应无雨。

盖草能为易燃品，要放在阴凉处贮存，避开高温和火源，不要与饲料存放在一起。

3. 森草净（甲嘧磺隆）

森草净是内吸传导型高效除草剂，具有芽前、芽后除草活性，可杀草，也能抑制种子萌发。森草净用药量少，杀草谱广，残效期长，用药一次可保持 1~2 年内基本无杂草，是某些针叶树大苗苗床、针叶幼林地和非耕地的优良除草剂。

4. 氟乐灵

氟乐灵既有触杀作用，又有内吸作用，是选择性除草剂，在播种前或播后苗前作土壤处理剂。能防除一年生禾本科杂草、种子繁殖的多年生杂草，以及某些阔叶杂草，对苍耳、香附、狗牙根防除效果较差甚至无效，对出土的成株杂草也无效。氟乐灵可用于苗圃除草，在苗木生育期用药，需洗苗后再覆土。氟乐灵一般在杂草出土前做土壤处理，施药后随即交叉耙地，将除草剂混拌入深 3~5 cm 的土层中，天旱季节施药还需镇压，以防药剂挥发、光解，药效降低。

5. 草甘膦［N -（磷酸甲基）甘氨酸］

草甘膦是新型内吸传导型广谱非选择性芽后灭生除草剂。草甘膦具有广谱性（能防除单子叶和双子叶、一年生和多年生、草本植物和灌木植物）、内吸性（能迅速被植物茎叶吸收，上下传导，对多年生杂草的地下组织破坏力很强）、彻底性（能连根杀死，除草彻底）、安全性（对哺乳动物低毒，对鱼类没有明显影响）、残留性（一旦进入土壤，能很快与铁、铝等金属离子结合而钝化，对土壤中潜藏的种子和土壤微生物无不良影响）、长效性（使用一次草甘膦，抵过多次使用其他除草剂）、可混合性（能与盖草能、果尔等混用，除灭除杂草外，还能预防杂草危害）等特性，但若单用，入土后对未萌发杂草无预防作用。

6. 扑草净

扑草净是内吸型除草剂，主要由植物根系吸收运输到植物地上部分，也能通过叶面吸收传输至整株，抑制植物的光合作用，阻碍植物制造养分，致植物死亡。播后苗前，或园林里一年生杂草大量萌发初期，或 1~2 叶期时，施药防效好。能防除一年生禾本科杂草、莎草科杂草、阔叶杂草，以及某些多年生杂草。

7. 精禾草克（精喹禾灵）

精禾草克为内吸传导型选择性除草剂，是专门防除禾本科杂草的茎叶处理剂，对阔叶杂草、莎草科杂草无效。

化学除草剂不是灵丹妙药，苗圃除草要采取综合防治的方法，可根据具体情况采取相应的措施。当机械除草、人工除草综合成本与化学除草成本相当时，应选择机械除草或人工除草；在技术力量低的苗圃，最好选择人工除草。

使用除草剂还要注意除草剂的毒性、除草剂对野生动物的影响、除草剂的环境毒害等问题。

三、苗圃施肥

（一）苗圃施肥的必要性及作用

苗圃施肥是用化学和生物的方法改良土壤的重要措施。由于育苗工作对土壤肥力要求较高，苗圃地连年耕作育苗，导致地力衰退。为了提高苗木的产量和质量，应重视苗圃施肥。研究表明，科学地进行苗圃施肥是提高合格苗产量和质量的重要措施。

首先，苗圃施肥可增加土壤中各种营养元素，维持土地生产力，尤其是施用有机肥料。施肥时会将大量有益微生物带入土壤，加速土壤中无机营养物质的分解释放，并提高难溶性磷的利用率。其次，苗圃施肥可改善土壤的通透性和气热条件，促进苗木根系生长，减少土壤养分的淋洗作用和流失，又给土壤中微生物的活动创造了条件。再次，苗圃施肥增加了土壤的有机质，可促进土壤形成团粒结构，并调节土壤的化学反应。

研究表明，无论是阔叶树种还是针叶树种苗木，施用三要素［氮（N）、磷（P）、钾（K）］比例适合的肥料，壮苗增多，弱苗减少，苗木个体差异小。因此，合理施肥能够增加合格苗的产量，提高质量。

（二）肥料的种类

肥料可以分为有机肥料、无机肥料和生物肥料三大类。

1. 有机肥料

有机肥料是以有机物为主的肥料，包括人粪尿、厩肥、堆肥、绿肥、家禽粪、泥炭、腐殖质酸等。其特点是营养元素多，肥效慢但持续时间长，改良土壤效果好。有机肥料多作基肥，但必须充分腐熟，未腐熟的有机肥料易引起烧苗或病虫害。

2. 无机肥料

无机肥料指化学合成的化学肥料和天然开采的矿质肥料。其特点是有效成分含量高、肥效快、苗木易吸收，但不含有机质，不利于改良土壤结构，不能长期单一使用。化学肥料多作追肥，也可加入有机肥料作基肥，混合施放效果较好。无机肥料包括氮肥、磷肥、钾肥、复合肥料（同时具有 N、P、K 3 种养分或至少有两种养分标明量的肥料）、微量元素肥料（由微量元素化合而形成的肥料，如硼酸、钼酸铵、硫酸锌等）。苗圃施肥常用氮肥、磷肥、钾肥这三大类。

3. 生物肥料

生物肥料是利用土壤中对苗木生长有益的微生物，经过培养而制成的各种菌剂肥料。主要有菌根菌、磷化细菌、根瘤菌及固氮细菌肥料等。生物肥料可增进土壤肥力，制造和协助植物吸收营养，增强植物的抗病和抗旱能力。

大量施用化肥和农药，伴随而来的是消耗大量不可再生资源和影响土壤肥力、土壤结构发生变化、作物产品品质的改变。例如：硝态氮的残留会造成地下水和环境污染。因此，不污染环境的无公害生物肥料将成为今后林木施肥的发展方向。

（三）苗圃施肥的原则

施肥的效果取决于很多因素，其中肥料搭配和施肥量，N、P、K 比例，合理选用肥料等起主要作用。如果这几个问题处理恰当，则收效甚大，反之则收效小，甚至会影响苗木生长。

为提高施肥效果，必须遵循一定的施肥原则。

1. 多种肥料配合施用

多种肥料配合施用是指有机肥料与矿质肥料混合，N、P、K 按比例混合或在不同时间按比例施肥。N、P、K 是苗木生长不可缺少的肥料三要素，故苗圃施肥往往以施 N、P、K 为主，三要素不足会严重降低苗木产量和质量，尤其是 N、P。

试验证明，多种元素混合施用比单施 N、P、K 中任何一种元素肥料效果要好。有机肥料与矿质肥料混合，长效肥料与速效肥料混合，既起到基肥的作用，又起到追肥的作用；有机肥料对土壤的改良作用还可弥补无机肥料对土壤的不良影响。

2. 科学确定施肥量和 N、P、K 比例

科学确定施肥量需要根据土壤养分状况、树种特性、苗龄、前茬和前肥、肥料特性及增产节约原则综合分析。

从土壤养分状况看，苗圃施肥应根据土壤养分状况针对性地施肥，做到缺什么施什么、缺多少施多少。例如：酸性土壤中 P、K 不足，施肥时应适当增加 P、K 比例；中性土和石灰性土壤中一般不缺 K、Ca，但易缺 P，应增加磷肥的施用量。

从树种特性考虑，不同树种的苗木对 N、P、K 的需求量不同，如豆科植物的根瘤能固氮，P 需求量较高，应少施氮肥，多施磷肥。不管是针叶树种，还是阔叶树种，一般吸收 N 最多，K 次之，P 最少。因此，一般来说，苗圃施肥以氮肥为主。

从苗龄来看，随着苗龄的增长，苗木所需营养元素逐渐增加，施肥量也要相应增加。一般针叶树种、阔叶树种的二年生苗木从土壤中吸收的养分是一年生苗木的 3~5 倍。苗木在生长发育的不同时期，对各种营养元素的需求量不一样。一般而言，苗木对 N 的吸收以生长速生期为多，对 P、K 的吸收以生长后期为多。因此，在苗木生长速生期氮肥施用量宜大，在生长后期磷肥、钾肥施用量宜多。

前茬为绿肥或豆科树种，土壤中 N 增加，氮肥可少施，但应追施磷肥；前肥为有机肥料，肥料后效大，施肥量可减少。

从肥料特性看，氮肥应集中施用，用量少则达不到增产目的；除特殊情况外，磷肥、钾肥必须在不缺 N 的土壤中施用才经济合理，否则作用不大。如中国林业科学研究院对栗、油松等作 ^{32}P 示踪试验，研究表明，土壤缺 N 严重影会响植物对 P 的吸收。

当然，肥料的施用并非越多越好，在相应的生产技术条件配合下有相应的用量范围，过多会导致苗木被灼伤甚至死亡。因此，应遵循增产节约原则。

苗圃施肥应通过不同的施肥量试验，找出合理的施肥量和最佳的 N、P、K 配比。N、P、K 是苗木所需的肥料三要素，其配合比例是否恰当，直接关系苗木的产量和质量。根据相关资料，建议 N：P：K ＝（4~1）：（3~1）：（1~0）。不同树种的 N、P、K 比例不同，如马尾松一年生苗 N：P：K ＝ 3：1：1，总用量 18 kg/hm^2；一年生枫杨苗 N：P：K ＝ 4：1：1 较合适。

3. 合理选用肥料

要做到合理选用肥料，应从改良土壤、施肥时期、肥料特性、土壤特性等多方面综合考虑。

就改良土壤来说，施肥应以有机肥料为主，化学肥料为辅。有机肥料肥效长，改良土壤效果好，是维持地力的最佳肥料。但若长期施用化学肥料，则易导致土壤板结、酸化。

就施肥时期来讲，基肥应以有机肥料为主，并混以矿质肥料，但有机肥料必须充分腐熟；追肥以速效肥料为主。

从土壤特性、肥料特性考虑，主要看其酸碱反应。一般酸性土施碱性肥料，碱性土施酸性肥料。如为酸性土，磷肥应选钙镁磷肥、磷矿粉，氮肥应选硝态氮，钾肥应选草木灰；如为碱性土，磷肥应选水溶性肥料（如过磷酸钙和磷酸铵），氮肥应选硫酸铵、氯化铵，钾肥应选氯化钾、硫酸钾等。

除了上述因素外，选用肥料还应考虑一些其他因素。如受灾以后，用硫酸铵、尿素和硫酸钾等速效肥料效果较好，宜采用根外追肥技术；遭受寒害、旱害、病虫害的苗木，为增强其抗性，宜施含钾多的肥料，如草木灰或腐熟堆肥，少施氮肥。

（四）施肥时期

苗圃施肥的时期可分为基肥、种肥和追肥。

1. 基　肥

即在播种或扦插前施用的肥料。最好在耕地前施用，因为施后耕地可起到混拌肥料的作用，但实际应用中多是在整地作床时施基肥。基肥以有机肥料为主，化学肥料为辅，可适当搭配磷肥、钾肥。

基肥要施足，一般占全年总施肥量的 70% ~ 80%，每 667 m² 施厩肥 3000 ~ 4000 kg（或堆肥 1500 ~ 3000 kg，或饼肥 200 ~ 300 kg）、塘泥 10 000 ~ 30 000 kg、磷 25 ~ 50 kg，施生石灰（间接肥料，以改良土壤为目的，可与基肥一起施入，以改善植物生长环境）25 ~ 50 kg。堆肥、厩肥、生石灰在第一次耕地时翻入土中，饼肥、草木灰等作基肥，可在作床前将肥料均匀撒在地表，通过浅耕埋入耕作层中上部，达到分层施肥的目的。

施基肥要求深度适宜，一般为 15 ~ 20 cm。因为较深耕作层温度、湿度适宜，有利于有机肥料分解。化学肥料深施可避免烧苗。施基肥还应考虑有机肥料与土壤的冷热特性。黏性土质地密实，通透性差，温度低，含水量高，属"冷性土"，宜选马粪、羊粪等热性肥料，施肥深度宜浅不宜深；沙质土质地疏松，通透性好，温度高，含水量低，属"热性土"，宜选牛粪、猪粪等热性肥料，施肥深度宜深不宜浅。

2. 种　肥

即在播种、幼苗定植或扦插时施用的肥料。选用的种肥应该是植物能立即吸收，又不会伤害种子或幼苗幼根的肥料。尿素、磷酸铵不宜作种肥。种肥促进幼苗生长效果好，通常用磷肥制成颗粒肥料作种肥。颗粒磷肥与土壤接触面积小，利于根系的吸收；粉状磷肥易烧苗，不宜作种肥。

3. 追　肥

即在苗木生长发育期施用的速效肥料。目的在于及时供应苗木在生长发育旺盛期对养分的需求，促进苗木生长。追肥应考虑苗木生长发育各阶段对营养元素的需求，做到合理、适时、适量，如多数树种在幼苗期对 N、P 敏感，在速生期对 N、P、K 需要量大。所以，追氮肥、磷肥、钾肥最好在速生期到来之前和速生期进行，速生期后期应停施氮肥，多施磷肥、钾肥，促进苗木木质化。

"追肥不过八"就是说追肥不能超过 8 月，有的地区甚至不能超过立秋，即"追肥不过秋"。但也有一些研究认为，秋季施肥有助于改善苗木生理状态，可增加苗木体内的含氮量，提高造林后的生长量和成活率。

苗圃追肥应掌握 4 个要点：

（1）看苗追肥。一般苗以追氮肥为主，豆科苗木以追磷肥为主。对弱苗应重点追速效氮肥；对生长旺盛的苗多追钾肥；对表现缺素症的苗应对症追肥。苗木生长初期多追氮肥、磷肥；速生期及时追氮肥、磷肥、钾肥及含其他元素的肥料；苗木生长后期追草木灰等以钾肥为主的肥料，并适量追施过磷酸钙等磷肥。对根系尚未恢复的移植苗，只宜施有机肥料作基肥，不宜过早追速效化肥，应从移植苗成活后开始追肥；对留床苗，两种生长型的苗木都应于春季第一次追氮肥、磷肥，都应从生长初期开始，磷肥一次追完；春季生长型苗木，生长初期和高生长速生期为施肥重点，可在茎、根生长速生期前施最后一次氮肥；为防松类苗木二次生长，追肥量不宜过多；全期生长型苗木在速生期重点追施氮肥，生长后期追钾肥，促进苗木木质化。

（2）看天追肥。即考虑育苗地点的气候情况。例如：夏季下大雨后，土壤中的硝态氮易流失，应立即追施速效肥料，效果比下雨前施肥好；气温较高的年份，第一次追肥时间应适当提前；根外追肥应尽量在清晨、傍晚或阴天进行，雨前或雨天追肥无效。

（3）看地追肥。沙质土保肥能力差，应少量勤施；黏质土一次施肥量可大些。碱性土追酸性肥料，酸性土追碱性肥料。

（4）掌握追肥次数及浓度。掌握"由稀到浓、量少次多、适时适量、分期追肥"的原则。一般每年追 3~4 次肥，间隔期不宜过短也不宜过长，以每隔 2~5 周追肥 1 次为宜。

（五）追肥方法

追肥方法有沟施、浇灌、撒施和根外追肥 4 种。

1. 沟 施

把矿质肥料或液体肥料均匀施于沟中，施肥后盖土，否则会损失肥效，尤其是氨水和碳酸氢铵。适用于条播、点播的苗床，即在苗行一侧开沟施肥。

2. 浇 灌

将肥料配成一定浓度的溶液，浇于苗行间或苗行上，然后灌溉。此法适用于各种育苗方式。

3. 撒 施

即将肥料与干土混合，均匀撒在苗行间，盖土并灌溉。撒施前应将苗上的肥料扫除，避免烧苗。

4. 根外追肥

又称叶面喷施，即将速效肥料溶液喷于苗木叶片上，通过苗木叶片吸收。根外追肥具有节省肥料、肥效快、能及时满足苗木生长所需营养元素的优点。一般喷后 20~120 min 开始吸收，施后 24 h 吸收率达 50% 以上，在无雨天气 2~5 d 即可被全部吸收。

根外追肥适用范围：

（1）定植苗木根系恢复期。

（2）春季气温高、地温低，根系未活动时。

（3）土壤干旱，无灌溉条件，影响追肥效果时。

（4）植物需要补充微量元素时。

根外追肥注意事项：

（1）溶液浓度适宜，过高会烧苗。磷肥、钾肥浓度以 1% 为宜，最高不超过 2%，每 667 m² 每次用肥 2.5~5 kg；尿素浓度以 0.2%~0.5% 为宜，每 667 m² 每次用肥 250~500 g；硫酸亚铁浓度以 0.2%~0.5% 为宜，每 667 m² 每次用肥 250~500 g。

（2）1 次喷量不宜过大，且喷洒要均匀。

（3）喷洒宜在傍晚、阴天、清晨进行，喷后遇雨应重喷。

3 种土壤追肥方法中，以沟施效果最好。以尿素为例，沟施、浇灌、撒施当年苗木肥料吸收率分别为 45%、27% 和 14%。追肥深度，原则上是要使肥料最大限度地被苗木吸收利用，具体深度因肥料种类和苗根深浅而异，一般为 7~10 cm。

总之，苗圃施肥应掌握基本原则，考虑经济效益，因时因地制宜，做到"三看"（看天、看地、看苗）、"四定"（确定肥料种类、确定施肥方法、确定施肥时间、确定施肥量），最终达到既改良土壤，又提高苗圃育苗经济效益的目的。

四、轮 作

轮作是指在同一块苗圃地上，苗木与其他农作物（或苗木）轮换种植。这是一种改良土壤、提高土壤肥力的措施，目的是通过轮作，让苗圃地自然恢复地力。

林木育苗的特殊性在于不仅消耗土壤中大量营养元素，而且归还量少，甚至需带土坨移栽，严重消耗土壤肥力。如果不轮作，不施肥，就达不到壮苗丰产的目的。再则，有些树种连作会导致严重病虫害，如杉木、马尾松。因此，在育苗工作中，除科学施肥外，还应考虑合理轮作。

（一）轮作的优点

在苗圃中不同树种轮作或与农作物、绿肥、牧草换茬，不仅能增加土壤中的有机质含量，还可使土壤形成团粒结构，提高土壤肥力。

轮作是防除杂草、病虫害的有效措施。通过轮作，可改变病原菌、害虫和杂草的生活环境，使其失去原来的生活环境或寄主而死亡，如松类、杉类易感染猝倒病，种植过该类树种的苗圃地病株、残体多，病原菌量大，连作易发病，故松类、杉类育苗多选生荒地，且不允许连作。为减少病原菌，松类、杉类可与栗、合欢、杨树轮作。

轮作能调节苗木根系排出的酸类、二氧化碳等有害物质和气体。由于植物之间存在他感作用，其分泌物、挥发物会对苗木本身或其他苗木产生有害作用，轮作可避免分泌物积累，避免有害物质和气体积累对苗木生长的不利影响。

轮作期间可换种不同的植物，充分利用地力。

（二）轮作方法

1. 与绿肥或牧草轮作

主要与豆科绿肥或牧草，如紫云英、苜蓿属植物轮作。这种轮作方法虽然减少了育苗地面积，但生产牧草和绿肥，对改良土壤和恢复地力效果显著。沙地苗圃可采用这种方法轮作，西北干旱地区常用。

2. 与农作物轮作

与苗木轮作的农作物种类很多，如豆类、玉米、水稻等。这种方法兼收粮食，恢复地力效果也显著，如在黎平县培育杉木的育苗地，苗圃地休闲期间，老百姓以西瓜、豆类等作物进行轮作。切记苗木不能与十字花科、茄科植物轮作或间作，否则容易发生猝倒病。

3. 与其他苗木轮作

即用不同树种苗木进行轮换种植。其优点是全部用于育苗，不减少育苗面积，但维持土壤肥力效果不佳。苗木与苗木轮作，要特别注意选择无共同病虫害的树种，或树种不是同一病虫害的中间寄主。实践证明，松类与栗、合欢、皂荚等轮作效果较好，落叶松与桦木属、圆柏与花楸等不能轮换育苗，因为它们之间有共同病害——锈病。

与苗木轮作的原则：豆科树种与非豆科树种轮作，深根性树种与浅根性树种轮作，针叶树种与阔叶树种轮作。

从改良土壤的效果讲，苗木与牧草轮作最好。

（三）轮作周期

轮作周期又叫轮作制，是根据科学实践经验总结的轮作制度。从国内外现有的科学实践经验来看，大致分为3年轮作制、8年轮作制和9年轮作制等。例如：以3年为一个轮作周期的3年轮作制，在3年内每年用2/3的土地育苗，1/3的土地休闲，在3年内每个地块都可休闲1年。休闲期间，可种植绿肥、农作物，以减少土地肥力消耗，让其自然恢复地力。

当前，由于土地资源较紧张，较少采用休闲模式，一般采用苗木与苗木轮换种植，以减少连作对土壤带来的不利影响。

第三章 苗木培育技术

第一节 大田播种育苗技术

大田播种育苗操作相对简单，技术比较成熟，可在短期内培育大量苗木，是目前一般苗圃育苗的主要方式。大田播种培育的苗木，根系发达，后期生长快，材质好，寿命长，抗恶劣环境能力较强。

一、播种期

确定适宜的播种期是播种育苗的一个关键问题。在适宜的季节播种，不仅能促进种子提早发芽，出土整齐，发芽率高，而且苗木生长期长，生长健壮，抗病、抗旱、抗寒能力强。实践证明，适时播种是培育壮苗、苗木丰产的重要措施。在育苗工作中，应根据树种的生物学特性（包括种子成熟期、发芽所需条件、幼苗的抗旱能力等）和当地气候条件（如土壤湿度、温度等）的不同选择适宜的播种期，做到"不违农时，适时播种"。

播种期是指春、夏、秋、冬四季，也包括播种的月份和时间。南方一年四季均可播种，北方大多数树种适宜秋播或春播。

（一）春 播

大部分地区很多树种都适宜春播。春播的优点是春季土壤水分充足，气温回升，种子在土壤里的时间短，受害机会少。春播宜早不宜晚，贵州省一般在2月底到3月初，北方在3—5月。早播幼苗出土早，延长了苗木生长期，当炎热干旱的夏季到来时，苗木已较健壮，抗性较强。

干藏种子在气候温暖地区的适宜播种期为1—2月，最迟不超过3月；贵州省高海拔地区的播种期可以延长到3月下旬。

（二）夏 播

即雨季播种，多用于夏季成熟且不耐贮藏的种子，如桉、桑、亮叶桦、杨树、柳树等树种，夏季种子成熟后随采随播。贵州省西部春旱严重地区如晴隆、望谟、罗甸、贞丰等多采用夏播。

（三）秋　播

多用于大粒种子（如栗、核桃、油桐等）和休眠期长的种子（如青钱柳、红豆杉、银杏等）。播种后种子在苗圃地完成催芽，来年春天发芽早；种皮厚的种子，通过冬冻促使种皮开裂，利于种子吸水发芽。秋播的种子出土早且整齐，扎根深，能使苗木抗性增强。

秋播宁晚勿早，以免种子当年发芽，遭受冻害。秋播后为防鸟兽害，可将种子拌毒药或涂铅丹，例如：在播种前用铅丹拌种，将种皮染成红色，可防止鼠类、鸟类取食种子；将种子拌以磷化锌等，可有效防除鸟兽害。

（四）冬　播

冬季土壤不冻结的地区可采用冬播，但要少量进行。如黔东南培育杉木、马尾松，可在1—2月播种。

二、播种前的准备工作

播种前的准备工作是为了选出良种，防止病虫害，为种子发芽、出土创造条件，促进苗木生长，提高苗木质量和产量，包括整地作床、土壤消毒、种子消毒、接种与防鸟兽害、种子催芽等。

（一）整地作床

播种前的整地，是指在作床前进行平整圃地、碎土和保墒等工作。播种前的整地及整地质量直接影响种子的场圃发芽率、成苗率，以及苗木的生长发育，要求整地非常细致，苗圃地平坦，无土块和石块等。树种的种粒越小，对整地质量要求越高。

苗床分高床和低床：南方雨水多，多用高床，以利排水；北方干旱，多用低床，以便蓄水保墒。一般床面宽 1~1.2 m，步道宽 30~50 cm，床高 20~30 cm。

（二）土壤消毒

土壤消毒的目的是消灭土壤中残留的病虫害（地下害虫）和病原菌。国内外一般采用高温处理或药剂处理。

1. 高温处理

现在国内外采用的高温处理方法有烧土法和火焰消毒机处理法。在柴草丰富又容易获取的地方，可在苗圃地堆放柴草焚烧，提高土壤耕作层温度，以达到灭菌的目的。这种方法不但能够灭菌，而且能提高土壤肥力。

2. 药剂处理

把一些化学药品配成一定的浓度药液，喷洒到土壤上，进行杀菌和杀虫。常用的杀虫剂或者土壤消毒剂有辛硫磷、福尔马林、硫酸亚铁等。

（1）辛硫磷。一种杀虫剂。对金龟子幼虫（蛴螬）、蝼蛄等地下害虫，用辛硫磷乳油拌种，辛硫磷与种子的比例为 0.3∶100；也可以用辛硫磷 1000 倍液喷洒床面。

（2）福尔马林。用量为 50 mL/m²，每 50 mL 福尔马林加水 6~12 L 混匀，在播种前 10~12 d 洒在床面上，用塑料薄膜覆盖。在播种前 1 周揭开塑料薄膜，等药味全部散后再播种。

（3）硫酸亚铁。一般用浓度为 2%～3% 的硫酸亚铁水溶液，用量为 9 L/m^2。

（4）五氯硝基苯。用量为 4～6 g/m^2，与细沙土混合做成药土，播种前撒于播种沟中，厚度约 1 cm。

（三）种子消毒

为了防止苗木发生病虫害，一般应在播种前或催芽前对种子进行消毒。并不是所用的种子都要消毒，但对于有猝倒病发生的树种必须进行种子消毒。种子消毒常采用福尔马林、硫酸铜和高锰酸钾溶液等药剂浸种，浸种时间和浓度因树种不同而不同。

1. 福尔马林溶液浸种

播种前 1～2 d 用 0.15% 的福尔马林溶液（40% 福尔马林∶水 = 1∶266）浸种 15～30 min，取出后闷 120 min，阴干后即可播种。

2. 高锰酸钾溶液浸种

用 0.5% 的高锰酸钾溶液浸种 2 h，取出后闷 0.5 h，清洗后即可播种。

3. 硫酸铜浸种

用 0.3%～1% 的硫酸铜溶液浸种 4～6 h，取出后用水冲洗，阴干后即可播种。

4. 敌克松（敌磺钠）拌种

用 95% 可湿性粉剂 4 g 与 80 g 干细土混拌成药土，均匀撒施，可防治枯立病、猝倒病、枯萎病、根腐病。

5. 紫外光消毒

将种子放在紫外光下照射，能杀死一部分病毒。由于紫外光只能照射到表层种子，所以照射时种子要摊开，不能太厚。消毒过程中要不停翻搅，0.5 h 翻搅 1 次，一般消毒 1 h 即可。翻搅时人要避开紫外光，避免紫外光对人体造成伤害。

（四）接种与防鸟兽害

1. 接　种

有菌根菌的树种，如松属、壳斗科、桦木科等的种子，在无菌地育苗时，接种菌根菌能提高苗木质量。接种方法：采集一些树种原产地的土壤撒播在苗圃地上，或使用菌剂接种。培育有根瘤菌的树种，在没种过豆科植物的苗圃地上需接种根瘤菌，可用根瘤菌剂拌种或蘸芽苗根移栽。

2. 防鸟兽害

许多针叶树种的种子，发芽出土后其子叶带着种皮，易遭受鸟类啄食。在播种前可用铅丹（四氧化三铅）把种子染成红色以防鸟兽害，但这个方法有时有效，有时无效。实践表明，为防止栗等（特别是冬季播种的树种的种子）被动物偷食，洒煤油或某些农药效果较好。

（五）种子催芽

种子催芽是用人工的方法打破种子休眠，促进种子萌芽的过程。催芽可以控制种子出芽时间，促使幼苗出土均匀，出苗整齐。催芽方法很多，常用的有低温层积催芽、水浸催芽和药剂催芽等。

1. 低温层积催芽

就是把种子和湿润物混合，置于低温（0～5 ℃）下处理一段时间。适宜生理后熟和萌发抑制物质引起休眠的种子。这个方法是现用催芽方法中效果最好的一种，缺点是所需时间长。

低温是低温层积催芽最重要的条件，一般为 0～10 ℃，大多数树种的种子在 0～5 ℃下效果最好，少数树种种子温度稍高一点。

催芽期间催芽介质要保持适宜的湿度，一般保持在其饱和含水量的60%。对干藏种子，为保证湿度，催芽前应浸种，浸种时间因树种而异，一般为1~3 d。

催芽期间应提供充足的氧气，种子缺氧呼吸会产生乙醇，使种子腐烂。因此，低温层积催芽在保持低温和湿度的同时，还要有良好的通气条件，这可通过翻动种子和做通气孔的方法解决，条件好的苗圃可配备通风设备。

种子催芽因树种而异，强迫休眠的种子催芽时间较短，有些树种种子只需1个月；非强迫休眠的种子时间需要长一些，有的甚至需要半年以上。催芽期间应经常检查，如发现催芽介质过湿、过热、通气不良等，要及时处理。

2. 水浸催芽

即利用不同温度的水浸泡种子，促进种子萌芽的简易方法。此法适用于种皮坚硬致密、生理休眠且种皮较薄的种子。

水浸催芽有温水催芽和热水催芽两种。温水催芽一般用初始温度40 ℃的温水催芽，让自然其冷却至室温，催芽时间一般在24~48 h，催芽后即可播种。热水催芽适用于种皮坚硬的种子，如刺槐、皂荚、合欢等。可用初始温度80~90 ℃的热水浸种，浸种时将种子倒入盛热水的容器中，不停地搅动，使水和种子在容器中旋转，让种子受热均匀，直到热水冷却。

浸水后，将种子装在漏水塑料筐或篾筐中，用草袋或麻袋覆盖，每天用温水冲洗2~3次，种子露白后即可播种。

种子催芽要点：①根据种子特性选水温。适于90~100 ℃水温浸种的树种有刺槐、合欢、乌桕、皂荚、紫藤等；适于70 ℃水温浸种的树种有油松、华山松、紫荆、核桃、紫穗槐；适于40 ℃左右水温浸种的树种有侧柏、杉木、桉、白蜡、枫杨、落叶松等。②掌握好浸种时间和催芽时间。一般以24 h为宜，种皮薄的浸几个小时即可，浸种时间过长，种子缺氧呼吸，内含物外渗，会影响萌发。催芽时间因树种而异，如杉木2~4 d、刺槐3~5 d、檫木4~5 d。③应注意水和种子的比例。水与种子的体积比为2:1，高温浸种时应边倒边搅。

3. 药剂催芽

药剂催芽可解除休眠，加速种子内部生理过程，促进种子萌发，使发芽整齐，幼苗生长健壮，如用高锰酸钾、小苏打、氢氧化钠、硫酸钠、植物激素（如细胞分裂素、赤霉酸等）处理。例如：用1%的小苏打溶液浸泡花椒、漆、黄连木种子24 h，可去掉种子表面蜡质层；用硫酸钠浸泡杉木、桉种子，可促进种子发芽；用稀释5倍的赤霉素发酵液浸泡刺槐种子1 d，其发芽率可提高10%，发芽期缩短3 d。

三、播种量及苗木密度

（一）播种量的计算

播种量是单位面积或单位长度播种沟上播种种子的数量。大粒种子可用粒数来表示，如核桃、山桃、山杏、七叶树、栗等树种的种子。播种量过大，造成种子浪费，且间苗费时、费工；播种量过小，单位面积产量低，经济效益低。因此，播种前要计算好播种量，不要盲目播种，以免造成浪费。

计算播种量要考虑4个因素：①树种生物学特性，苗圃地条件，育苗技术水平；②单位面积的计划产苗量；③种子品质指标，如种子纯度、千粒重、发芽率等；④种苗损耗系数。

播种量计算公式如下：

$$X = C \times \frac{A \times W}{P \times G \times 1000^2}$$

式中：X——单位面积的播种量（kg）；

   C——种苗损耗系数；

   A——单位面积的计划产苗量；

   W——种子千粒重（g）；

   P——种子纯度（%）；

   G——种子发芽率（%）。

种苗损耗系数 C 因树种、苗圃地条件、育苗技术水平等有较大差异，一般变化范围如下：

（1）$C \geq 1$，适用于千粒重在 700 g 以上的大粒种子。

（2）$1 < C \leq 5$，适用于千粒重为 3~700 g 的中粒、小粒种子。

（3）$C > 5$，适用于千粒重在 3 g 以下的极小粒种子。

以上公式计算得出的是理论值，生产上还要考虑自然条件下的正常损耗，C 值需适当增大一些。

计算播种量和栽苗数量的面积应按"净面积"算，每公顷按 6000 m² 计算，每亩按 400 m² 计算。一般来说，杉木条播为 75~90 kg/hm²，撒播为 90~105 kg/hm²；马尾松条播为 75 kg/hm²，撒播为 105~150 kg/hm²；香椿为 30~45 kg/hm²；香樟条播为 150~225 kg/hm²；楠木条播为 225~300 kg/hm²。

（二）苗木密度

苗木密度是指单位面积（或单位长度）上苗木的数量。适宜的苗木密度是培养质量好、产量高、抗性强的苗木的重要条件之一。不同的树种其生物学特性不同，适宜的苗木密度也不一样。

理论研究和实践经验都表明：密度过大，营养面积小，会造成苗木相互拥挤，通风不良，光照不足，植物光合作用降低，导致苗木细弱，高径比大，叶量少，顶芽不壮，根系不发达，苗木质量差，单位面积产量虽有所增加，但多为不合格苗木；密度太小，植物不能最有效地利用光能和养分，导致单位面积苗木产量低，且苗圃地易生杂草，土壤养分和水分消耗增加，土壤容易干燥，造成抚育困难。

在相同条件下，苗木密度适宜时，培育出的苗木苗干粗壮，枝叶繁茂，根系发达，茎根比较小，干物质量大，合格苗数量多，抗逆性强。但随着苗木密度的加大，苗木质量逐渐下降。因此，育苗要有合理的苗木密度。所谓"合理密度"，即既能保证苗木个体质量，又能使合格苗产量最大的密度。

评价苗木密度是否合理，应该是苗木质量与产量并重。尤其是苗木质量关系造林成活率，故质量应列首位。

树种的合理密度必须经过科学严格的试验确定，确定树种的合理密度应考虑下列因素：

（1）树种的生物学特性。根据苗木的生长速度、冠幅大小确定密度。

（2）苗龄及苗木种类。苗龄越大，密度越小；留床苗密度宜小，移植苗密度可适当加大。

（3）苗圃地的环境条件。土壤、气候和水肥条件好的地方，密度宜大些。

（4）育苗技术水平。技术水平高可适当密些，低则稀些；管理工作比较细致的可密些，反之则稀些。

（5）作业方式及耕作工具。苗床作业的密度一般比大垄作业的密度大。同时，确定合理密度必须考虑苗期管理所使用的工具，以便确定行距或行带。

现有资料表明，针叶树种一年生播种苗，生长速度快的树种为 50~200 株/m²，生长速度中等和缓慢的树种为 200~350 株/m²；阔叶树种一年生播种苗，大粒种子和生长速度快的树种为 25~50

株/m^2，一般树种为 60 ~ 140 株/m^2；需要进行幼苗移植的树种，如台湾相思、木麻黄和桉等，为 500 ~ 750 株/m^2。

四、播种方法

（一）条　播

条播是按一定的行距，将种子均匀地播在播种沟内。条播是目前应用最广泛的方法，适于中粒、小粒种子，株行距因树种不同而不同，常用行距为 20 ~ 25 cm。

条播的优点：①有一定的行距，便于中耕除草、开沟追肥、防治病虫害，以及机械化作业；②比撒播节省种子；③苗木的行距较大，苗木受光均匀，有良好的通风条件，培育的苗木质量好；④起苗方便。

条播时播种行的宽度称为播幅，一般情况下播幅为 2 ~ 5 cm，适当加宽播幅有利于提高苗木质量。阔叶树种播幅可加宽至 10 cm，针叶树种播幅可加宽至 10 ~ 15 cm。播种行的方向以南北向为好，这样苗木受光更均匀。

（二）点　播

点播是按一定的株行距将种子播于苗圃地的方法，一般应用于大粒种子和一些珍贵树种、经济林木的种子，如核桃、栗、银杏、山桃等。株行距以不同树种和培养目的来确定，一般行距为 30 ~ 80 cm，株距为 10 ~ 15 cm。

（三）撒　播

撒播是将种子均匀地撒播于苗床面上的方法，适于小粒、特小粒种子，如马尾松、杨树、柳树、泡桐、桉等。撒播的优点是苗木产量高。撒播的缺点：①不便于中耕除草、开沟追肥、防治病虫害和机械化作业；②苗木密度大，会造成光照不足、通风不良，导致苗木生长不好，质量降低；③播种量大。因此，除极小粒种子外，一般不推广撒播法。

（四）播种技术要点

播种时应科学地计算播种量，确定合理密度，选择适宜的播种方法。

以条播为例，应拉线开沟。要求开沟深度适宜，沟底平，沟深为种子横径的 2 ~ 3 倍。播种要均匀，覆土要均匀且厚度要适宜。

覆土的目的是为了保水、保湿，防止种子风干和遭鸟兽害，保证土壤湿润、疏松，免受烈日暴晒和雨水溅击，有利于种子发芽。覆盖材料可以是稻草、麦草、松针、谷壳、锯末。

覆土厚度可根据土壤特性、播种季节、种子大小等确定：沙土宜厚，黏土宜薄；秋播比春播厚；子叶出土的宜薄，不出土的宜厚；播后苗床面有覆盖的比无覆盖的覆土薄。覆土厚度一般是种子直径的 1 ~ 3 倍。特小粒种子以不见种子为度，小粒种子覆土厚度为 0.5 ~ 1.0 cm，中粒种子为 1 ~ 3.0 cm，大粒种子为 3 ~ 5 cm。覆土材料以细沙、细土、火土灰为宜，如樟、女贞可覆盖火土灰，马尾松、杉木可用细黄心土覆盖以防止猝倒病。

五、育苗地的管理

播种后，在幼苗出土前后，为了满足种子发芽和苗木生长发育的需要，必须进行一系列的抚育管理。俗话说"三分种，七分管""种是基础，管是关键"，只有加强苗期的抚育管理，才能培育出优质高产的苗木。

（一）撤除覆盖与遮阴

当幼苗出土率达到60%~70%时，要及时撤去覆盖物，以免幼苗弯曲，生长不良，形成"高脚苗"。覆盖物应分次、分批撤除，不应一次撤尽；撤除覆盖物最好在阴天或傍晚，因强光会灼伤幼苗。注意：撤除覆盖物时不要损伤幼苗。

一些树种在幼苗时对地表高温和阳光直射的抵抗能力很弱，容易造成日灼伤害，如地表高温引起银杏、杜仲幼苗根颈灼伤，是诱发茎腐病的主要原因。因此，需要采取遮阴降温措施，同时，遮阴可以减轻土壤水分蒸发，保持土壤湿度。遮阴方法很多，主要是在苗床上方搭遮阳网，也可用插树枝的方法来遮阴。遮阴应保持一定的透光率，时间宜短。有灌溉条件的地方尽量不遮阴，宜增加灌溉次数，全光育苗。因此，不遮阴即可正常生长的树种，就不要遮阴；需要遮阴的树种，在幼苗木质化程度提高以后（一般在速生期的中期），可逐步取消遮阴。

（二）灌溉与排水

灌溉的目的是增加土壤含水量，以保证苗木在不同生长发育期对水分的需要，可调节苗木体温，防止日灼。灌溉方法有侧方灌溉、喷灌、滴灌等（图3-1）。灌溉应根据苗木不同生长发育期对水分的需求，结合松土、除草进行，适时适量。

图3-1　苗木灌溉设备

在苗期不同发育阶段，苗木的需水量和抗旱能力不同，灌溉次数和灌溉量应有所不同。在出苗期及幼苗期，苗弱、根系浅，对干旱敏感，灌溉次数要多，灌溉量要小；在速生期，苗木生长快，根系较深，需水量大，灌溉次数可减少，灌溉量宜大，要灌足、灌透；进入苗木硬化期，为加快苗木木质化，防止徒长，应减少或停止灌溉，最好在硬化期到来之前浇 1 次水后就不再浇水。需要注意的是，要随时关注当地的气象预报，尽量避免灌溉与降雨重合。灌溉时间一般以早晨和傍晚为宜，因为此时水温与地温较接近，有利于苗木生长。马尾松、云南松忌水渍，灌溉不宜过量，否则会导致根腐病。

排水的目的是为了防涝。水分过多的危害并不在于水分本身，而是由于水分过多引起缺氧，从而产生一系列危害，如烂根。在低洼潮湿地区尤其应注意防涝，防涝的最佳办法是雨季及时疏通步道和排水沟，保证暴雨后能及时排水。

（三）松土除草

在由于灌溉等原因引起土壤板结和苗圃地有杂草的情况下，需要进行松土除草。松土除草是育苗工作的关键环节。除草的原则是"除早、除小、除了，一勤、二细、三及时"。松土要注意深度，初期浅除，后期适当加深。松土最好结合培土同时进行，但应防止伤及苗木根系。土表严重板结时，要先灌溉再松土除草，否则会因松土而给幼苗造成伤害。

（四）间苗、定苗与幼苗移植

1. 间苗和定苗

尽管经过科学的理论计算和实际经验确定了播种量，但为保证出苗率，往往要适量增加播种量。然而播种量的增加会使幼苗过密，如不间苗，将导致苗木细弱，质量降低。

间苗又叫疏苗，就是拔除过于密集、细弱、受机械损伤和感染病虫害的苗木，使苗木在苗床上分布均匀的作业方式。间苗是调节光照、通风和营养面积的重要手段，与苗木质量、合格苗产量密切相关。间苗应遵循"适时间苗，去弱留壮，间密留稀，合理定苗"的原则。

间苗宜早不宜迟，具体时间要根据树种的生物学特性、幼苗密度和苗木生长情况确定，一般在幼苗期进行，间苗次数一般为 2 次。阔叶树种第一次间苗一般在幼苗长出 3~4 片真叶、相互遮阴时开始，第一次间苗后，留苗数比计划产苗量多留 20%~30%；第二次间苗一般在第一次间苗后的 10~20 d，第二次间苗可与定苗结合进行，以确定保留的优势苗和苗木密度，也即确定单位面积苗木的产量，定苗时的留苗量可比计划产苗量高 6%~8%。间苗后应及时灌溉，防止因间苗松动、暴露、损伤留床苗根系。

间苗最好与补苗结合起来，在雨后和阴天进行，间苗后最好用清粪水浇灌，以保证苗木成活率。

2. 幼苗移植

用于生长快、要在幼苗期进行移植的树种，如桉、泡桐、种子稀少的珍贵树种及分蘖能力强的竹类等。幼苗移植应掌握好时期，阔叶树种在幼苗长出 2~5 片真叶时移植成活率高。幼苗移植最好在阴雨天进行。移植后及时浇水，必要时遮阴，如楠竹实生苗培育，先在温床上撒播，可提高发芽率，提早出苗，然后按 1~2 株 / 丛进行小苗移植，株距、行距均为 25~30 cm。

（五）追 肥

苗期追肥一般施用速效肥料。在苗木生长发育的不同阶段，应追施不同配比的肥料。

以杉木为例，有生长初期，第一次施高磷低氮的混合液体肥料（N∶P∶K = 1∶5∶1），以促进苗木早期发育生根，增强抗病力；在生长旺盛期（6—8 月），宜用速效高氮肥料（N∶P∶K = 3∶1∶1）；速生期过后（9—10 月），停施氮肥，施磷肥、钾肥，以促进苗木木质化。

追肥应遵循"先稀后浓，少量多次"的原则，最好结合松土进行，先松土后施肥，以便肥料施入土中。生产上追肥多用尿素，其次是复合肥料。

（六）幼苗截根

截根又称切根，目的是控制主根生长，促进侧根、须根生长和苗木木质化，以提高苗木质量和造林成活率。给幼苗截根主要针对主根发达的树种，如核桃、栗、栎类等。给一年生苗切根，对促进其根系发育效果显著，可以收到与移植相似的效果。

主根发达的树种如核桃，宜在幼苗期切根，具体切根时间为幼苗展开 2 片叶子时。一年生或以上的苗木，秋季切根比春季切根效果好。在秋季切根，能使苗木减少对水分的吸收，利于加速苗木木质化，并为起苗工作创造省力条件，具体时间为苗木硬化期初期，即在高生长即将停止时进行。因为这时地温在 15 ℃以上，有利于被切断的根形成愈伤组织，萌发新根。

幼苗期切根深度为 8 ~ 12 cm。一年生播种苗的切根深度为 10 ~ 15 cm（切根深度因树种而异）。人工切根可用特制的切根铲，面积较大的苗圃可用弓形起苗刀，但要把抬土板取下。幼苗截根示意见图 3-2。断根后要及时浇 1 次透水，使松起的土壤及苗根落回原处，以防透风。

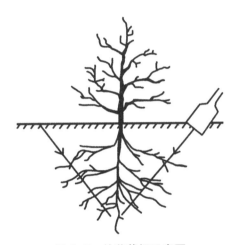

图 3-2　幼苗截根示意图

（七）苗木保护

1. 病虫害防治

苗木在生长发育过程中，常易发生各种病虫害。病虫害防治的原则：防重于治，治早，治了。"防"就是在育苗之前加强土壤消毒和种子消毒工作，搞好苗圃地卫生，把好水肥关，防止旱涝发生。有机肥料应充分腐熟，施肥时应注意各种肥料配比恰当，以免引起植株徒长和生理失调，以致病虫害加重。此外，可采取合理的轮作、混作措施防治病虫害。"治"就是经常到田间地头巡视，一旦发现病虫害，应及时采取措施消灭，防止蔓延，治早，治了。苗圃常见的病害有猝倒病、根腐病、茎腐病等，虫害有蝼蛄、金龟子、地老虎等。

2. 防越冬伤害

冬季，苗木在原地越冬常出现大量死亡现象，主要原因有生理干旱、地裂伤根、冻死、光氧化伤害等。越冬保苗的方法很多，如土埋、覆草、设防风障、架暖棚等。

第二节　容器育苗技术

容器育苗是现代苗木培育的先进技术，已在生产上广泛使用（图3-3）。容器育苗是指用各种容器装入配制好的基质进行播种或移植育苗的方法，所培育出的苗木称为容器苗。

图3-3　容器育苗

一、容器育苗的优缺点

容器育苗的优点：①容器育苗所用基质是经过精心配制的，最适合苗木生长，而且容器苗多在大棚或温室内培育，温度、水分、光照等生态条件可调节到苗木所需的最佳状态。因此，苗木生长迅速，3~6个月即可出圃，缩短了育苗周期。②容器育苗能形成完整的根团，起苗、包装、运输时不伤根，且栽植时不窝根，提高了造林成活率，减少了补植工作，如华北地区用容器苗造林，成活率可提高

15%～20%。③容器苗对造林地的适应能力强，造林不受季节限制，有利于劳动力安排。④容器苗造林没有缓苗期，造林初期生长快，幼林郁闭早。⑤容器育苗不占用苗圃好地，单位面积产苗量高，节约土地。⑥通常每个容器只播1～3粒种子，节省种子，特别有利于珍稀树种和良种育苗，与裸根育苗相比，容器育苗可节省30%～50%的种子。

现代容器育苗技术的发展往往与机械化过程同步。容器育苗的全过程，从容器制作、培养基质调配、装填基质、播种、覆土、传送，以及在温室或大棚内培育苗木，都可以实现机械化和自动化，减轻了劳动强度，提高了生产效率。

容器育苗的缺点：①育苗及运输成本高。即使是在工业化程度高的国家，容器苗的生产成本也远远高于裸根苗，比如日本用泥炭容器育苗，其生产成本比裸根苗高60%。②对育苗及管理技术要求高。容器育苗是高度集约栽培的工作，要在局限的土壤上培育活力强的苗木，对育苗及管理技术上的要求很高，技术人员需具有植物生理生态等基础知识和育苗的实践经验。③基质来源有限，配制工序复杂。④长期利用苗圃地土壤或挖取林地土壤，会破坏土地资源。⑤造林效果不稳定。容器苗个体比裸根苗小，木质化程度差，与杂草竞争的能力弱，对造林整地的要求高；受容器的影响，苗木根系易在容器内盘旋生长，造林后易导致根系畸形，影响林木生长和林分稳定性。因此，应设法提高容器苗的根系质量。

二、容器苗的培育技术环节

（一）育苗地选择

容器育苗是在容器内装入配制好的基质进行育苗，故对育苗地要求不高。露地容器育苗地要求地势平坦，背风向阳，排水良好，交通方便，不宜选在低洼积水、易被水冲、沙埋的地段和风口处。同时，要求水源、电源方便，便于安装机械化喷灌设备，也便于管理。

有温室大棚的地方，可将温室育苗和露地育苗结合起来。利用温室内良好的环境条件，先在温室内播种培育幼苗，1～2个月后将其移入露地育苗地的育苗容器中继续培养。温室大棚内1年可培育2～3次播种苗，大大提高了温室大棚利用率。

（二）育苗容器的选择

育苗容器种类、规格很多，可根据树种、育苗期限、育苗方法、苗木规格等进行选择（图3-4）。

1. 连苗一起定植的育苗容器

造林时可与苗木一起移栽至土壤中的容器。这类育苗容器在造林后能被植物根系、水或微生物分解，有纸质营养杯、黏土营养杯、泥炭容器和可降解的无纺布容器。目前生产上多用可降解的无纺布容器。

2. 可回收的育苗容器

造林时不能与苗木一起移栽的容器。这类容器主要由聚乙烯、聚苯乙烯制成。由于这类容器能反复使用，成本较低，且易于机械化生产，目前在国内外应用较广。聚乙烯塑料薄膜袋应用普遍，制作方便，成本低，育苗效果较好，在冬季和旱季育苗具良好的保温、保湿作用，但夏季应注意预防袋内温度过高和排水通气不良导致病虫害发生。聚苯乙烯多孔容器由许多单杯或育苗孔组成，多孔容器比较稳固，易排列，便于基质的装填和苗木搬运。

图 3-4　育苗容器

（三）基质配制

基质是容器苗生长的介质，其质量好坏对容器苗的生长影响很大。育苗工作者经过长期的研究，认为容器苗育苗基质必须具备下列条件：①具有良好的物理性质，有较强的保水能力，有恰当的容重，大小孔隙平衡；②结构充实致密，有稳固根团的能力；③呈弱酸性，pH 值应在 5.5 ~ 6.5 之间，有适当的阳离子交换能力；④低肥力性，有利于按需通过营养调控苗木规格；④不带杂草种子和病虫害；⑤重量轻，便于各项操作处理和运输。

我国配制基质材料主要有泥炭、森林土、草皮土、黄心土、炉渣、蛭石、火烧土、菌根土、腐殖土等。生长基质一般不单用，通常两种或两种以上基质配合使用。国外主要用泥炭和蛭石的混合物。

基质的配制比例应根据树种特性、基质原材料性质和容器条件等决定。生长基质的配制是容器育苗成败的关键，一定要精细选择和配制基质。基质配制步骤如下：

（1）将基质材料粉碎、过筛。

（2）按一定比例将基质材料混合。

（3）基质消毒。为防止苗木发生病虫害，培养基质必须进行消毒灭菌。常用的方法有两种：一是高温消毒和蒸汽消毒；二是使用杀菌剂和化学药剂熏蒸，如每立方米加入 20 g 代森锌或 25 g 硫酸亚铁，混拌均匀。

（4）将基质调至湿润状态，湿润的程度以基质装杯后不从容器的排水孔漏出、握成团后不变形为度。

混拌基质的场所应保持清洁。如果采用机械混拌基质，设备在使用前要消毒。不同树种苗木生长对基质的 pH 值范围要求不同，一般针叶树种要求的 pH 值范围为 4.5～5.5，阔叶树种要求的 pH 值范围为 5.7～6.5。培育松类、栎类容器苗时应接种菌根菌。

播种前要把基质装到容器中，可以手工装土，也可以机械装土。手工装土时不要装得过满，一般比容器口低 1～2 cm，装好土后从侧面敲打容器，使虚土沉实。容器装土后，要整齐摆放到苗床上。摆放时，容器之间要留有空隙。

（四）播种技术

容器苗播种过程与裸根苗播种过程相似。播种后应覆盖或遮阴。每个容器内的播种量要根据种子发芽率决定，具体见表 3-1。

表 3-1 种子发芽率与每个容器内的播种量

发芽率 / %	每个容器内播种量 / 粒
95	1
75	2
50	3
30	5
25	6

育苗容器除培育播种苗外，还可培育扦插苗和移植苗，如贵阳市苗圃所培育绿化用黄花槐、小叶女贞、火棘苗木等，既用容器培育扦插苗，又用容器培育移植苗。在国外，如日本主要是培育移植苗。播种后应立即浇水，为防容器内水分蒸发，可用稻草或无纺布覆盖，并搭遮阳网遮阴。

（五）容器苗苗期管理技术

1. 灌 溉

容器育苗能否成功，灌溉是关键。应经常检查容器内基质湿度，适时适量灌溉。灌溉要以有利于形成根团为原则，过度浇水不仅会导致苗木幼嫩，还会导致病虫害发生，尤其是根腐病；反之，浇水过少会引起烧苗。

灌溉要点：①在播种或幼苗移植后第一次浇水要充分；②出苗期和幼苗期要适量、勤浇，保持基质湿润；③速生期应量多次少，一次浇透，在基质达到一定干燥程度后再浇水；④生长后期应控制浇水，促使苗木木质化；⑤容器苗在出圃前 1～2 d，应停止浇水，以减轻重量，便于搬运。采取喷灌方式灌溉时，喷水不要太急，否则会将基质溅出容器。

2. 追 肥

容器育苗因培养基质容量有限，故苗木生长所需的营养元素主要在苗木生长过程中补充，一般以液体肥料的形式施入基质中或叶面喷施。应根据苗木不同生长发育期对肥料的需求，随时调整肥料配比，以达到最佳的施肥效果，即通过控制苗木营养条件，促进苗木生长，提高苗木抗逆性。

容器育苗追肥应注意以下几点：①所有的主要矿质元素必须具备，且比例适当；②氨态氮和硝态氮比例适当，以利于调节酸碱度；③总养分浓度适宜。不同的苗木有不同的要求，用含一定比例 N、P、

K 的复合肥料配置成浓度为 1:（200～300）的水溶液追肥，追肥后淋洗叶面；④根外追施氮肥浓度为 0.1%～0.2%。还可施长效缓释颗粒肥，一般在基质配制时加入。

3. 病虫害防治

容器育苗一般很少发生虫害，但要注意防治病害，特别是灰霉病，多数树种都会感染此病，经常造成容器苗大量损失。灰霉病发生的主要原因是基质排水不良，空气相对湿度过高，或水在苗木叶片上停留时间过长所致。防治方法：及时通风，保持空气相对湿度为 60%～70%；使用排水良好的基质，及时清除枯死植株；可用苯菌灵防止病害蔓延。另外，应注意防止发生根腐病，松、杉类树种尤其需要注意防止发生猝倒病。

4. 间苗和补苗

容器缺苗可通过芽苗移植的办法补苗，间苗后每个容器只保留 1 株苗。间苗、补苗后应及时浇水。

5. 除　草

育苗容器内也会长出杂草，所以也应除草，且要做到"早除、勤除、尽除"。

6. 幼苗形态和质量调控

注意对苗木的地上部分、地下部分进行质量控制。

地上部分质量控制主要是控制苗木高生长，使苗木整齐均匀，降低茎根比，提高造林成活率。一般是指当苗木地上部分发育不适宜时，通过修剪调节地上和地下部分的平衡，并修除过早萌生的侧枝。

地下部分质量控制主要是采用化学切根、空气自然切根等方式，抑制顶端分生组织的生长，以促进根团形成。另外，可使用萘乙酸（NAA）促进侧根生长。

第三节　营养繁殖育苗技术

营养繁殖育苗是指利用树木的营养器官（如根、茎、叶等）繁育苗木的方法。营养繁殖的方法很多，有传统的扦插、嫁接、埋条、压条等，还有现代的组织培养，其中扦插、嫁接和组织培养的应用较为广泛。

扦插是从母树上截取枝条制成插穗插到土壤或某种基质中，在一定条件下培育成完整的新植株。扦插苗是切取树木枝条（硬枝或嫩枝）的一部分，通过扦插到土壤或某种基质中繁殖得到的苗木。扦插繁殖适用于任何树种，具有操作简便、成苗快、能保持母本的优良性状、成本低等特点，因此广泛应用于苗木培育中。

一、扦插苗培育技术

（一）硬枝扦插

1. 采条母树的选择

生产中插穗来源有 3 种：一是优良采穗圃母树上的枝条；二是 1～2 年生苗干；三是生长健壮的幼龄

母树。用材林，选生长快、干形好、树干基部或主干萌出的一年生枝条；经济林或观赏树，选树冠中上部发育健壮、充实的枝条。

2. 采条时间

多数常绿树种在芽苞开放之前采集枝条的插穗生根率高，不易腐烂；芽苞开放后生长的枝条，因为养分为其生长所消耗，所以制成的插穗生根率低，容易腐烂。落叶树种秋末冬初（落叶后）到早春萌动前都可以采集枝条，适宜的时间采集枝条容易形成愈伤组织和不定根。采集时间以清晨为宜，因为此时枝条含水量高。采集后的枝条要注意保湿，以免枝条失水，影响扦插成活率。

3. 插穗的截制

一般插穗上应保留 3 ~ 4（或 2 ~ 3）个芽，大多数树种的插穗长 10 ~ 20 cm。插穗过长，下切口愈合慢，易腐烂，操作不便，浪费种条；过短，插穗营养少，不利于生根。不同树种插穗适宜长度不同，如湿地松、火炬松等针叶树种插穗长 5 ~ 10 cm（具有顶芽），杉木优良无性系插穗长 5 ~ 10 cm，水杉、池杉插穗长 10 ~ 15 cm；山茶、黄杨插穗长 5 ~ 10 cm，杨树、柳树插穗长 20 ~ 25 cm。

插穗的切口应平滑（防止裂开），下切口最好在芽或节的下端，因为节部营养多，且根原基多分布在芽附近。上切口剪成平口，距上部芽 1 cm，太长会形成死桩，太短芽易干枯。下切口剪成平口、斜口或双斜面，虽然斜口、双斜面吸收面大，但愈合慢，易产生偏根。水分条件较差、生根期长的树种可用斜口，以增加插穗对水分的吸收。

注意：插穗的截制应在阴凉处进行，不要在阳光下、风口处截制；常绿树种应保留适量叶片，通常摘除入土部分的叶片，不要用手撕叶。

4. 插穗的贮藏

落叶树种在秋末冬初剪条后，为防止枝条干燥失水，要进行越冬贮藏。枝条要埋藏在湿润、低温、通气环境下，应选地势高燥、排水良好的背阴处挖沟，沟深 60 ~ 80 cm，底铺 5 cm 厚的湿沙。贮藏时，分层埋枝条，将枝条成捆绑扎，小头向上，直立放置。贮藏期间定期检查沟内温度、湿度，防止枝条发霉、干枯。

5. 扦 插

春秋季均可扦插，以春插为主。如有温棚或温室，冬季也可扦插。露地扦插最好选沙质壤土，为提高土温，可用地膜覆盖。温室内可用蛭石、泥炭、珍珠岩或其混合基质，也可用土壤基质，但均应严格进行消毒。

扦插时直插、斜插均可。直插适宜短穗，地面留 1 个芽，插穗 2/3 入土，如在寒冷干燥条件下，上切口可用土覆盖；斜插适宜长穗和土壤较黏重的场地，但斜插易造成偏根，起苗不便。株行距一般根据树种生根快慢及生根后扦插苗的生长速度、冠幅大小确定，一般树种扦插行距为 20 ~ 30 cm，株距为 5 ~ 7 cm。

扦插时应先开沟，打洞扦插，防止损伤插穗切口和皮层；不能倒插。插后必须将插穗周围土壤压实，使插穗下切口与土壤密切接合。插后浇透水，使土壤下沉。

（二）嫩枝扦插

嫩枝扦插是指在树木生长期间利用半木质化的带叶嫩枝进行扦插，适用于硬枝扦插不易成活的树种，如桂花、冬青、银杏、侧柏、山茶、含笑、石楠、栗等。有人曾用 65 个树种进行扦插成活率比较，结果表明，嫩枝扦插优于硬枝扦插的树种有 44 种，占全部树种的 67.7%；硬枝扦插优于嫩枝扦插的树种有 13 种，占全部树种的 20.0%；硬枝扦插与嫩枝扦插大致相同的树种有 8 种，占全部树种的 12.3%。

嫩枝扦插易成活，是因为嫩枝中生长素含量高，可溶性糖和氨基酸含量也高，同时，嫩枝分生组织細胞分裂能力强，酶的活性强，这些都有利于插穗形成愈伤组织和生根。

1. 嫩枝扦插生根的环境条件

适宜温度为 20~23 ℃，少数可达 28 ℃；空气相对湿度为 80%~90%。光照对插穗生根影响较大。光照不足，插穗生根迟缓，死亡率较高；不遮阴或弱度遮阴，插穗生根快，成活率高。有条件的地方，最好用全光喷雾扦插育苗，这样既能保证足够的光照，又能保持较高的空气相对湿度。

2. 采条期

新生枝条达半木质化的时间在 5—7 月，因此，采条期一般为 5—7 月。采条过早，枝条幼嫩，容易失水干枯；过迟，枝条木质化，生长素含量降低，生根抑制物增多。不同树种适宜的采条期不同，如桂花、冬青等以 5 月中旬为好，银杏、侧柏、山茶、含笑、石楠以 6 月中旬为好。

具体的采条时间以早、晚为好，因为早、晚枝条含水量高，空气相对湿度大，温度较低；严禁中午采条。

3. 插穗的截制

插穗长度以 5~15 cm 为宜，带有 2~4 个节间。粗壮的插穗生根率高，过于纤细的枝条不适宜做插穗。切口要平滑，下切口应在叶柄或腋芽之下。嫩枝扦插多从愈伤组织或愈伤组织附近的腋芽周围生根，叶应部分保留，阔叶树种保留 3~5 个叶片并剪半，针叶树种的针叶不必去掉，带叶和顶梢扦插。

4. 扦插

扦插前可用生长激素处理插穗，促进生根，浓度为 50~100 mg/L，处理时间为 2~6 h。扦插基质要透水、透气，且保水能力要强，可用蛭石、珍珠岩、河沙等做插床。常采用密插，扦插深度以浅为好，一般插入基质中深度为插穗长度的 1/3~1/2。扦插时要注意插穗与基质密切结合，不要有缝隙，扦插后用全光自动间歇喷雾装置控制湿度或搭荫棚控制湿度。

（三）根条扦插

一些根萌芽力强或根能形成不定芽的树种，如泡桐、毛白杨、山杨、楸树、刺槐、香椿等，都可用根条扦插（下文简称"根插"）繁殖。由于根条中的生根抑制物比枝条中的生根抑制物含量低，所以根插生根容易，但插穗必须要在根条上形成不定芽，才能形成独立的植株。

1. 采根期

树木休眠期间进行，秋、冬或早春均可。可将起苗时或起苗后翻出的苗根修剪成插穗；或选择健壮的中年树，距主干 0.5 m 挖根，但不要在一株树上挖太多的根。秋末挖的根要进行湿藏，但泡桐的根要晾晒 1~2 d 再用。

2. 插穗的截制

插穗的粗细和长度对根插成活率和苗木生长有一定的影响。一般插穗长为 10~15 cm，大头粗为 0.5~2.0 cm，过细的插穗成活率较低，将来苗木生长也比较纤弱。剪插穗时上端平口、下端斜口，有利于扦插。含水量高的根易腐烂，制成插穗后可晒 1~2 d 再进行扦插，如泡桐。

3. 扦插

根插的方法有横埋、斜插和直插 3 种。横埋是将插穗水平放置在沟中，操作比较简单，开沟浅，工效高，也不必区分插穗的上下端，但生长不良；直插是将插穗垂直插入沟中，开沟较深，费工；斜插即将插穗与地面呈一定的角度插入沟内，使插穗接近于地表，处于土温高、通气条件较好的环境中，土壤较黏重的情况下最好采用斜插法。插穗的萌发和生根需要一定的土壤温度、水分和通气条件，在土温较低、土壤比较干燥或插穗埋土过深、通气不良的情况下，插穗往往萌发较迟。影响根插成活率的关键是土壤水分条件，因此，扦插后在插穗萌发和生根期间，如遇天旱，必须进行灌溉作业。

（四）促进插穗生根的措施

树木扦插繁殖，有的很容易生根，有的较难生根。为了提高扦插繁殖的成活率，常对插穗采取一定的促进生根的措施。

1. 损伤处理

用机械对将要制插穗的枝条进行环剥、环割、刻伤等处理，目的是阻碍营养物质向下运输，将营养物质积累在插穗伤口部位，将此部位作为插穗的基部，有利于插穗生根。

2. 浸泡处理

一些树种的插穗难生根，是由于该树种含有抑制生根的物质，特别是在组织受伤时，树木产生的抑制物更多。用水浸插穗，可以溶解或稀释抑制物，促进插穗生根。

3. 软化处理

又称黄化处理。采条前 2 ~ 3 周，用不透明的纸袋或塑料将枝条包裹，进行遮光处理。扦插时将枝条剪下制穗，可以显著提高插穗生根率。枝条经黄化处理后，叶绿素消失，组织黄化，皮层增厚，薄壁细胞增多，有利根原基的分化和插穗生根。其原因是黄化部位增加了内源性吲哚乙酸（IAA）的含量，减少了被认为有抑制生根作用的物质的产生。

4. 生长激素处理

把插穗基部速蘸或浸泡一定浓度的生长激素，可提高插穗成活率。常用的生长激素有 NAA、IAA、吲哚丁酸（IBA）、赤霉酸 A_3（GA_3）、ABT 生根粉等。闫万祥、郝建华的毛白杨扦插实验研究表明，将毛白杨插穗水浸 12 d 后，用 500 mg/L 的 IBA 溶液速蘸处理，扦插成活率可达 86%。

5. 化学药剂处理

用化学药剂处理插穗，可增强其新陈代谢作用，促进插穗生根。常用的化学药剂有蔗糖、高锰酸钾、二氧化锰、磷酸等。蔗糖主要是为插穗提供营养物质，处理插穗时蔗糖浓度一般为 1% ~ 10%。用 0.05% ~ 0.1% 的高锰酸钾溶液浸泡插穗 12 h，既可提高成活率，又可对插穗消毒。

（五）扦插后的抚育管理

如果在有专门设施的苗床上进行的扦插（如嫩枝扦插、带叶扦插），一般配备有加温、灌溉（喷雾）设施，可根据需要调节温湿度。这类苗床基质是专门配制的，干净卫生，没有或很少有杂草。扦插后的管理虽然要求严格，但容易操作。

大田扦插的苗木，扦插后抚育管理要及时。

扦插后要及时灌溉。灌溉的目的是补充土壤水分，防止因土壤干燥，插穗失水而影响成活率。灌溉的另一个作用是使插穗与土壤紧密结合，促进生根。

插穗未生根以前，一般不进行中耕除草，以免影响生根成活。一般阔叶树种地上部分长到 10 cm 左右，可进行中耕除草。生长季可中耕除草 2 ~ 3 次，次数需视苗木生长和土壤及其灌溉情况确定。

当萌条长到 15 ~ 20 cm 时，选留生长健壮、端直的保留培养，其余除掉。过早抽生的侧枝也应及早除掉，以免影响其高生长。

扦插苗生长旺盛，与播种苗比，较少感染病虫害，但当发现病害时要及时处理。

嫩枝扦插的技术要求和经营管理比硬枝扦插的要严格得多。为防止插穗枯萎，要经常喷水，使插壤和环境空气保持湿润。同时要注意防病，每周最好用多菌灵或高锰酸钾溶液喷洒。在温室或塑料大棚内进行扦插育苗时，在插穗生根后，应逐渐增加通风、透光率，使幼苗逐渐适应自然条件。插穗成活后，移至苗圃地或容器中继续育苗时，要按照扦插育苗或容器育苗的有关技术要求，严格管理。

二、嫁接苗培育技术

嫁接是把优良母本的枝条或芽（称为接穗）嫁接到遗传性不同的另一植株或插穗（或称砧木）上，使其愈合生长成一株苗木的技术。嫁接繁殖的优势主要包括3个方面：一是嫁接适用于有性繁殖败育、扦插不易生根、种子繁殖时品种特性容易发生变异、树势衰弱及病虫害严重的树种；二是嫁接繁殖能充分利用林木的成熟效应，使嫁接成活的植株能提早开花结实；三是能扩大优良个体繁殖系数。

（一）砧木的选择

选择优良的砧木是培育优良树木的重要环节。选择砧木主要依据下列条件：①与接穗具有较强的亲和力；②对环境适应能力强，抗性强；③来源丰富，容易繁殖（选择1～2年生健壮的实生苗）；④对接穗生长、开花、结果有良好的影响。

播种苗为砧木最好（根系深，抗性强）。一般花木和果树所用砧木，粗细以1～3 cm为宜。也可用三年生以上的砧木，甚至大树高接换头。

（二）接穗的选择

采穗母树必须是品质优良纯正、观赏价值或经济价值高、优良性状稳定的植株。采条时，选母树树冠外围（尤其是向阳面，光照充足）生长旺盛、发育充实、无病虫害、粗细均匀的一年生枝条作接穗。

（三）嫁接时期

枝接以春季为主，最佳时期是春季砧木树液开始流动时，这时形成层细胞开始活跃，营养物质开始向地上部运输，有利于伤口愈合、成活；芽接以秋季为主，在树木整个生长期间均可进行，但应依据树种的生物学特性差异，选择最佳嫁接时期。

（四）嫁接方法

1. 枝 接

目前生产中常用的枝接方法有切接、劈接、插皮接、腹接。

（1）切接（图3-5）。枝接中常用的嫁接方法，适用于大部分果树、园林树种。砧木宜用1～2 cm粗细的幼苗，稼接前先把砧木距地面5～8 cm切断，从削面断面木质部边缘向下直切，切口深度2～3 cm。接穗长5～10 cm，带2～3个芽，将接穗正面削成一长3 cm的长削面，再在长削面背面削出一长1 cm的短削面，接穗上端应在短削面一边。将削好的接穗插入砧木切口中，使二者形成层对齐，砧穗削面紧密结合，用塑料条捆扎好，必要时可在接口处涂上接蜡或泥土，以减少水分蒸发。

（2）劈接（又称割接法）（图3-6）。适用于大部分落叶树种。砧木粗细为接穗粗细的2～5倍，在距地面5 cm处切断，在其横切面中央垂直下切，劈开砧木，切口长2～3 cm。接穗下端两侧切削，呈楔形，切口长2～3 cm，将接穗插于砧木劈门，使砧穗形成层对齐。

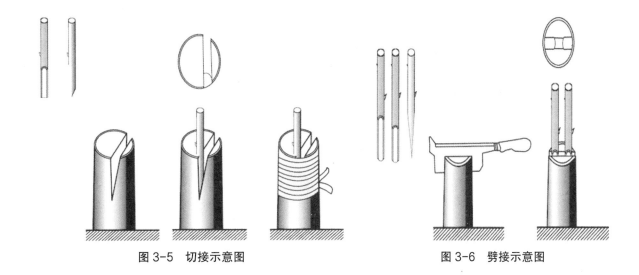

图 3-5　切接示意图　　　　　　　　　　　图 3-6　劈接示意图

（3）插皮接（图 3-7）。枝接中最易掌握、成活率最高的方法。砧木粗细要求在 1.5 cm 以上，在距地面 5 cm 处切断。接穗下端一面削成长 3.5 cm 的大斜面，厚度 0.3～0.5 cm，另一面削一小斜面。将大的斜面朝向木质部，插入砧木的皮层中。若皮层过紧，可在接穗插入前先纵切砧木皮层一刀，再将接穗插入皮层中部。

（4）腹接（图 3-8）。在砧木腹部进行技接的方法。砧木不去头，待嫁接成活后再剪除上部枝条，多在 4—9 月进行。

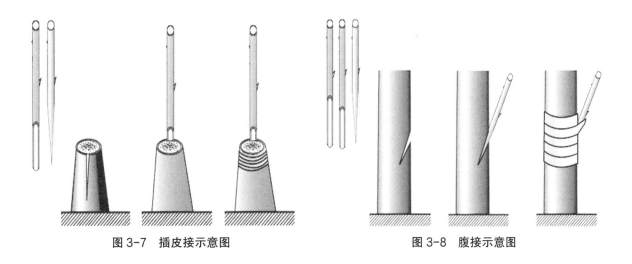

图 3-7　插皮接示意图　　　　　　　　　　图 3-8　腹接示意图

2. 芽　接

凡是以芽为接穗的嫁接方法皆称芽接。

（1）"T"字形芽接（图 3-9）。砧木一般选用 1～2 年生的小苗，若砧木过大，其皮层过厚不易操作，且接后不易成活。采用当年生枝条为接穗，除去叶片，留叶柄，从接穗上削取盾形芽片，芽片长 2～3 cm，宽 1 cm 左右，芽在芽片的正中略偏上。在砧木距地面 5 cm 左右处，选光滑部位切一个 "T" 字形切口，把芽片放入切口并往下插入，使芽片与 "T" 字形横切口对齐，然后用塑料条将切口包严，最好将叶柄留在外边，以便检查是否成活。

（2）方块芽接（图 3-10）。适用于核桃、柿等厚皮树种。方块芽接芽片大，与砧木接触面大，容易成活，但操作相对复杂，且要求砧木和接穗粗细相近，生产上较少使用。取接芽时要选择接穗中部的饱满叶芽，如为双芽，请选择上芽。操作时先将离皮的接芽呈方块形切下，上、下切口距接芽 0.7～1.0 cm，两侧距芽 0.3～0.5 cm。在砧木欲嫁接的光滑部位切割 1 个同样大或稍大的切口，将接芽贴在砧木的切口上，四边（或至少一边）对齐，然后用塑料条包严绑紧，但接芽要外露。

（3）套芽接（又称环状芽接）（图 3-11）。在春季树液流动后进行，用于皮层易于脱离的树种。先剪去砧木上部，在剪口下 3 cm 处环切 1 刀，除去此段树皮。取下同样粗细接穗的管状芽片，套在砧木的去皮部分即可，不用捆绑。

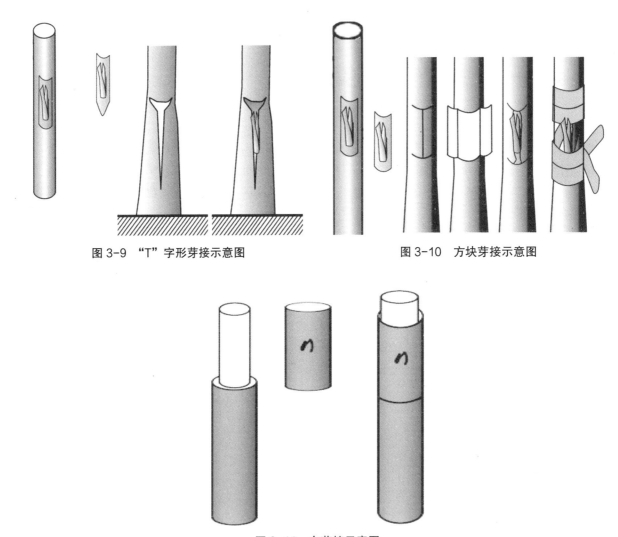

图 3-9　"T"字形芽接示意图　　　　　　　图 3-10　方块芽接示意图

图 3-11　套芽接示意图

3. 芽苗砧嫁接（图 3-12）

主要用于油茶、栗、核桃、银杏、栎属、樟属等大粒种子树种，此法的优点是可以大大缩短培育嫁接苗的时间。选用接穗上饱满的腋芽和顶芽，在腋芽两侧下部 1 cm 处下刀，削成 2 个斜面（呈楔形），削面长 0.8～1 cm，两削面交于髓心，再把芽尖上部 0.2～0.3 cm 切断，接穗上的叶片可以全部保留，也可以剪去一半，将削好的接穗放在装有清水的盆内。以芽苗作为砧苗，起砧时注意不要碰掉砧苗上的种子和碰断根部。把砧苗子叶叶柄上 2～3 cm 处切断，对准中轴切下 1 刀，深 1.5～2.0 cm，砧苗根部保留 5～7 cm，将多余的部分切除。将接穗插入砧木的切口内，用薄铝箔将接口处轻轻捏紧即可。然后将接好的苗木栽到苗床内进行管护。

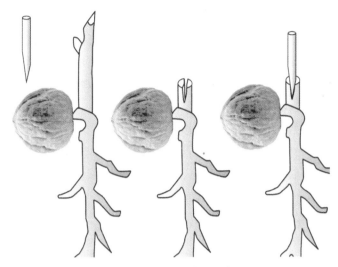

图 3-12　芽苗砧嫁接示意图

（五）嫁接后的管理

1. 检查成活率及松除捆扎物

枝接一般嫁接 20 ~ 30 d 后进行成活率检查。成活的接穗上的芽新鲜饱满，甚至已经萌动，接口处已产生愈伤组织；未成活的接穗干枯、变黑、腐烂。检查成活情况时，应及时将绑扎物解除，并分几次把土轻轻扒开。

芽接一般嫁接 7 ~ 14 d 后进行成活率检查。成活芽下的叶柄一触即掉，芽片与砧木形成愈伤组织，芽片新鲜。接芽萌动或抽梢即可解除绑扎物。

2. 剪砧木和除萌蘗

芽接的树种，芽接后已经成活的必须剪去接芽砧木上端，以促进接穗的生长。一般树种第一次剪砧在春天接芽开始生长前进行，在接芽上方 2 cm 处剪去砧木，剪口要平，以利愈合。砧木基部抽生的萌蘗要及时抹除。

第四节　移植苗培育

凡是经过移植在苗圃继续培育的苗木称为移植苗，即将苗木从原育苗床移到另一育苗床。移植的目的是培育大苗。大苗具有发达的根系，生长健壮的苗干，抗逆性强，造林成活率高、生长快。这些优点让大苗造林得到重视，防护林营造、园林绿化常用大苗造林，国外一些速生丰产林也用大苗造林。

一、开始移植的年龄和移植季节

苗木开始移植的适宜年龄因树种和育苗条件而定。多数树种在苗床育苗的情况下采取一年生苗移

植，速生树种采取芽苗移植，温室育苗、营养盘育苗采取小苗和芽苗移植。移植苗年龄过小，费工费时，效果不佳；移植苗年龄过大，则导致培育年限延长。

苗木移植季节应根据当地气候条件和树种的生物学特性来决定。一般树种主要在苗木休眠期移植；常绿树种也可在生长期的雨季移植，最好在雨季来临之前进行，如在雨天或土壤过湿时移植，苗木根系不易舒展，同时还会破坏土壤结构，对苗木的成活和生长不利。

春季是各种苗木适宜的移植时期。每种树种移植的具体时间，应根据树种发芽的早晚来确定，发芽早的先移植，发芽晚的后移植一般针叶树种发芽早于阔叶树种，应先移植。

秋季移植一般适用于冬季不会遭受低温危害，春季不会有冻拔和干旱等灾害的地区。在北方应早移植，落叶树种在当苗木叶柄形成离层、叶片能脱落或能以人工脱落时即可开始移植；常绿树种应在直径生长高峰过后移植。无论是落叶树种还是常绿树种，此时根系尚未停止生长，移植后有利于根系伤口恢复。

二、移植次数和培育年限

一般造林用苗，移植培育 1 年即可，培育城市绿化大苗，针叶、阔叶树种都可根据需要进行多次移植（2~3 次），延长培育年限。

三、移植密度

移植密度取决于苗木的生长速度、培育年限、冠幅大小和根系生长特性。一般来说，阔叶树种大于针叶树种，生长快的喜光树种大于生长慢的耐荫树种，机械抚育的大于人工抚育的，培育年限长的大于培育年限短的。

针叶、阔叶树种小苗移植，株行距为 10 cm×20 cm；大苗移植，株行距为 50 cm×100 cm。用于造林的苗木，移植 1~2 年生的针叶树种，株距为 5~20 cm，行距为 10~30 cm。

大苗移植后，在苗圃培育期间，要求枝叶不互相重叠。阔叶树种培育 2~4 年，株距为 0.6~0.8 m，行距为 0.8~1 m，如移植培育樟、广玉兰，株行距为 1 m×1 m。许多松柏类树种生长较慢，为合理利用土地，促进侧根、须根的生长，其苗木可进行 2~3 次移植，最后一次移植株行距为 1 m×1 m。

四、移植前的准备工作

（一）苗木分级

通过分级对不同等级苗木进行分区栽植，便于苗木的经营管理，促使苗木生长均匀、整齐。苗木分级的主要依据是苗木的苗高、地径和根系。

（二）修　剪

主根过长，栽植不方便，容易窝根，在移植前需要进行修剪，一般主根留 20~25 cm。凡受病虫害、机械损伤、过长的根系均要剪除。为了提高移植成活率，常绿阔叶树种（如樟）要修剪掉部分枝叶，减少水分蒸腾。受病虫危害、机械损伤的枝条也要剪去。

（三）栽 植

栽植方法分为沟植法和穴植法。小苗用沟植法，开沟栽植；大苗用穴植法，带土坨移栽。

栽植技术要点如下：

（1）随起随栽。为保持根系的活力，必须做到苗木随起随栽，防止须根失水干枯。一年生侧柏在春天起苗后放在阳光下晒 1 h，栽植成活率为 67%；放在阳光下晒 4 h，栽植成活率为 3.1%；随起随栽成活率达 87%。

（2）保持根系湿润。主根型树种根系蘸泥浆栽植可提高造林成活率。

（3）根系舒展，严禁窝根，适当深栽，分层打紧。人工栽苗时把苗木放于穴或沟中，填土八成后把苗向上提一下，使苗根下垂，然后踩实覆土，接着再填土踩实，最后使覆土高出苗木根颈部（有土痕处） 1~2 cm。

带土坨移栽时，苗干要直。萌芽力强的阔叶树种，还可采用截干苗移植。针叶树种在移栽过程中要保护好顶芽。

（四）移植苗的管理

苗木移植后要立即灌溉，最好能灌溉两次。灌溉后适时松土，以改善土壤通透性，促进根系的生长。另外，灌溉后要注意扶直苗干，平整圃地。

第五节　苗木出圃

苗木出圃包括起苗、分级、包装、贮藏、运输等环节，是苗木生产的最后一道工序。苗木出圃前一般要进行苗木调查，要在预定进行调查的育苗地上，选定标准行或标准地，其数量一般为该树种苗木育苗总行数（或总面积）的 5%~10%。苗木调查应按苗木种类、苗龄、育苗方式等的不同分别进行。调查时，除调查苗木数量外，还要调查苗木的质量，即苗高、地径和根系发育情况等，针叶树种还要看有无顶芽，同时观察病虫害感染情况，并按要求记录调查结果。

一、起 苗

容器苗的起苗很简单，这里的起苗是针对裸根苗而言的。起苗就是把苗木从生长的苗圃地土壤中起出的过程。起苗不可避免地会对苗木根系造成损伤，对苗木活力有重要影响，因此，起苗时要注意保护苗木根系。

根据树种特性选择适宜的起苗季节和时间，掌握好起苗深度和根系幅度，控制好起苗时的土壤水分和土壤疏松程度，以减少对根的损伤，是保持起苗后苗木活力的关键。

（一）起苗季节和时间

树种的特性不同，起苗的季节也不同。原则上要在苗木的休眠期起苗，即从秋季落叶到翌年春季树液流动前起苗。当有很多树种要起苗造林时，应根据芽苞萌动的先后顺序起苗，做到随起、随运、随造。

春季起苗宜早，在苗木开始萌动之前起苗。若芽苞开放后起苗，会降低成活率。春季干旱严重的地区，造林不易成活，可于雨季起苗造林。适宜雨季起苗的树种有侧柏、马尾松、云南松、核桃、楸、樟等。秋季起苗一般在 10 月下旬开始。秋季起苗有利于苗圃地为下茬实行秋（冬）深翻，防除病虫害。

最好在无风的阴天起苗，此时苗木水势高，失水速度慢。同时要考虑土壤含水量，土壤含水量过高，不便于操作，且会破坏土壤结构，在土壤含水量为饱和含水量的 60% 时起苗效果好；土壤含水量过低时，应在起苗前一周适当浇水，使土壤湿润。

（二）起苗方法

山区多用人工起苗。人工起苗要注意起苗方法，尽量减少对根系的损伤。起苗前若土壤墒情差，一定要提前 3～5 d 浇 1 次水，使根系分布层的土壤湿润，便于起苗。

人工起苗要有统一的根长、根幅标准。起苗深度要比合格苗根系长 2～5 cm，一般针叶树种的起苗深度为 18～28 cm，阔叶树种播种苗、插穗苗和移植苗为 25～40 cm；针叶树种起苗根幅为 20～30 cm，阔叶树种播种苗为 25～35 cm，针叶树种、阔叶树种插穗苗和移植苗为 40～60 cm。

为防止苗木根系失水，起苗时要边起边拣，边分级边假植，同时要注意保护顶芽，尤其是萌芽力弱的针叶树种。

有条件的地方可采用"U"形犁或专门的起苗机起苗，能将工作效率提高十至十几倍，减轻劳动强度，且根长与根幅较一致，起苗质量较好。

二、苗木分级

苗木分级的目的是为了使出圃苗木达到国家规定的苗木标准 [《主要造林树种苗木质量分级》（GB 6000—1999）]，保证用壮苗造林，减少造林后苗木的分化现象，提高造林成活率和林木生长量。根据苗高、地径、根系（根长、>5 cm 长 I 级侧根数）以及综合控制指标进行苗木分级，分为 I 级苗和 II 级苗。

分级时，首先看根系指标，以根系所达到的级别确定苗木级别。例如：根系达到 I 级苗要求，苗木可为 I 级或 II 级；根系只达到 II 级苗的要求，该苗木最高也只为 II 级。在根系达到要求后，按地径和苗高指标分级；根系达不到要求，即为不合格苗。

分级过程中要注意保护苗木活力。苗木分级要在背风荫蔽处进行，保持低温和湿润的室内是最理想的；分级速度要快，尽量减少苗木根系裸露的时间，以防止失水；分级后立即包装或贮藏。

三、苗木包装

分级后，苗木要及时包装。一般按苗木级别，以一定数量进行包装。

（一）常规包装

常规包装的材料主要有草包、麻袋、尼龙袋、特制纸袋等。一般将包装材料铺在地上，上面放上湿稻草或湿麦秸等湿润物，再把苗木根对根放在湿润物上面，并在根间加湿润物，然后将苗木卷成捆，用绳子捆住。捆时不要太紧，以利透气。夏季出圃的苗木最好将其根系沾上泥浆，以保持根系的湿润。苗圃在造林地周围并随起随栽时，则不需要包装。

（二）塑料袋包装

包装容器苗时，首先将30~50个容器苗用绳子捆在一起，然后放入塑料袋内。装袋前浇些水，可以保持苗木水分充足1~2 d，甚至10余 d之久。

目前用塑料袋包装的最好办法是用两层袋子，里面用黑色的，有利于散射热量；外面用白色的，有利于反射热量。

运输时间短（24 h以内）时，一般将苗木直接放在筐、篓、麻袋中或直接放在车上运输。在筐、篓、麻袋或车斗底部铺上湿稻草，然后将苗木根对根分层放入，最后再盖上草帘子或作物秸秆。

四、苗木运输

包装好的苗木可以直接运送到造林地或移植地。在运输过程中，苗木常常会因风吹日晒而失水，因装卸不慎而损伤顶芽和腋芽，因包被物过于密实影响通风而发霉，特别是路途远时更是如此，这些都会降低苗木成活率和延长缓苗时间。气温较高的季节，应在夜间或阴雨天运苗，以免苗木因日晒、受热而加速脱水。

（一）裸根苗的运输

天热时，若裸根苗运输时间超过6 h且数量多，包被物不要过于紧实，要随时检查内部温度，并经常喷水，防止发热；若运输时间超过12 h，苗木要带土坨运输。天冷时，要注意防寒，苗木顶部覆盖3 cm厚的草袋或作物秸秆，以防止苗木冻伤和风干。

（二）容器苗的运输

用车运输时，车斗底部应铺上松软的湿草袋或厚草，然后放上容器苗，以防止路途颠簸，损坏育苗容器。装车时育苗容器应彼此靠紧，以减轻运输过程中因车体晃动，造成基质脱落。装卸时要轻搬轻放，尽量减少人为毁坏。

五、苗木假植

假植就是将苗木根系用湿润的土壤暂时埋植起来，以防止苗木根系失水或干枯，从而丧失生命力的一种保护措施。

假植按时间的长短分为临时假植和越冬假植两种。临时假植指在起苗后或造林前进行的短期假植；越冬假植又叫长期假植，指在秋季起苗后不能马上造林或移栽，需要进行假植越冬。

假植地应选择地势较高、避风、排水良好、不积水也不过于干燥的地段，越冬假植地要求翌年春天不育苗。

假植沟应与主风方向垂直，沟的迎风面一侧做成 45° 斜壁，以免强风透入土壤，伤害苗根。沟深视苗木大小而定，一般为 20 ~ 100 cm；沟宽一般为 100 ~ 200 cm。沟土要求湿润。临时假植由于时间不长，苗木可成捆埋植。越冬假植由于时间较长，苗木最好按 10 ~ 20 cm 的间距单株埋植在假植沟内。如果成捆越冬假植，每捆苗木数量不能过多，数量视苗木大小，通常 50 株或 100 株为 1 捆。

假植时应使苗木向背风方向倾斜，用湿润的土壤将苗木根系覆盖并用脚踩实，使根与湿土紧密接触。如果土壤干燥，可在根层适当喷洒些水，然后再盖上干土。忌洒水过多，尤其在黏性土壤上。沙质土和壤土最适合做假植沟，黏土由于热量条件和通气状况较差，不适合作假植沟。如果冬季风很大，假植沟附近要设置防风障。假植后应在假植地插上标牌，注明树种、苗龄、数量。

第四章　贵州珍稀乡土树种育苗技术

一、银　杏

银杏（*Ginkgo biloba*）为银杏科（Ginkgoaceae）银杏属（*Ginkgo*）落叶乔木。银杏原产于我国，是现存裸子植物中最古老的孑遗植物，被称为植物界的"活化石"。其栽培历史可追溯到 4000 年前，在三国时期江南已有大面积栽植，唐代扩及中原，宋代是我国银杏栽培的第一个昌盛发展时期。目前，世界上已有许多国家引种栽培。

在我国，银杏主要分布在温带、暖温带和亚热带气候区内，北达辽宁沈阳，南至广东广州，东南至台湾南投，西抵西藏昌都，东到浙江舟山普陀岛，跨越 N 21° 30′ ~ 41° 46′，E 97° ~ 125°，遍及 27 个省（区、市）。从垂直分布状况看，从海拔数米至数十米的东部平原到海拔 3000 m 左右的西南山区，均发现了生长较好的银杏古树。贵州全省都有栽培，在盘州市石桥镇妥乐社区有成片的银杏古树群，在凤冈县响水岩有野生银杏古树群。

银杏是一种多用途树种，集食用、药用、材用、绿化观赏于一身。其种仁产量高、营养丰富，还含有一些特殊的药用功效，长期食用可收保健功效；木材材质好，用途广泛，早在三国时期银杏就被列入珍贵用材林树种；叶中含有黄酮类、萜内酯类和聚戊烯醇类等多种具生理活性的化合物，具有极高的药用价值；花粉中含有人体所需的一些营养元素，有"微型营养库"的美誉，具有较高的开发利用价值。

（一）实生苗培育

1. 种子采集与处理

选择 40 年及以上生，生长旺盛、种粒大、种仁饱满、自然状态下结果的优良品种母树作为采种母树。当银杏的外种皮由绿色变为淡黄色或橙黄色时进行采收。于 9 月底至 10 月上旬种子成熟后，通过打击树干或树枝，使果实落在采种网或铺设在地上的采种布上，或地面捡收自然成熟的落果。将果实集中堆放 4 ~ 7 d，待外种皮软化后除去果肉，取出种核，再用水冲洗去杂，晒干表面水分备用。

2. 种子贮藏和催芽

（1）种子贮藏。秋季采种后，若冬季播种，则无须特别处理，只需水选种子（沉水者用于播种）；若春季播种，则要对种子进行混沙贮藏，沙藏处理能促进银杏种子的生理后熟，提高种子发芽率。沙藏时，将晒干表面水分的种子堆放在通风的室内，堆放厚度为 5 ~ 10 cm，期间要经常翻动。14 d 后用多菌灵 600 ~ 800 倍液浸泡种子 5 ~ 10 min，捞出晾干后与河沙按比例（种子∶河沙 = 1∶2）混合均匀后于室内贮藏。种沙堆高 45 cm 左右，沙的饱和含水量以 50% 为宜，并在种沙堆上插 1 束秸秆把或 1 根竹竿使之通气。贮藏的前 2 个月内适当控制河沙持水量，每 7 d 翻动 1 次，随着水分蒸发可适当洒水补充水分，同时拣出霉烂变质的种子。贮藏后期适当增加河沙持水量，每 15 d 翻拣 1 次霉烂种子。

（2）种子催芽。2 月上旬开始催芽。于室外当阳处地上设置催芽床，床底垫 5 cm 厚的河沙，种子与河沙混合后堆放，上部再覆盖厚 10 cm 左右的河沙。沙藏种子用 0.5% 的高锰酸钾溶液浸泡 30 min。催芽床上部架设塑料小拱棚，棚内安装温度计，当棚内气温超过 40 ℃时，应适当降温。催芽过程中视河沙干燥程度，不定期向催芽床喷洒清水，待 30% 种子露白即可播种。

3. 大田播种育苗

（1）苗圃地选择。银杏苗圃地应选择在交通方便、地势平坦、背风向阳、排灌良好、土壤肥力中上等的壤土、沙壤土地块，土壤 pH 值为 5.5 ~ 7.7，土层厚度在 50 cm 以上。切忌在土壤黏重、内涝和重盐碱地上育苗，避免选择重茬作物和前茬作物为马铃薯的地块作为苗圃地。山地丘陵地区苗圃地应选择地势平缓处，并修成水平梯田。

（2）整地作床与土壤处理。苗圃地应在初冬全面翻耕 1 次，深度为 25 ~ 30 cm。结合整地，施腐熟饼肥 3000 kg/hm²、过磷酸钙 1500 kg/hm²。翌年 2 月下旬进行第二次翻耕，细耙后作床，苗床宽 1.2 m、高 30 cm，步道宽 35 cm。一般在播种前 7 d 进行土壤消毒。地下害虫防治可施入呋喃丹 180 kg/hm² 或锌硫磷 35 ~ 40 kg/hm²，病害防治可施硫酸亚铁 225 kg/hm²。

（3）播种。催芽后的种子于 3 月中下旬播种。一般产苗量为 22.5 万株/hm²，播种量为 450 ~ 600 kg/hm²。采用开沟点播，按行距 20 cm 开沟，株距为 10 cm，沟深 4 cm。种子平放，胚根向下，覆土 2 cm 厚。播后浇水，然后用稻草或茅草覆盖，保持床面湿润。

（4）苗期管理。银杏属于喜光树种，但幼苗有一定的耐荫性，需要适当遮阴。通常在出苗期和生长初期用遮阳网遮阴，透光率以 40% 为宜。定期松土除草，松土深度前期为 3 ~ 6 cm，后期为 8 ~ 12 cm。当长出 2 ~ 4 片真叶时第一次间苗，将太密的、有病虫害的、发育不良的苗剔除。播种 10 ~ 20 d 后定苗，留苗量为 60 ~ 70 株/m²。当苗木出现 2 ~ 3 片真叶时开始灌溉，雨季要注意排水。在 5—7 月进行追肥，每月 1 次，以每月中旬追肥为好，每次追肥量为 150 ~ 225 kg/hm²，第一次追施氮肥（如尿素、磷酸氢二铵等），以后追施氮磷钾复合肥料。

4. 容器育苗

（1）种子催芽。3 月中旬进行种子催芽，用 0.1% 的高锰酸钾溶液浸种 10 min，冲洗干净后再用 40 ℃温水浸泡 5 ~ 7 d，期间每隔 2 d 换水 1 次，待种子吸足水后，按种子∶沙 = 1∶4 的比例混合进行层积催芽，种子露白时即可播种。

（2）育苗容器的选择及基质配制。选择直径为 8 ~ 10 cm、高为 12 ~ 14 cm 的塑料杯或无纺布容器育苗。

适宜的容器育苗基质：①草炭∶珍珠岩∶蛭石 = 30∶7∶3，外加 1.0% 的缓释肥料、0.5% 的过磷酸钙；②草炭∶菌糠∶杉木锯末 = 4∶3∶3，过磷酸钙按 2 kg/m³ 添加，混拌均匀。按配方配制好基质后装袋，用 0.5% 的硫酸亚铁和多菌灵 1000 倍液喷洒基质灭菌。

（3）播种。播种前将育苗容器用水浇湿，每个容器播种 1 粒。将种子平放，摁入基质，深度为 1 cm。已出芽的种子，将胚根朝下放置。播种后，用基质覆盖，并搭棚遮阴，透光率为 50% ~ 60%。

（4）苗期管理。出苗 30% 时，用 70% 甲基托布津可湿性粉剂等杀菌剂喷洒 1 次；出苗 100% 时，用波尔多液喷洒 1 次，20 d 后用杀菌剂再喷洒 1 次，可以有效防控苗木病害的发生。

根据天气情况进行水分管理，保持轻基质湿度适宜。遇高温干旱天气，每天早、晚各喷水 1 次。苗高达到 8 ~ 10 cm 时，开始追肥管理，每半个月用 0.2% 尿素溶液根外追肥 1 次，连续施肥 5 次。长出 2 ~ 4 片真叶时，使用 0.3% 的磷酸二氢钾溶液进行叶面施肥，每周 1 次，连续施肥 5 次。

（二）无性繁殖育苗

1. 扦插育苗

（1）插穗采集及处理。银杏硬枝扦插、嫩枝扦插和带踵扦插均可。

硬枝扦插在春季采条，扦插前7 d或结合修剪时采条，要求枝条无病虫害、健壮、芽饱满。一般选择20年以下的幼龄母树上的一年生枝条作插穗，生根率最高可达93%。枝龄越大，生根率越低，实生树枝条的生根率高于嫁接树枝条的生根率。将枝条剪成长度为15 cm、含3个以上饱满芽的插穗，插穗上端为平口，下端为斜口。将插穗下端5~7 cm在浓度为100 mg/kg的NAA溶液中浸泡1 h。

嫩枝扦插于5—7月采条。插穗应保留1~2片叶，插穗长度为15 cm左右，上切口为平切口，在芽上1 cm处；下切口在芽下1 cm处，削成单马耳形。将插穗下端在浓度为500 mg/L的NAA溶液中浸蘸5 s。

带踵扦插于5月中上旬采条。待银杏当年生枝条长度达10 cm以上时，将其从新枝与老枝结合处下部2 cm处剪下。带踵插穗新枝长度在10~12 cm，老枝上、下部的长度均为1 cm，保留叶片，带踵插穗上切口为平口，下切口为单马耳形。扦插前将插穗下部放入浓度为200 mg/L ABT 1号生根粉溶液中浸泡2 h。

（2）扦插床准备。扦插前将苗圃地全面深翻，平整好土地。整地后用砖砌成长10 m、宽1 m的苗床，床底垫1层7~8 cm厚的透水性能好的粗石、煤渣，耙平，上面铺20 cm厚的细沙作为基质；也可以选择以珍珠岩、黄泥腐质、细沙按2:1:2的比例混合作为基质。苗床整好后喷足底水。床内安装全光喷雾扦插装置。

（3）扦插。以春季扦插为主，一般在3月中下旬扦插，若在塑料大棚中育苗，则春季扦插可适当提前。扦插时先开沟，再插入插穗，地面露出1~2个芽，盖土踩实，株行距为10 cm×30 cm。插后喷洒清水，压实插穗周围基质，使插穗与基质紧密接触。空气相对湿度控制在85%~90%。

嫩枝扦插在6月中旬进行，将处理好的插穗直接插入苗床，也可用木棍打孔，然后插入插穗。扦插深度以顶端芽能露出床面为准，株行距为5 cm×10 cm。插后立即喷水，压实插穗周围基质，使插穗与基质紧密接触。

带踵扦插时，先用竹签在扦插床上插洞，再将插穗插入洞内，叶片正面朝上，扦插深度为4~6 cm，株行距为10 cm×30 cm，然后将基质轻轻压实。插后立即浇透水，使基质与插穗紧密接触。

（4）扦插苗管理。设置塑料大棚或用遮阳网搭棚，使苗圃地保持阴凉、湿润的小气候。露地扦插，除插后立即灌1次透水，若扦插后连续晴天，要早、晚各喷水1次，1个月后逐渐减少喷水次数和喷水量。5~6个月插穗生根后，用0.1%尿素溶液进行叶面喷施。露地扦插苗落叶后至翌年萌芽前应进行移栽，大棚扦插苗要炼苗后再进行移栽。

嫩枝扦插应控制好温湿度及光照。采用全光喷雾法，每间隔5 min喷雾1次，早上7:00开始，傍晚19:00停止；保持床内温度为20~25 ℃、空气相对湿度为80%~85%；做到多云天气少喷，阴雨天不喷；暴雨天注意排涝，以防插穗基部霉烂。扦插初期，强烈的光照对插穗成活不利，温度过高、水分蒸发量太大易导致凋萎，插后10~15 d可在中午用遮阳网进行遮阴。扦插后15 d左右，插穗形成愈伤组织，25 d左右生根，60 d左右可移出苗床。生根后，用0.3%的尿素或0.2%的磷酸二氢钾溶液进行根外追肥，每隔10 d施肥1次，以促进根系生长。移苗后，适当控肥有利于培育健壮苗木。

2. 组织培养育苗

（1）外植体的采集及处理。用于银杏组织培养的外植体，主要包括茎尖、茎段和胚。选取1~2年生、生长健壮、具有品种典型性状的优良单株，取幼苗外围当年生幼嫩枝条，采集时间在3—4月；胚取当年种仁，种子采集时间为10月上中旬，沙藏贮藏70~90 d，除去种子外种皮、中种皮和内种皮，分离出种胚。

茎尖和茎段剪去叶片，用肥皂水擦洗，然后用自来水冲洗干净，在无菌操作台下依次用70%乙醇消毒30 s，含有吐温-20的0.1%的氯化汞溶液消毒8~10 min，无菌水冲洗3~5次，然后用无菌滤纸吸去茎尖和茎段表面的水分。种胚先用肥皂水擦洗，然后用自来水冲洗干净，在无菌操作台下依次用70%乙醇消毒30 s，含有吐温-20的0.1%的氯化汞溶液消毒6~8 min，无菌水冲洗3~5次，最后用无菌滤纸吸去种胚表面的水分。

在无菌环境下，剪取1~2 cm长的茎段，每段留1~2个腋芽或顶芽，转入已消毒的培养皿中备用；将已消毒的种胚转入培养皿中备用。

（2）培养条件。培养温度为（25±2）℃；光照强度为1500~2000 lx，光照时间为8~12 h/d。培养基pH值为5.8~6.0。

（3）初代培养。茎段外植体初代培养培养基配方为：MS+0.2 mg/L NAA+1.5 mg/L 6-BA（6-苄氨基嘌呤）+0.20% AC（活性炭）；胚外植体的初代培养使用MS培养基。

（4）增殖和继代培养。外植体增殖3~5倍后，剪成长1.0~2.0 cm的带芽小段，转入新的增殖培养基中培养。培养基配方：MS+0.1~0.5 mg/L NAA+0.1~2.0 mg/L 6-BA+0.25% AC，增殖周期为30~45 d。继代培养8~10代后进行复壮。

（5）生根培养。选择生长健壮、叶色正常、高3~5 cm的芽苗接种于生根培养基中培养。培养基配方：1/2 MS+0.5 mg/L IBA。

（6）炼苗及移栽。选取有活力、生长健壮、叶色正常、根数≥5条、根长≥0.8 cm的组培苗，温室自然光下闭口炼苗2~3周、开口炼苗5~9 d，温度保持在（25±3）℃。

将炼苗后的组培苗洗净残留的培养基移栽到无纺布容器中驯化。栽培基质采用细河沙、珍珠岩、草炭土（体积比为1:1:2）混合基质，使用前12~24 h用0.5%~0.7%的高锰酸钾溶液消毒。驯化期间保持温度为20~30 ℃，空气相对湿度为70%~80%，光照强烈时可使用透光率为30%~40%的遮阳网遮阴。小苗长出新叶后，每7~10 d喷施叶面肥1次。苗木经过25~30 d驯化，即可移栽至大田。

（三）病虫害防治

银杏苗期病害主要有茎腐病、立枯病，虫害有蛴螬和茶黄蓟马，其危害特点和防治方法见表4-1。

表4-1　银杏苗期病虫害特点及防治方法

病虫害名称	危害特点	防治方法
茎腐病	该病常见于炎热的夏季，当土壤温度受气温影响过高时，受损苗木茎腐病的发病率会增加。在发病初期，银杏根茎呈暗褐色，病菌扩散，渗透到皮层，导致根茎腐烂，直至整株枯死	（1）做好土壤消毒，减少土壤中的病菌 （2）合理密植，保证水、肥供应适量，提高植株的抗病能力 （3）在茎腐病发病初期，可使用根腐消300倍液灌根1~2次。在茎腐病发病严重时，可将根茎周围的土挖出翻晒，并用根腐消200倍液灌根，一般灌根2~4次
立枯病	主要体现为种子腐烂、茎叶腐烂、苗木立枯和幼苗猝倒。幼苗出土至1个月以内苗龄的苗木极易发生	（1）做好土壤消毒 （2）病害发生前喷施波尔多液（硫酸铜：熟石灰：水=1:1:200）或1%的硫酸亚铁溶液防治
蛴螬	取食幼苗根系。严重时，成年幼虫每代平均残害幼苗45株以上	（1）定期查看苗木生长状况，若发现叶片萎蔫黄化，可轻轻拔起幼苗，查看是否有虫害 （2）人工捕捉 （3）用50%辛硫磷乳油10 g兑水300 g喷淋根茎周围

病虫害名称	危害特点	防治方法
茶黄蓟马	主要为害苗木、成龄树的新梢、叶片，常聚在叶子背面，吸食嫩叶汁液。吸食后叶片很快失绿，严重时叶片干枯，导致早期落叶	（1）通过秋耕、冬季冻垡杀死虫蛹 （2）当虫害大量发生（≥20头虫/叶）时进行药剂防治：第一次于5月中旬至6月上旬，使用2.5%吡虫啉乳油800～1000倍液或25%吡虫啉可湿性粉剂4000倍液喷药；第二次于6月中下旬，使用2.5%吡虫啉乳油800～1000倍液或25%吡虫啉可湿性粉剂4000倍液喷药

（四）苗木出圃

银杏苗木出圃，苗木质量分级标准参照《主要造林树种苗木质量分级》（GB 6000—1999），具体见表4-2。

表4-2　银杏播种苗、嫁接苗质量等级

苗木类型	苗龄/年	苗木等级								综合控制指标
		Ⅰ级苗				Ⅱ级苗				
		地径/cm	苗高/cm	根系		地径/cm	苗高/cm	根系		
				长度/cm	>5 cm长Ⅰ级侧根数/条			长度/cm	>5 cm长Ⅰ级侧根数/条	
播种苗	1-0	>0.6	>15	>20	>5	0.4～0.6	10～15	>15	3～5	叶片色泽正常、生长健壮，顶芽饱满，无病虫害。
	2-0	>1.4	>28	>20	>10	1.0～1.4	15～28	>20	5～10	
嫁接苗	1(2)-0	>1.2	>28	>30	>14	0.9～1.2	15～28	25～30	10～14	

二、南方红豆杉

南方红豆杉（*Taxus wallichiana var. mairei*）又称紫杉、鼻腻树等，常绿乔木，是国家一级保护野生植物，为古老的第三纪孑遗树种。南方红豆杉分布于我国福建、安徽、江西、浙江、台湾、广东、广西、湖北、湖南、河南、陕西、甘肃、四川、云南、贵州等省（区），在贵州省主要分布在黔东南、遵义、铜仁、黔南、毕节等地30余个县（市、区）。

南方红豆杉木材细密、坚韧、耐用，为珍贵的用材树种；其干形通直、挺拔优美，枝叶嫩绿、四季常青，秋冬时节，肉质果的假种皮呈鲜红色，粒粒红点点缀在绿色叶片间，颇为美观，给秋冬景色增色添彩，是庭园绿化的优良树种；其树枝、叶、树干皮层都是提取紫杉醇的原料，紫杉醇被国内外普遍认为是目前最有效的抗癌药物，相关研究表明，南方红豆杉中紫杉醇含量可达0.13‰，故南方红豆杉被誉为"黄金植物"。

（一）实生苗培育

1. 种子采集与处理

在贵州省，南方红豆杉11月中旬开始成熟，假种皮呈红色是其成熟的标志。由于鸟兽喜欢采食种子，因此其种子成熟后要及时采摘。采种时，在采种母树的树冠下面垫 1 张略宽于落种范围的塑料薄膜或布，用力摇动树枝，将肉质果摇落。肉质果采摘后，自然堆放 3~5 d 让假种皮发酵腐烂，然后充分揉搓使其假种皮分离，接着以清水冲洗、漂除杂质、空粒，获得纯净的种子。种子须在阴凉处晾干表面水分，切忌暴晒和高温干燥。红豆杉出种率约为 20%，安全含水率约为 19.4%，千粒重为 52.6 g。

2. 种子贮藏及催芽

南方红豆杉种子有深度休眠习性，当年采收的种子要经过整整 1 年的混沙贮藏才能度过休眠期，没有经过休眠的种子不发芽，育苗难以成功。选择通风、遮阴、排水良好的地段作贮藏地，将种子与已消毒的湿沙（含水量以手捏沙子无水珠滴出为宜）按 1:3 的比例混合，堆积高度不超过 50 cm，再在上层覆盖编织袋或麻袋，最后以 10 cm 厚的黄心土封面。

催芽时间一般为 12 个月。种子催芽期间应每月翻筛，观察种子有无腐烂、干瘪、发霉，并及时清除病害种子。保持种沙堆湿润，播种前 2 个月加大湿度。当有 25%~30% 的种子露白时，即可筛出种子播种。

3. 大田播种育苗

（1）苗圃地选择。南方红豆杉喜阴，宜选择阴坡、中性或微酸性、肥沃疏松的壤土或沙壤土地块作育苗地，也可选择林地内或半荫肥沃的地块作育苗地，要求林分郁闭度为 70% 左右。选择耕作层厚度在 30 cm 以上、土质疏松肥沃、土壤 pH 值为 5.0~6.5。

（2）整地作床与土壤处理。冬季深翻土壤，播种前反复耙犁。每公顷施入腐熟的枯饼肥 1500~2250 kg、磷肥 750 kg，或复合肥料 4500 kg。基肥与土壤反复耙匀后，做成宽 1~1.2 m、高 25 cm 的播种床备用。

播种前进行土壤消毒。每公顷撒施硫酸铜 30 kg 或硫酸亚铁 112.5 kg；或喷施浓度为 0.3% 的甲醛溶液于土壤上，喷药后用塑料薄膜覆盖 1~2 d。

（3）播种。2 月中下旬，采用条播或撒播。先在苗床上铺厚 3 cm 左右的黄心土并整平，然后将种子均匀地播在苗床上，播种量为 150 kg/hm^2，再用草木灰或黄心土覆盖种子（厚度约 1.5 cm），稍加压紧。在苗床上用塑料薄膜搭拱顶高为 50 cm 的拱棚，塑料拱棚上方再搭遮阳网，透光率为 60%~70%。出苗过程中应视天气情况适时浇水、揭膜通风，保持苗床湿润。

（4）苗期管理。南方红豆杉幼苗既喜光又怕强光。在苗床上幼苗基本出齐后撤除塑料拱棚，拱棚上方的遮阳网保留。

早春时期要注意晚霜、大雨气候情况等，及时排除灾害气候等不利因素，以安全度过幼苗期，为培育大苗、壮苗打好基础。

加强松土除草。除草的原则是见草就除。除草宜结合追肥。一年施肥 5 次。5 月上旬，每公顷喷施磷酸二氢钾 30 kg；6 月上旬，喷施复合肥料 60 kg；7 月上旬，喷施复合肥料 5 kg；9 月上旬，喷施复合肥料 75 kg；10 月中旬，喷施钾肥 75 kg。上述肥料喷施浓度均控制在 0.2%~0.3%。

采取喷灌等灌溉措施。做好防涝、排水，育苗地内要求排水畅通，无积水。

一年生南方红豆杉苗木平均高 35 cm，最高达 45 cm；平均地径 0.4 cm。为培养大一点的苗木，可进行一年生苗移栽要求株行距为 30 cm × 50 cm，搭棚遮阳，遮阳网透光率为 60%~70%。1 年施肥 4~5 次，第一次于 4 月下旬施 5% 的腐熟枯饼肥；第二次于 6 月中旬施 0.5% 的尿素溶液；第三次于 7 月下旬施 10% 的饼肥；第四次于 9 月中旬施 1% 的尿素稀释液；第五次于 10 月中旬施少量钾肥，目的是促使苗木木质化，提高苗木防冻抗寒能力。二年生南方红豆杉苗木平均高 65 cm，平均地径为 1.1 cm。

4.容器育苗

（1）芽苗培育。在大田或温室、塑料大棚中作床。先在苗床上铺 3 cm 左右厚的黄心土，整平，然后将种子密播在苗床上，播种后浇透水。在苗床上搭小拱棚，再在小拱棚上方搭遮阳网。

（2）育苗容器选择及基质配制。一年生苗育苗容器，采用规格为 8 cm×12 cm 的营养杯或 10 cm×15 cm 的无纺布育苗袋。

南方红豆杉可选基质配方：①腐殖土与黄心土体积比为 6:4，外加 5 kg/m³ 油枯、2 kg/m³ 复合肥料；②森林腐殖土与黄心土体积比为 7:3；③泥炭与谷壳基质体积比为 6:4，加入 2 kg/m³ 缓释肥料。

按选定的基质配方配制基质好后，先对基质进行消毒，一般采用的消毒剂是硫酸亚铁，平均用量为 5 kg/m³，再对基质进行杀虫，可使用的杀虫剂是辛硫磷，平均用量为 0.02 kg/m³。

（3）芽苗移栽。幼苗长至高 3~4 cm 时移入容器中培育。移植前先搭棚遮阴，遮阳网透光率为 75%~80%；移苗时应先将芽苗淋透，做到随移随栽，晴天中午或阳光过强时不宜移苗。移苗时用竹签在容器中心位置扎小孔，然后把芽苗小心插入小孔中，再用竹签从芽苗旁边插入并挤压基质，使其与基质充分接触；移苗后及时浇定根水。

（4）苗期管理。容器内的杂草一旦长大就很难拔除，对幼苗生长影响极大，应及时除草。培育半年后，可逐步撤网炼苗。出苗 1~3 周内，用多菌灵 800 倍液和代森锰锌 800 倍液交替喷雾，每 7 d 喷 1 次，以防止猝倒病发生。

保持土壤湿润，以早上或傍晚浇水为宜。自 6 月起，每月追肥 1 次，于阴天或傍晚喷施 0.1%~0.3% 的尿素溶液；8 月底停止施肥；9 月喷施 0.3% 的磷酸二氢钾溶液 2 次，每隔半月喷施 1 次。

（二）无性繁殖育苗

1.扦插育苗

（1）插穗采集及处理。每年的 5—6 月，选取 10 年以下树龄的母树，剪取当年生半木质化的枝条作插穗。插穗长 15~20 cm，剪去插穗 2/3 以下的枝叶，把基部剪成马耳形，剪口应平滑。剪好的插穗用 30~50 mg/L 的 ABT 7 号生根粉溶液浸泡 5~12 h，或用 300~500 mg/kg 的 ABT 1 号生根粉溶液浸泡 0.5 h，或用 100~500 mg/L 的 GGR 6 号生根粉溶液浸泡 5 min，生根率均可达 80% 以上。

（2）扦插床准备。用细沙（或沙土）、锯末和珍珠岩混合而成的基质作扦插插床，苗床要求宽 1 m、高 20 cm，也可以将红（黄）心土与细沙按体积比 4:3 混合作扦插基质。用 0.3% 的高锰酸钾溶液喷洒基质消毒。

（3）扦插。多在春季、夏季扦插。春插宜早，一般在腋芽萌动前进行。把处理过的插穗按株行距 10 cm×5 cm 植入插床，扦插深度为插穗长度的 1/3~1/2。扦插时先用小木棒向插床内插 1 个小洞，再将插穗放入洞内，以免伤及插穗皮部。然后用手将基质压实，浇透水，使插穗与基质紧密结合。插床上盖塑料拱棚，塑料拱棚上搭遮阳网。

（4）扦插苗期管理。扦插 30~40 d 后才能生根，在此期间要保持苗床湿润，地表温度过高时要揭膜通风，插穗生根后即可拆除塑料拱棚。插穗生根后施 0.1% 尿素、磷酸二氢钾混合液 2~3 次，每次间隔 15~20 d。插穗生根发芽成活后，要及时选留新生枝培养苗干，除掉基部的萌生枝。随着插穗苗的生长，要及时抹除苗干下部的侧芽发生的嫩枝，此举有利于苗木茎干的正常生长。

扦插浇透水后，立即浇一次浓度为 0.1% 的多菌灵溶液，以后视情况轮流喷洒浓度为 0.1%~0.125% 的甲基托布津和多菌灵等溶液。幼苗长到一定的高度发生拥挤后，要及时从扦插床中移出，移栽到另外的苗床或容器中继续培养。

2. 组织培养育苗

（1）外植体采集及处理。3—6月，选择晴天中午，从南方红豆杉幼年植株上采集当年生嫩枝。将带腋芽的南方红豆杉茎段用自来水持续冲洗4 h后，在超净工作台中用75%乙醇溶液消毒30 s，无菌水冲洗3次，然后用4%的次氯酸钠溶液消毒10 min，无菌水冲洗3次，接着用无菌滤纸吸干茎段表面的水分，剥去茎段外面的幼叶，并将茎段组织切割为带有2～3个腋芽的外植体（长2 cm左右）备用。

（2）培养条件。温度为（25±1）℃，光照强度为1000～1500 lx，光照时间为12 h/d。培养基加入3%的蔗糖、0.7%的琼脂，pH值为5.6。

（3）初代培养。适宜的初代培养基配方：MS+1.0 mg/L 6-BA+0.2 mg/L NAA或MS+0.5 mg/L 6-BA+1.0 mg/L 2,4-D（2,4-二氯苯氧乙酸）。

（4）增殖和继代培养。不定芽增殖的适宜培养基配方：MS+0.4 mg/L 6-BA+1.0 mg/L NAA或MS+0.1 mg/L ZT（玉米素）。

（5）生根培养。以附加1.0 mg/L NAA+0.1% AC+1/2 MS培养基生根效果最好，生根率可达96%。或者将苗高2 cm以上的无根苗从继代培养基中取出，用1000 mg/L的IBA作为生根促进剂，速浸30 s后直接插到苗床上，基质由泥炭土与珍珠岩（1∶1）或泥炭土与蛭石（1∶1）混合而成。移栽初期1～2周内，苗床温度控制在22～28 ℃。

（6）炼苗及移栽。当瓶苗大约高5 cm时，打开瓶盖摆放在室内培养架上炼苗，2～3 d后移栽。

瓶苗移栽选用河沙与泥炭的混合基质，既疏松透气、保湿，营养也充分。移栽前基质需暴晒或用0.3%的高锰酸钾溶液消毒。南方红豆杉瓶苗移栽初期，要保证空气相对湿度在75%以上，温度在25 ℃左右，移栽2个月后可适当施肥，但注意遮阴。

（三）病虫害防治

南方红豆杉苗期病害主要有根腐病和猝倒病，虫害有蛴螬、地老虎等。病害可用0.2%的多菌灵或0.1%的甲基托布津防治；虫害可用40%氧化乐果乳油和25%辛硫磷乳剂交替喷灌防治，出现蜘蛛或蚜虫侵害时还可用呋虫胺、乐果等农药防治。

（四）苗木出圃

南方红豆杉一年苗产苗量可达75万株/hm²左右。南方红豆杉一年生实生苗和二年生扦插苗质量分级标准参照《南方红豆杉育苗技术规程》（LY/T 2292—2014）执行，具体见表4-3。

表4-3　南方红豆杉实生苗、扦插苗质量等级

苗木类型	苗龄/年	苗木等级								综合控制指标
		I级苗				II级苗				
		地径/cm	苗高/cm	根系		地径/cm	苗高/cm	根系		
				长度/cm	>5 cm长I级侧根数/条			长度/cm	>5 cm长I级侧根数/条	
实生苗	1-0	>0.2	>20	>20	12	0.15～0.2	15～20	>16	8	要求苗木粗壮，充分木质化，苗干通直，顶芽饱满，无病虫害和机械损伤
扦插苗	2-0	>0.3	>20	>15	25	0.15～0.3	15～20	>10	20	

三、鹅掌楸

鹅掌楸（*Liriodendron chinense*）为木兰科（Magnoliaceae）鹅掌楸属（*Liriodendron*）乔木，又名马褂木，属于国家二级保护野生植物。主要分布于海拔 500～1700 m 的长江以南的中山区、低山区，我国江西、安徽、浙江、福建、湖北、湖南、广西、四川、云南、贵州等省（区）均有分布。在贵州省，松桃的岩阳坡、剑河的乌嘎冲、黎平的老山界、荔波的立划镇、从江的月亮山、息烽的西山、习水的小桥坝和蔺江、印江的彪水岩、正安、普安的龙吟镇及湄潭百面水国家级自然保护区、宽阔水国家级自然保护区、佛顶山国家级自然保护区等地均有分布。在松桃的岩阳坡、从江的月亮山和普安的龙吟镇，可见有作为优势种的鹅掌楸林；在剑河的乌嘎冲和黎平的老山界一带，有约 60 hm² 的鹅掌楸天然纯林，属于全国的鹅掌楸优良种源区。鹅掌楸木材呈淡红褐色，纹理直，质轻软，韧性强，结构细，不翘裂，不变形，易加工，是做家具、绘图板、室内装修、包装箱、胶合板和造纸的优良用材；其叶形奇特，树姿雄伟，是城乡绿化的优良树种。

（一）实生苗培育

1. 种子采集与处理

应选择种子园、母树林或树龄 15 年以上的优良林分中干形通直圆满、无病虫害的健壮母树采种。9 月下旬至 11 月上旬，在果实呈黄褐色时采种。将采集的果实阴干数日后，置阳光下晾晒 2～5 d，分离去杂后装入透气的容器袋干藏或低温沙藏。要求种子净度≥85%，优良度≥10%，发芽率≥5%。

2. 种子贮藏及催芽

播种前 1 个月将种子与湿沙混藏，沙的湿度以用手捏成团、手松即散为度。沙藏时先在底面铺 30 cm 厚湿沙，将湿沙与种子按 4:1 的比例混合后均匀堆放，堆放高度不宜超过 40 cm，然后撒上 1 层湿沙，最后再盖上稻草或草席。这种贮藏方式需要定期检查湿度，20%～40% 种子露白即可播种。也可采用水浸催芽，方法是播前将低温干藏的种子用 0.5% 的高锰酸钾溶液浸泡 2 h，捞出后用清水冲洗干净，再用 40～50 ℃温水浸泡 24～48 h，即可播种。

3. 大田播种育苗

（1）苗圃地选择。鹅掌楸属肉质深根性树种，应选择避风向阳、土层深厚、疏松肥沃、湿润、排水良好的酸性或微酸性沙质壤土，且水源充足、灌溉方便的地块作为苗圃地。

（2）整地作床与土壤处理。秋末冬初深翻、施肥。初春浅耕耙碎，做成宽 1～1.2 m、高 25 cm 的高苗床。床面土壤细碎，略呈龟背形，步道宽 30 cm，四周挖出排水沟。施腐熟的厩肥 30 000 kg/hm²、钙镁磷肥 750 kg/hm²，或复合肥料 1200 kg/hm²、钙镁磷肥 750 kg/hm² 作基肥，也可施腐熟鸡粪 15 000 kg/hm²。播种前用 0.5% 的高锰酸钾溶液和 40% 辛硫磷乳油 1000 倍液喷洒床面，进行土壤消毒。

（3）播种。播种时间为 3 月上旬，播种量为 225～270 kg/hm²。在整好地的苗床上宽幅条播，播幅宽 20 cm、深 3 cm，行距 30 cm，要求下种均匀。播后覆土 0.5～1 cm 厚，再覆盖稻草保湿保温。

（4）苗期管理。气温 15 ℃左右苗木开始发芽出土，约 40 d 后苗木出齐，等大部分苗木出土后，在傍晚揭除覆盖物，并用遮阳网遮阴 1 个月。鹅掌楸苗木生长初期（出土后至 6 月中旬）生长缓慢，抗逆性弱，应及时做好松土、除草，以人工拔草为主，也可用乙草胺或盖草能进行化学除草，可防除一年生禾本科杂草。

4—6 月，在小雨或阴天及时间苗和补苗，使苗木分布均匀；6 月上中旬定苗，留苗量为 40～50 株/m²。

间苗的原则是"间密留稀，间弱留强"。合格苗产量为 24 ~ 30 万株/hm²。

当苗高长至 5 ~ 6 cm 时开始追肥。追肥宜在小雨天或阴天进行，5 月下旬至 7 月下旬追施尿素 2 ~ 3 次，施肥量为每 667 m² 15 ~ 20 kg；8 月以后停施氮肥；9 月初喷施 0.5% 的磷酸二氢钾，施肥量为 45 ~ 75 kg/hm²。干旱时注意浇水，雨季要清沟排水。

4. 容器育苗

（1）芽苗培育。选择水源充足、排水和透气性好的地块作芽苗培育苗圃。整地作床的质量、规格按大田播种育苗的方式进行。整地时用生石灰 300 kg/hm² 消毒，并施磷肥作底肥，慎用复合肥料作底肥。苗圃分厢好后，床面铺 3 ~ 4 cm 厚的黄心土，黄心土要拍碎、拣净石块并过筛后才能平铺于床面。

选择晴天播种。种子均匀散于苗床，适当覆盖拍细、筛好的黄心土，覆土不能太厚，能把种子压住即可。播种后要用茅草或稻草覆盖，用量为 6000 ~ 7500 kg/hm²。

苗木出土后要及时揭去覆盖物，并做好除草及防猝倒病、防倒春寒、防灼伤、防干旱等工作。防治猝倒病可用多菌灵 1000 倍液，每隔 2 天喷施 1 次，连续施用几次效果仍不理想，则可配制波尔多液浇灌。

移栽前喷施 0.1% 的尿素溶液 1 ~ 2 次。

（2）育苗容器的选择及基质配制。鹅掌楸根系发达，生长快，宜选用（10 ~ 12）cm ×（12 ~ 16）cm 的塑料营养杯或无纺布育苗袋育苗。

可选择的育苗基质配方：①炭化稻壳：泥炭土 = 1：1；②泥炭：稻壳：森林表土：黄心土 = 5：2：2：1。按比例配制好基质后用 0.5% 的高锰酸钾溶液浇灌基质杀菌消毒，或用多菌灵消毒，用量为 20 g/m³。将基质装入育苗容器，均匀摆放在苗床或地面。

（3）播种或芽苗移栽。对于经过催芽的种子，每个容器中点播 1 ~ 2 粒种子，播种深度为 2 cm，种子发芽的一端朝下，后用基质覆盖。播完后采用喷灌的方式及时浇透水。整个苗床都播种完成后，可覆盖塑料薄膜，以保湿保温，促使种子发芽和苗木生长。

当芽苗长出 2 ~ 3 片真叶时，分期分批移植到容器中。移植天气以阴天或多云天气为宜。晴天移植要浆根，制作泥浆时拌入适量的多菌灵可起到消毒杀菌的作用。

起苗时用竹棍插入土中，撬起苗木，不要直接拔起，以免拔断苗木。若土壤干燥，极易起断苗木，应浇水浸润土壤，待苗床充分吸水松弛后再起苗。起出的小苗 100 株捆成一小把，适当修根后立放于阴凉处备用。栽植时，用专制竹棍在基质中央插出 1 个小孔后再插入苗，然后用手压紧周围基质，并覆以少量松土。栽苗切忌窝根，否则栽下的小苗恢复生长很慢。

（4）苗期管理。移栽后搭遮阳网遮阴 1 个月，透光率为 50% 左右。经常检查基质湿度，干燥时喷水保湿。幼苗生长期间，为了增强苗木的抗性，促进苗木生长旺盛，5—8 月每 20 d 适当喷施 0.2% ~ 0.3% 的尿素溶液 1 次。追肥原则为"少量多次，先稀后浓"。立秋后喷施磷酸二铵和磷酸二氢钾液各 1 次，浓度为 0.2% ~ 0.3%。采用播种方式育苗的，在苗木出苗后，为保证苗木质量，可在阴雨天或晚上苗木喷过水后进行疏密补缺。

（二）无性繁殖育苗

1. 扦插育苗

（1）插穗采集及处理。在落叶后至翌年发芽前，于 2 ~ 5 年生健壮母树上选择当年生、木质化程度高、无病虫害、生长健壮、直径为 0.5 ~ 0.8 cm 的枝条作插穗。插穗长 15 cm 左右，剪口下斜上平，保证每个插穗上有 2 ~ 3 个饱满的芽。用 1 g ABT 1 号生根粉加 20 kg 的水配置成溶液，浸泡插穗基部 10 h，然后用清水冲洗，备用。

采用倒催根法可提高扦插成活率。具体做法：将剪好的插穗按 50 支一把稍松绑好，用根腐灵 600 ~ 800 倍液浸泡插穗下端 30 min，再用生根液（1% 蔗糖 + 0.5% 尿素 + 800 mg/L ABT 1 号生根粉）浸泡插穗 2 h，取出后将插穗下端切口沾裹上新鲜谷草灰，此举可防止或减少插穗腐烂。

在向阳的地方挖沟，沟宽 30 cm、深 23 cm，长度视插穗多少而定。沟底铺 5 cm 厚的粗沙，平整后将插穗倒立摆放，上面要摆平整，插穗摆放完后用粗沙填充满缝隙，并在上面盖 2 ~ 3 cm 厚的粗沙，用喷水壶将粗沙浇湿，然后覆盖塑料膜并将塑料膜四周压紧。20 d 后，隔 5 d 检查 1 次愈伤组织或新根发生情况，当切口有愈伤组织形成或根原基出现时，即可取出插穗进行露地或大棚内扦插。

（2）扦插床准备。3 月中下旬采用露地扦插。直接将 40% 多菌灵粉剂按 3 g/m² 用量撒在避风向阳、排水良好、土层深厚、肥沃湿润、带微酸性的黄沙土壤土面，并将土整细整平作扦插床。或用保湿保温力强的蛭石或珍珠岩混沙材料作基质。

（3）扦插。先用直径大于插穗直径的木棍按 10 cm × 20 cm 的株行距打孔，再将插穗放入孔中。插穗入土深度以露出 1 个芽为宜，可直插，也可与畦面成 45° 角斜插。催根的插穗要注意不要损伤愈伤组织或根原基。扦插后压实床土或基质，用喷壶将床土或基质喷至湿透，然后搭小拱棚，盖上农用塑料膜，并将塑料膜四周用土压紧。

（4）扦插苗管理。若干旱，需用遮阳网搭棚遮阴，透光率以 50% 左右为宜。保持床面温度为 20 ~ 25 ℃、土壤含水率为 50% ~ 60%。若棚内温度超过 30 ℃时，应及时揭棚通风，并洒水降温。生根后可趁阴天将生根苗（根长 3 cm）移植入大床苗圃培育。

另外，鹅掌楸也可采用嫩枝扦插。6—9 月采集半木质化枝条制成插穗，每根插穗具 2 ~ 3 个芽，叶片剪掉一半，插穗基部在扦插前可在 200 ~ 500 mg/L 的 NAA 或 IAA 或 IBA 溶液内快浸（20 ~ 30 s），扦插深度为插穗的 1/3 ~ 1/2。拱棚上要搭遮阳网，透光率为 70% 左右。最好采用间歇式喷雾装置，一般保持棚内温度在 20 ~ 30 ℃之间，空气相对湿度在 85% 以上。为防止插穗感染病害腐烂，可定期喷洒多菌灵 800 倍液。苗木生根后移栽到苗圃地培育。

2. 组织培养育苗

（1）外植体选择及处理。茎段：于晴天采集健壮、无病虫害的嫩枝，将叶片和叶柄剪掉，嫩枝剪成含 1 ~ 3 个芽的短枝条，用洗洁精溶液浸洗 1 min，然后再在流水下用软毛刷轻轻顺着枝条生长方向刷洗，刷洗后流水冲洗 2 h，处理好的枝条切取长 1.0 ~ 2.5 cm 的带芽茎段为外植体。外植体先用 70% 乙醇消毒 30 s，再用 0.1% 的氯化汞溶液消毒，最后用无菌水冲洗 3 ~ 5 次，备用。

冬芽：9—11 月从鹅掌楸母树上采集下部冬芽为外植体。外植体先用 75% 乙醇浸泡 5 s，后用 0.1% 氯化汞溶液灭菌 6 ~ 8 min，再用无菌蒸馏水漂洗 3 ~ 5 次，将处理好的冬芽最外层叶剥去，从中轴纵切成 4 份备用。

（2）培养条件。温度为 28 ℃，光照强度为 1500 ~ 2000 lx，光照时间为 12 h/d。在培养基中加入蔗糖 30 g/L、琼脂 7 g/L、活性炭 3 g/L，pH 值为 5.6 ~ 5.8。

（3）初代培养。将灭菌处理过的茎段或冬芽接种到诱导培养基上。茎段诱导培养基配方：MS+2.0 mg/L 6-BA+0.3 mg/L NAA。冬芽诱导培养基配方：MS+2.5 mg/L 6-BA+1.0 mg/L IBA+0.2mg/L KT（6-糠氨基嘌呤）。

每天观察，根据生长情况决定是转到新的培养基上培养，还是继续在原培养基上培养。

（4）增殖和继代培养。冬芽材料在初代培养基上产生愈伤组织，将诱导产生的愈伤组织转接到增殖培养基上继续培养。增殖培养基配方：MS+1.0 mg/L 6-BA+0.5 mg/L IBA。1 个月左右出现丛生芽的分化。增殖系数在 3.0 ~ 5.0 之间，丛芽达到一定高度后反复继代培养。

茎段培养产生丛芽，将丛芽转接到增殖培养基上进行增殖培养，多次继代。增殖培养基配方：MS+0.5 mg/L 6-BA+0.1 mg/L IBA。

（5）生根培养。瓶外生根：选择继代培养中长 4 cm 以上的小枝条，将其直接移入灭菌的有机腐殖土栽培基质中。培养时注意保持基质湿度在 95% 以上，室内温度为 25~32 ℃，光照强度为室内散射光。

瓶内生根：选择长 4 cm 以上的健壮丛芽，将其接种到生根培养基上。生根培养基配方：1/2 MS+1.5 mg/L NAA+0.5 g/L AC。

（6）炼苗和移栽。生根培养 20 d 以后，将瓶苗放入温室内进行炼苗，让幼苗从温室环境开始逐步接触并适应外部环境。移栽基质为炭化稻壳与泥炭土按 1∶1 比例混合，用多菌灵 800 倍液对基质进行消毒，再将无菌苗移栽到基质中培养。苗期管理同容器育苗。

（三）病虫害防治

鹅掌楸苗期最易出现的病害为根腐病，应在 5—7 月每隔半个月用浓度为 0.1% 的甲基托布津溶液或浓度为 0.125%~0.250% 的敌克松溶液连续喷洒 3~4 次。出苗后，真叶出现时易发生虫害，主要虫害有卷叶蛾、凤蝶等，应在出苗前喷施敌杀死、菊酯等触杀型农药喷杀其幼虫，也可人工捕杀。病虫害危害特点及防治方法见表 4-4。

表 4-4　鹅掌楸苗期主要病虫害危害特点及防治方法

病虫害名称	危害特点	防治方法
根腐病	苗期发病，根部发黑、腐烂呈水渍状，全株枯死	（1）灌溉适量，注意排水 （2）发现病株立即拔除，病穴用生石灰消毒，或用 50% 多菌灵可湿性粉剂 1000 倍液或 0.2% 的高锰酸钾溶液浇病穴
炭疽病	发生在叶片上，病斑多在主脉两侧，初为褐色小斑，圆形或不规则形；中央黑褐色，边缘色较浅，为深褐色；病斑周围常有褐绿色晕圈，后期病斑上会出现黑色小粒点。梅雨季节的潮湿气候下发病严重	发病期喷施 50% 炭疽福美可湿性粉剂 1000~1500 倍液或 65% 代森锌可湿性粉剂 600 倍液，每 10~15 d 喷施 1 次，连续喷施 2~3 次
卷叶蛾	幼虫在 4—5 月、7—8 月、9—10 月为害叶片，1 年 3 代。以蛹越冬，老熟幼虫在枯梢内结茧化蛹	（1）人工剪除枯梢，消灭幼虫和蛹 （2）成虫用喷施 50% 敌敌畏乳油 1000 倍液喷杀；幼虫用 90% 敌百虫原药 800~1000 倍液喷杀
大袋蛾	7—9 月为害最盛。1 年 1 代，幼虫在袋内越冬。雌虫羽化后留在袋内，雄蛾到雌蛾袋上交尾，产卵在袋内，5 月幼虫孵化后吐丝下垂，随风传播，爬上枝叶后马上取叶丝做袋，袋随虫体长大而增大，取食时幼虫从袋口出来吃叶子	（1）人工摘除虫袋 （2）用 90% 敌百虫原药 800~1000 倍液或 80% 敌敌畏乳油 1000~500 倍液喷杀幼虫

（四）苗木出圃

鹅掌楸苗木分级标准参照《主要造林树种苗木质量等级》（DB 52/T 294—2007）和《鹅掌楸两段育苗技术规程》（DB52/T 918—2014）执行。

表 4-5 鹅掌楸实生苗、移植苗质量等级

苗木类型	苗龄/年	苗木等级								综合控制指标
		I 级苗				II 级苗				
		地径/cm	苗高/cm	根系		地径/cm	苗高/cm	根系		
				长度/cm	>5 cm长I级侧根数/条			长度/cm	>5 cm长I级侧根数/条	
实生苗	1-0	>1.0	>40	>16	6	0.6 ~ 1.0	20 ~ 40	14 ~ 16	4 ~ 6	色泽正常，充分木质化
移植苗	0.2-0.8	>1.0	>50	>15	10	0.6 ~ 0.9	30 ~ 49	10 ~ 15	6 ~ 9	

四、樟

樟（*Cinnamomum camphora*）为樟科（Lauraceae）樟属（*Cinnamomum*）树种，别名樟树、香樟、芳樟、木樟，是我国特有珍贵用材林和经济林树种之一。樟树为亚热带常绿阔叶林的代表树种，分布在 N 10°~30°，E 88°~122°，主要产地为我国台湾、福建、江西、广东、广西、湖南、湖北、云南、浙江、贵州等省（区），尤以台湾为多，越南、朝鲜、日本亦有分布。多生于低山平原，垂直分布一般在海拔500~600 m，在湖南省、贵州省交界处海拔可达1000 m。贵州全省都有分布。

樟树木材材质致密，心材、边材区别明显，结构细且匀，易加工，切面光滑，纹理美观，香气浓郁，耐腐防虫，为造船、制作家具和工艺品的上等木材。樟树的根、茎、叶均可提炼樟脑油，并含有桉叶素、黄樟素、芳樟醇、松油醇、柠檬醛等重要成分，樟脑油广泛应用于化工、医药和国防工业。樟树树冠呈广卵形，枝叶茂密，气势雄伟，是优良的绿化树、行道树及庭荫树。

（一）实生苗培育

1. 种子采集与处理

选择生长健壮、主干通直、分枝高、树冠发达、无病虫害、结实多的20~60年生樟树作为采种母树。应尽量选用当地良种，当需要从外地调种时，应考虑两地纬度，不宜相差太大。

当果实颜色由青色变紫黑色时，用纱网或塑料布沿树冠范围铺布，然后用竹竿敲打树枝，使成熟浆果落下，收集即可。浆果在清水中浸泡2~3 d，然后用手揉搓或用棍棒捣碎果肉，淘洗出种子。种子拌草木灰脱脂12~24 h，洗净阴干，筛去杂质。樟树的出种率为30%左右，千粒重为90~100 g，发芽率为70%~90%。

2. 种子贮藏及催芽

樟树种子含水量高，宜采用混沙湿藏催芽。种子阴干、筛去杂质后即可进行催芽，用含水量为饱和含水量的60%的河沙与种子按2:1的比例混合，进行露天埋藏；也可把种子与含水量为饱和含水量的60%的湿沙层积贮藏于干燥通风的室内，或放在木箱中贮藏。催芽可使种子出芽整齐、迅速，苗木健壮。

3. 大田播种育苗

（1）苗圃地选择。选择土层深厚、土壤疏松肥沃、排水良好的轻中壤土，且水源充足、便于灌溉之处作苗圃地，忌地下水位过高、排水不良之处作苗圃地。

（2）整地作床和土壤处理。苗圃地翻耕深度在25 cm以上，以不耕起底土为原则。翻耕时应施足有

机肥料为基肥，每公顷施 3% 敌百虫颗粒剂 15 ~ 23 kg 防治地下害虫。最好在冬初土壤干湿度适中时耕耙 1 次，到冬末春初播种前再进行两犁两耙，耙地要做到耙细耙平。基肥以厩肥、堆肥、饼肥较好，但施用前要充分腐熟，一般每 667 m² 可用堆肥（或厩肥）1500 ~ 2000 kg，或饼肥 150 kg。苗圃地周围要挖排水沟，做到内水不积、外水不淹。

（3）播种。以春播为主。采用条播，行距为 20 ~ 25 cm，沟深 2 cm，播幅为 5 ~ 6 cm，播种量为 201 ~ 225 kg/hm²。播种完，使用火土灰或细土覆盖种子，厚 2 ~ 3 cm，然后再用稻草或茅草覆盖，以保证种子的发芽速度，提高发芽率。

若要进行幼苗移植，则撒播。种子撒播前，应在床面上撒施 1 层厚 1 cm 左右的混合肥（将 100 kg 火烧土、5 kg 钙镁磷肥、5 kg 复合肥料混匀，打碎、过筛制成细土肥），播种后用火烧土和稻草覆盖。

（4）苗期管理。经催芽的种子播种 20 ~ 30 d 可发芽。20% ~ 30% 的种子发芽时，分期揭除覆盖物。当幼苗长出 2 ~ 3 片真叶时即可进行间苗，定苗株距为 4 ~ 6 cm，每米留 10 ~ 15 株苗，留苗数以合格苗产量为 30 万株/hm² 左右为宜。

4—6 月幼苗生长缓慢，每月除草 1 ~ 2 次。苗高 4 cm 时使用除草剂，除草效果好。

5 月，每 667 m² 施用 50% 扑草净可湿性粉剂 100 ~ 250 g（加水 40 kg 稀释喷洒），杂草死亡率达 90%。7—8 月是苗木生长旺盛期，这一时期的生长量占总生长量的 70% 以上，此时期应结合中耕除草进行追肥灌溉，以满足苗木对水、肥的要求。追肥以尿素为主，追肥方式采用浇灌，要控制好肥料浓度，由稀渐浓，量少次多，浓度以 0.3% ~ 0.5% 为宜。8 月后停施氮肥，宜施钾肥。

为促进侧根发育和培育大苗，可进行切根和芽苗移植。芽苗移植可在梅雨季节进行，移植行距为 25 cm、株距为 6 cm。移栽后浇透水，并适当遮阴。

4. 容器育苗

（1）苗圃地选择。选择地势平坦、交通便捷、排水通畅、通风、光照条件好的半阳坡或半阴坡作苗圃地，忌选易积水的低洼地和风口处。清除苗圃地杂草、石块，平整地面，有条件的可铺上石子。苗圃地周围应挖排水沟。

（2）育苗容器选择及基质配制。因育苗地区、育苗期限、苗木规格的不同，选择的容器规格也不同，可选择规格为 12 cm × 12 cm、14 cm × 14 cm 的塑料营养杯或口径为 10 cm、高度为 15 cm 的无纺布育苗袋。

适宜的基质配方：①泥炭土∶稻壳∶黄心土 = 6∶3∶1；②泥炭土∶焦泥灰∶黄心土∶钙镁磷肥 = 39∶40∶20∶1；③泥炭∶黄心土∶锯末 = （3 ~ 5）∶（2 ~ 3）∶（2 ~ 3），加有机肥料 3% ~ 10%；④森林腐殖土（或火烧土）∶珍珠岩∶腐熟堆肥 = （5 ~ 6）∶（2 ~ 3）∶（2 ~ 2.5）。生产上可根据各地的基质材料情况选择适宜的配方，配好后将基质 pH 值调至 5.5 ~ 6.5。

配制好的基质要严格消毒，每立方米用 30% 的硫酸亚铁（工业级）水溶液 2 kg，或每立方米用 50 mL 福尔马林（工业级）加水 6 ~ 12 L，于播种前 7 d 均匀浇在基质上，浇后用塑料膜覆盖 3 ~ 5 d，翻晾至无气味后装袋（杯），整齐地摆放到育苗地。

（3）播种或芽苗移栽。若采用直播，播种前保持容器内基质湿润，将种子播在容器中央，且做到不重播、不漏播。覆土厚度为种子直径的 1 ~ 3 倍，覆土后随即浇透水。播种后至出苗期间要保持基质湿润。

若进行芽苗移植，先将种子均匀撒播于苗床上，待芽苗出土后再移植到容器中。移植前将培育芽苗的苗床浇透水，轻拔出芽苗，放入盛有清水的盆内备用。芽苗要移植到容器中央，每个容器移植 1 株，晴天移植应在一早一晚进行。移植后随即浇透水，第一周要坚持每天早、晚浇水并遮阴。

（4）苗期管理。容器苗在幼苗期易遭高温日灼，应适当遮阴，用透光率为 50% ~ 70% 的遮阳网遮阴，1个月左右揭除遮阳网。适时适量灌溉以保持基质湿润，并及时除去容器中的杂草，除草时要防止松动苗根。

速生期前开始追肥，以氮肥为主，采用叶面喷施或浇灌，浓度为0.1%~0.2%，每个月3次。生长后期停止施氮肥，适当增施磷肥、钾肥。

（二）无性繁殖育苗

1. 扦插育苗

（1）插穗采集及处理。采穗母树以1~3年生幼树为好，随着母树年龄增大，插穗的扦插成活率逐渐降低。1年采2次，以夏插为主，5—6月采夏插穗条，9—10月采秋插穗条。插穗长度为8~10 cm，插穗上保留2~3个腋芽，距腋芽约0.5 cm处剪切，剪口平滑，插穗上端保留1片完整叶片。

插穗用100~250 mg/L ABT生根粉溶液浸泡2 h，再用40%多菌灵可湿性粉剂800倍液浸泡插穗10 min左右，浸泡深度为插穗基部上2 cm左右。

（2）扦插床准备。宜选择地势平坦、靠近水源、排灌便利、土壤肥沃、交通方便、pH值为5.0~6.8的沙壤土或壤土地块作育苗地。育苗地翻土深度不小于40 cm，按床宽1 m、高25~30 cm及步道宽25 cm的规格作床。在扦插前7 d左右用40%多菌灵可湿性粉剂800倍液或2%~3%的硫酸亚铁溶液等喷洒土表进行消毒，再用塑料膜覆盖床面，并将四周用土将塑料膜压严实。有条件的地方可在扦插前安装能覆盖整个育苗地的喷灌设施，不具备安装喷灌设施的地方要确保浇水便利。扦插前，宜用透光率为40%~50%的遮阳网搭棚遮阴，棚高1.5 m左右。

（3）扦插。按株行距为10 cm×20 cm进行扦插。扦插深度为插穗长度的1/3~1/2。插后分2~3次浇透水，并用塑料薄膜搭建中间高度为80 cm的拱棚。

（4）扦插苗管理。扦插后喷水次数、喷水量以保持叶面湿润为度。生根后，适时适量浇水。苗木生根后撤除塑料膜，夏插在当年9月撤除遮阳网，秋插在翌年9月撤除遮阳网。

夏插40 d后用0.2%~0.5%的尿素或0.3%左右的过磷酸钙溶液追肥，7~10 d施肥1次。8月下旬后，停止施用氮肥，适当施用磷肥和钾肥。

2. 组织培养育苗

（1）外植体选择及处理。选取颗粒饱满的种子，用无菌水浸泡4 h后，在超净工作台上先用75%乙醇迅速漂洗15 s（重复3次）再用1%的次氯酸钠溶液浸泡5 min，接着用无菌水冲洗5次，最后用无菌吸水纸将种子上的水分吸干备用。将处理过的种子放至MS培养基中萌发，待种子萌发后取其幼苗茎段为外植体。

（2）培养条件。培养温度为25~30 ℃，光照时间为12~16 h/d，光照强度为800~3000 lx。初代培养和继代培养的培养基均附加3.0%的蔗糖，生根培养的培养基均附加2.0%的蔗糖、0.1 g/L的活性炭和0.7%的卡拉胶。

（3）初代培养。芳樟型最佳初代培养基配方：MS+1.0 mg/L 6-BA+0.1 mg/L IBA（或0.1 mg/L NAA）。脑樟型最佳初代培养基配方：MS+2.0 mg/L 6-BA+0.5 mg/L NAA。

（4）增殖与继代培养。樟树从基部呈辐射状萌发多个嫩枝、从主茎的腋枝萌生这两种增殖方式同时发生，有利于提高增殖率。芳樟醇型樟树最佳增殖培养基配方：MS+3.0 mg/L 6-BA+0.2 mg/L IBA。脑樟型最佳增殖培养基配方：改良MS+1.5 mg/L 6-BA+0.3 mg/L NAA。在增殖培养基中培养45 d，平均增殖系数达到6.1。如将培养基的琼脂浓度提高至6.0 g/L，pH值调至6.0，可使继代增殖过程中玻璃化现象得到有效缓解。在培养基中加入抗氧化剂，选择合适的外植体材料，缩短继代周期，对减轻褐化有一定效果。

（5）生根培养。将瓶苗从培养基取出时，应尽量减少对根部的伤害，先用流水将其根基部残留的培养基全部冲洗干净，再转移至生根培养基中。芳樟醇型最佳生根培养基配方：1/2 MS+0.2 mg/L IBA。脑樟型最佳生根培养基配方：1/2 MS+1.2 mg/L IBA+0.1 mg/L NAA+0.1 mg/L AC。

瓶外扦插的生根率和成苗率都很高。无根苗基部蘸1000 mg/L IBA扦插于上层为蛭石、下层为珍珠岩（体积比为1:1）的基质中，生根率可达91.6%。优良家系组培苗在试管内生根，用1/2 MS+2.0 mg/L IBA+1.7 mg/L IAA+0.1 mg/L 6-BA+0.05 mg/L NAA培养，生根率高达96.30%。

（6）炼苗及移栽。将生根瓶苗置于光照强度为800 lx的培养架上，10 d后再将其置于光照强度为1500 lx培养架顶层，1周后再放到加遮阳网的大棚中炼苗，大棚的光照强度为1500～3000 lx。在大棚中炼苗30 d后，苗高达3 cm便进行移栽。瓶外生根苗生根后可直接移栽。移栽基质为泥炭土与黄心土按1:4的体积比混合，培养容器为塑料营养袋或无纺布育苗袋。移栽前基质用0.1%的高锰酸钾溶液消毒。移栽时，把根放进预先打好小孔的育苗容器中，要求根系舒展，充分压实基质，确保根土密接，要防止栽植过深、窝根或露根，移栽后立即浇透水。栽植后用塑料薄膜覆盖保湿，用透光率为30%左右的遮阳网遮阴。

移苗当天喷洒70%菌毒清水乳剂800～1000倍液或50%多菌灵可湿性粉剂800～1000倍液1次，以后每周喷洒1次。3 d后逐渐揭开塑料薄膜，15 d后全部揭开。待小苗长出新叶时方可薄施肥，1个月后，可进行正常的水肥管理。

（三）病虫害防治

樟树苗期主要病虫害有白粉病、樟梢卷叶蛾、樟叶蜂、樟巢螟，其危害特点及防治方法见表4-6。

表4-6　樟树苗期主要病虫害危害特点及防治方法

病虫害名称	危害特点	防治方法
白粉病	刚开始时幼苗嫩叶背面主脉附近出现灰褐色斑点，以后蔓延至整个叶背，并出现1层白粉	（1）注意苗圃卫生，适当疏苗，发现病株应立即拔除并烧掉 （2）病症明显时，用0.3～0.5 °Bé的石硫合剂，每10 d喷1次，连续喷3～4次
樟梢卷叶蛾	1年发生数代，幼虫蛀食嫩梢，被害苗枯死	用40%乐果乳油200～300倍液喷杀幼虫，在幼虫大量化蛹期间结合抚育除草培土，杀死虫蛹
樟叶蜂	幼虫咀食樟树嫩叶，常将新萌发的叶片食尽，影响樟树正常生长	用90%敌百虫2000倍液或50%马拉松乳油2000倍液喷杀
樟巢螟	幼虫聚集于新梢上取食叶芽，造成新梢枯死甚至全株死亡	（1）幼虫刚开始活动、尚未结成网巢时，用90%敌百虫4000～5000倍液喷杀 （2）幼虫已结成网巢，可人工摘除并烧掉

（四）苗木出圃

樟树一年生裸根苗、容器苗、扦插苗的质量分级标准参照《香樟用材林栽培技术规程》（DB 51/T 1235—2011）和《樟树嫩枝扦插育苗技术规程》（LY/T 3061—2018）执行，具体见表4-7。

表 4-7　樟树一年生裸根苗、容器苗、扦插苗质量等级

苗木类型	苗龄/年	苗木等级								综合控制指标
		Ⅰ级苗				Ⅱ级苗				
		苗高/cm	地径/cm	主根长度/cm	>5 cm 长Ⅰ级侧根数/条	苗高/cm	地径/cm	主根长度/cm	>5 cm 长Ⅰ级侧根数/条	
裸根苗	1-0	>50	>0.55	>25	—	30~49	0.3~0.54	>20	—	根系发达，苗木健壮，顶芽饱满
容器苗	1-0	>70	>0.7	—	—	50~69	0.5~0.69	—	—	顶芽饱满，根系发达，根团良好，容器无破损
扦插苗	1(1)-0	>50	>0.5	>10	>6	35~50	0.4~0.5	6~10	>4	色泽正常，顶芽饱满，充分木质化，无损伤，无病虫害

五、猴　樟

猴樟（*Cinnamomum bodinieri*）为樟科樟属常绿乔木，是南方亚热带森林中优良的阔叶乡土树种，具有很高经济价值和药用价值。猴樟是我国特产，分布在贵州、四川东部、湖北、湖南西部及云南东北部和东南部。模式产地为贵州省，且在贵州省分布较广，主要分布于贵阳、毕节及江口、德江、凯里、贞丰、锦屏、都匀、惠水、普定、兴义、六枝、绥阳、三都等地海拔 500~2000 m 的山地，常在山谷林中形成针阔混交林或常绿落叶阔叶混交林，常生长在山坡中下部、石灰岩山、住宅旁等。

猴樟边材黄褐色，心材色深黄带红，味芳香，有光泽，耐腐蚀，结构细致，纹理美丽，为家具、橱柜、仪器包装箱、工艺品、乐器等用材；其根、树干、枝、叶都可提取芳香油，根含黄樟油素、柠檬醛、α-水芹烯，树干含桉叶油素，等等，这些都是日用化工、医药和农药的重要原料。猴樟适应性强、生长迅速，可从木材利用、精油提取、风景绿化等方面加以利用。

（一）实生苗培育

1. 种子采集与处理

选择生长健壮、主干明显、通直、分枝高，无病虫害，结实多的 15~40 年生母树采种。最佳采集时间为 9 月底至 10 月中旬。

将采集的浆果在清水中浸泡 1~2 d，用手揉搓或用棍棒捣碎果皮，淘洗出种子，再拌草木灰脱脂 12~24 h，洗净阴干，种子安全含水量应控制在 20%~25%，去除杂质后即可贮藏。

猴樟出种率为 30% 左右，处理后的种子净度可达 95% 以上，种子千粒重为 100~125 g，发芽率为 70%~85%，发芽势为 60% 左右。

2. 种子贮藏及催芽

猴樟种子宜湿藏，这样既能有效地保持种子的发芽率，又能起到催芽作用。12 月开始贮藏，贮藏时间为 3 个月，翌年 3 月即可播种。

将种子和湿沙按 1∶3 的比例混合，或按 1 层种子 1 层湿沙的方法层积贮藏于通风干燥的室内或木箱中。冬季自然低温下贮藏即可，20%~40% 种子露白时即可播种。

3. 大田播种育苗

（1）苗圃地选择。选择土壤深厚肥沃、水源充足、排水良好、较荫蔽、坡度 15° 以下的地块作苗圃地。

（2）整地作床与土壤处理。苗圃地适当深翻，翻土深度为 25~30 cm。作高床，作床前施足基肥，施用厩肥或堆肥 15 000~30 000 kg/hm²、饼肥 2250 kg/hm²，或磷肥 600~750 kg/hm²，并将肥料翻入土中，翻土深度为 5~6 cm。

土壤消毒可用 50% 多菌灵可湿性粉剂拌土，用量为 1.5 g/m²，或每 667 m² 用代森锌 5 kg 与细土 12 kg 拌匀后撒于床面上；杀虫可以用 40% 辛硫磷乳油 1000 倍液喷洒床面。

（3）播种。当春季气温稳定在 10 ℃ 以上时即可播种。条播，沟间距 20 cm，沟深 5~7 cm，播种量为 225~270 kg/hm²，播种深度为 2~3 cm。播后覆土，用厚 0.5~1 cm 的枯落叶或枯草覆盖，并浇透水。

（4）苗期管理。猴樟播种后 40 d 左右开始萌发出土，子叶留土。当幼苗出土 30% 左右后揭除 1/2 覆盖物，出土 60% 以上后揭除全部覆盖物。覆盖物的揭除时段以阴天或傍晚为宜。

苗期应适时松土除草，除草的原则是"除早、除小、除了"。当表土已经严重板结时应先灌溉，再松土除草。

当幼苗长出 3~4 片真叶时，开始第一次间苗。间苗要做到"间密留稀，间弱留强"，间苗的同时在苗木较少的地方补苗。第一次间苗后，留苗量比计划产苗量多 20%~30%，15~20 d 后进行第二次间苗。留苗量为 50~60 株/m²。间苗和补苗以后应浇透水。

苗期应适时适量灌溉。雨季应及时疏通排水沟，避免苗床积水。

追肥用复合肥料或尿素沟施，5 月底至 6 月初追第一次肥，以后每隔 20~30 d 追 1 次肥，每次追肥量为 45.0~52.5 kg/hm²。速生期后期停施氮肥，苗木开始进入硬化期后分 2 次追施钾肥，追施氯化钾 300 kg/hm² 或硫酸钾 375 kg/hm²。

4. 容器育苗

一年生容器苗培育，育苗容器选择规格为（4~15）cm×（16~18）cm 的无纺布育苗袋或塑料营养杯。

适宜的基质配方：①黄心土、火烧土、草炭土和河沙按 5:2:1:2 的体积比混合；②泥炭土、稻壳、黄心土按 6:3:1 的体积比混合。也可以采用樟树容器育苗的基质配方。

猴樟可以直播，也可以采用芽苗移栽，播种方法及苗期管理同樟树。

（二）无性繁殖育苗

1. 扦插育苗

（1）插穗采集及处理。选生长健壮、无病虫害的幼龄母树，剪取叶片间距较短、粗壮且带顶芽的一段枝条作为插穗。插穗长度为 12~15 cm，去掉下部叶片，只留上端 1 片叶或半片叶，注意保护顶芽。

（2）扦插床准备。选择通风、向阳、不积水的地方，深翻土壤，清除杂草石块，打碎耙平，做成宽 1.2 m、长度不限的高床。再在其上铺盖厚 15 cm 的细黄心土（当天铺盖当天使用），土质要纯（不含石砾、杂草）、细小而湿润，湿润程度为"手捏成团，手松即散"。插床上部事先用透光率为 10% 的遮阳网搭盖高为 2.0 m 的荫棚。

（3）扦插。扦插时间以 3 月上中旬猴樟芽饱满而未萌发前为宜。此时插穗营养充足，成活率高，扦插苗长势好，当年冬季就可移栽。扦插前穗条用 5000 mg/L 的 IAA 溶液浸泡 15 s。

按株行距 15 cm×20 cm 进行扦插，插入深度为插穗长度的 1/3~1/2。插后要浇透水，并用塑料薄膜搭拱棚，封严拱棚四周，以保温保湿。

（4）扦插苗管理。注意温度的控制。可通过揭膜通风降温及揭网增光升温，将棚内温度控制在25~35℃。另外，还要注意浇水管理，检查薄膜上有无水珠，薄膜上水珠很少则表明缺水，应立即揭膜浇透水。

生根后揭膜炼苗，并及时移栽到大田。

2. 组织培养育苗

（1）外植体选择及处理。在5月中旬，选取生长健壮、半木质化的枝条，剪取1.5~3.0 cm带1~2个芽的茎段，用自来水冲洗2 h，在超净工作台上先用75%乙醇浸泡30 s，无菌水冲洗3~5次，再用0.1%的氯化汞溶液消毒5 min，无菌水冲洗3~5次，然后用无菌滤纸吸干茎段表面水分备用。

（2）培养条件。培养温度为25~30℃，光照时间为12~16 h/d，光照强度为800~3000 lx。初代培养和继代培养的培养基均附加3.0%的蔗糖和0.7%的卡拉胶。

（3）初代培养。将处理好的茎段接种到初代培养基上，每瓶接种1个茎段。适宜培养基配方：MS+1.0 mg/L 6–BA+0.05 mg/L IBA。

（4）增殖和继代培养。选生长健壮，叶片舒展、光亮，株高3~5 cm的无菌苗，修剪成茎段，茎段长度为1.5 cm，至少带有1叶1芽。适宜培养基配方：MS+1.0 mg/L 6–BA+0.2 mg/L IBA。每代培养30 d。

（5）生根培养。选生长健壮，叶片舒展，光亮，株高3~5 cm的无菌苗接种于生根培养基上。生根培养基配方：1/2 MS+1.5 mg/L IBA。培养时间为25 d。

（6）炼苗及移栽。生根培养20~22 d，将组培生根苗移至透光率为25%~30%、温度为25~30℃的大棚内炼苗7~10 d。随后，用镊子将生根数超过3条的生根苗取出，并用自来水清洗去除生根苗根部的培养基，置于带有少量清水的托盘中备用。

移栽前将生根苗放入40%多菌灵可湿性粉剂800倍液中消毒5~10 min，用镊子小心地将生根苗移入装满基质（同容器育苗）的育苗容器中央，稍微压实周围基质以防苗木基部松动，随即浇透水。移栽后要保持基质湿润，见干即浇，每次都要浇透。苗木木质化后即可将其移入大田定植。

（三）病虫害防治

猴樟苗期病虫害主要有白粉病和小地老虎，其危害特点及防治方法见表4-8。

表4-8　猴樟苗期主要病虫害危害特点及防治方法

病虫害名称	危害特点	防治方法
白粉病	环境阴湿、密度大的苗床和林分都会发生白粉病。刚开始幼苗嫩叶背面主脉附近出现灰褐色斑点，以后会蔓延至整个叶背，并出现1层白粉	（1）注意苗圃卫生，适当疏苗，发现病株应立即拔除并烧掉 （2）林分应适时进行密度调整和枝叶修剪 （3）病症明显时，用0.3~0.5 °Bé 的石硫合剂每10 d喷洒1次，连续喷洒3~4次
小地老虎	主要为害苗根。3龄小地老虎幼虫分散于土中，夜晚出来活动，将幼苗根系咬断，导致苗木因根系被啃食而整株死亡。苗木从速生期到苗木硬化期都会遭到危害	（1）利用小地老虎成虫的趋光性，在其羽化期用黑光灯诱杀；也可在苗圃及其周围用糖醋液（糖：醋：白酒：水：敌百虫 =6:3:1:10:1）诱杀成虫 （2）作床后，用3%米乐尔颗粒剂30~75 kg/hm² 处理土壤 （3）虫害期用75%辛硫磷乳油1000倍液喷幼苗及其周围，或直接灌根

（四）苗木出圃

猴樟一年生播种苗分级标准参照《猴樟培育技术规程》（LY/T 1947—2011）执行，具体见表4-9。

表4-9　猴樟一年生播种苗质量等级

苗木类型	苗龄/年	苗木等级								综合控制指标
		Ⅰ级苗				Ⅱ级苗				
		地径/cm	苗高/cm	根系		地径/cm	苗高/cm	根系		
				长度/cm	>5 cm长Ⅰ级侧根数/条			长度/cm	>5 cm长Ⅰ级侧根数/条	
播种苗	1-0	>0.8	>65	>25	>11	0.55~0.8	45~65	17~25	8~11	色泽正常，充分木质化，无病虫害，顶芽饱满

六、闽　楠

闽楠（*Phoebe bournei*）为樟科楠属（*Phoebe*）树种。主要分布在福建、广东、广西、江西、浙江、湖南、贵州、湖北等省（区），多生于海拔1000 m以下的常绿阔叶林中。在长江以南各地以至台湾均可栽培，纵跨亚热带、暖温带和寒温带，具有分布区域范围广、地形地貌及气候条件差异大等特点。在贵州省，岑巩、从江、丹寨、黄平、剑河、锦屏、凯里、雷山、黎平、麻江、榕江、三穗、施秉、台江、镇远、都匀、独山、荔波、桐梓、瓮安、正安、紫云等地均有分布，分布海拔为337~1690 m，坡向以北坡为主。

闽楠树干通直圆满，纹理美观，结构细致，削面光滑，质韧难朽，奇香不衰，是建筑、家具、雕刻的上等用材。闽楠树形优美，具有隔音、驱虫、净化空气等作用，被广泛用于庭院观赏和园林绿化。由于闽楠长期遭受严重破坏，目前我国闽楠资源接近枯竭，已被列为国家二级保护野生植物。因此，大力营造闽楠人工林已成为满足社会对楠木珍贵用材及绿化需求的重要途径。

（一）实生苗培育

1. 种子采集与处理

选择生长健壮、干形通直、无病虫害、结实多的40年以上生壮龄母树采种。在11月下旬至12月上旬果实颜色由青色变为蓝黑色时采集。采收时，可在母树下铺放塑料膜，用钩刀、高枝剪取果枝或用竹竿击落果实到塑料膜上，收集即可。

采下的果实应及时处理。将果实用清水浸泡2~3 d，待种皮软化后用手搓揉或用棍棒捣碎果皮，除去杂质，淘洗出种子，置于室内通风处阴干，种子安全含水量控制在25%~30%。一般100 kg果实可产出种子40~50 kg，种子净度为92%~99%，千粒重为200~345 g，发芽率为80%~95%。

2. 种子贮藏及催芽

种子阴干后采用混沙湿藏。将种子和消毒后的河沙或石英砂按1∶3的体积比混合均匀，沙的湿度控制在饱和含水量的40%~60%，以"手捏成团，手松即散"为度。可以用通透性好的容器贮藏，也可以直接铺放在地面上。贮藏期间，每隔10~15 d翻动1次，如果发现发霉腐烂的种子，应尽早将其剔除。

"立春"前后闽楠种子开始大量萌动，当20%~40%的种子露白即可播种。

3. 大田播种育苗

（1）苗圃地选择。闽楠耐阴，忌强光，大田播种育苗宜选择土壤湿润、肥沃，靠近水源，排灌良好，有较好遮阴条件和森林气候环境地块为苗圃地。土壤类型以沙壤土或壤土为宜，pH 值为 5.0～6.0。

（2）整地作床与土壤处理。播种前翻耕、耙地，翻土深度为 25～30 cm，耙地要耙细耙匀。结合整地、耙地，每 667 m² 施腐熟猪牛栏粪 1500 kg 或饼肥 50 kg，并把肥料均匀翻入耕作层中；或在作床后施复合肥料和磷肥作基肥，复合肥料、磷肥用量分别为 900 kg/hm² 和 600 kg/hm²，沟施，沟间距为 20 cm，沟宽 7～8 cm、深 5～6 cm，把肥料翻入土中，翻土深度为 5～10 cm。

用 40% 辛硫磷乳油 1000 倍液或 40% 氧化乐果乳油 1000 倍液杀灭地下害虫。用 50% 多菌灵可湿性粉剂或 80% 代森锌可湿性粉剂 500～600 倍液喷洒床面，或用 30% 硫酸亚铁（工业级）水溶液 2 kg/m²，于播种前 7 d 均匀浇灌土壤杀菌。

（3）播种。春季气温稳定在 10 ℃ 以上时即可播种，最迟可到 4 月上中旬播种。采用条播法播种，播种量为 315～375 kg/hm²。将种子均匀撒于播种沟中，播后覆盖厚 2～3 cm 的细土，再盖上稻草或秸秆保温保湿，促进种子发芽。

（4）苗期管理。催过芽的种子播种后 20～30 d 开始发芽出土，当出土 60%～70% 时，可在阴天、傍晚分 2 次揭除覆盖物。

幼苗出齐后，及时用透光率为 40%～55% 的遮阳网搭棚遮阴。阴雨天或晴天，一早一晚打开遮阳网让苗木受光，9 月揭除遮阳网。

幼苗出土后 20～30 d，宜手除杂草，做到"除早、除净"。除草应在幼苗期后结合松土进行，至少间隔 30 d 除草 1 次，除草应在阴天进行。松土时，初期浅锄，后期适当加深。当土表严重板结时，要先灌溉再松土除草。

5 月中旬至 6 月底间苗和定苗。间除生长不良、受病虫危害、过密的幼苗，间苗后及时浇水。定苗量为 33 万～37.5 万株/hm²。将多余的幼苗移栽到其他苗床上培养。移栽时，先将幼苗轻轻提起，集中一小把，对齐根颈部，用小剪刀剪去主根的 2/5，蘸上浓度为 30 mg/L 的 6-ABT 溶液备用。按株行距 10 cm×15 cm 移栽，移栽后及时浇透水。闽楠育苗地自始至终都应保持土壤湿润，土壤干燥时应及时浇水，以苗床潮湿但不积水为宜。

幼苗长到 5～10 cm 后，每 15 d 喷施 0.5% 的复合肥料水溶液 1 次，然后用清水洗苗。7—8 月，每隔 20 d 追施 1 次尿素和有机磷肥，尿素总量控制在 150～225 kg/hm²，有机磷肥总量控制在 300～375 kg/hm²；9 月中下旬追施氯化钾 150～225 kg/hm²。二年生苗施肥量加倍。

4. 容器育苗

（1）育苗地选择及苗床建立。选择地势平坦或略有倾斜、排水畅通、较荫蔽、有灌溉条件的地块作育苗地。

容器苗床床底要平整，无杂草、石块。床高 10 cm、宽 100～120 cm，步道宽 30～50 cm，苗床长度随地块形状而定。可在苗床上铺上防草布，防杂草和窜根。最好先在苗床四周用木棒或竹竿围成框后，再摆放育苗容器。

（2）育苗容器选择及基质配制。一年生苗宜选规格为 6 cm×8 cm 或 5 cm×10 cm 的塑料育苗袋或营养杯、无纺布育苗袋，二年生苗宜选规格为 8 cm×14 cm 或 15 cm×16 cm 的塑料育苗袋或营养杯、无纺布育苗袋。

适宜的基质配方：①炭土和森林表土按体积比 1∶1 混合，再加 2% 的有机磷肥；②过筛的黄心土、森林腐殖土、火土灰按体积比 3∶6∶1 混合，再加 2% 的钙镁磷肥；③黄心土、有机磷肥、草木灰按质量比 98∶1∶1 混合。适宜的无土基质配方：①废菌棒、稻壳按体积比 7∶3 混合，每立方米基质加入缓释肥料 2 kg；②泥炭、珍珠岩、谷糠按体积比 7∶1∶2 混合；③泥炭、锯末按体积比 3∶1 混合，再加 2% 的有机磷肥。

将准备好的不同基质按比例均匀混合，每立方米用 20 g 代森锌或多菌灵，或 25 g 硫酸亚铁消毒，混拌均匀后过筛（孔径 1 cm）。基质的 pH 值控制在 5.0 ~ 6.0。

将配制好的基质装入育苗容器中，育苗容器要装饱满，振实，装土量以距容器口 1.0 ~ 1.5 cm 为宜。将装好的育苗容器整齐地摆放在苗床上，容器高低要一致，间隙用新鲜黄心土填满并刮平，若苗床四周无框架，要在育苗容器边缘培土。

（3）播种或芽苗移栽。可直接播种或移栽芽苗。催芽后露白的种子可直接播种，每个容器播 1 ~ 2 粒。当芽苗长到 3 ~ 5 cm、长出 4 ~ 6 片真叶时可进行芽苗移栽，可直接移栽或截根移栽。截根移栽的具体做法：截去芽苗根长的 1/4 ~ 1/3，用竹筷或木棍在容器中央插 1 个深度与根长大致相同的小洞，将芽苗植入小洞中，芽要露出土面，用手稍微压实芽苗周围基质，让根与基质紧密接合。移栽完毕后浇透水，并用透光率为 40% ~ 55% 的遮阳网搭棚遮阴。

（4）苗期管理。幼苗出土前，每隔 1 ~ 2 d 喷水 1 次，以保持基质湿润，但喷水量不宜过大，以免土温降低，影响发芽。幼苗期浇水要多次、适量、勤浇，保持基质湿润；速生期应量多次少，一次浇透，在基质达到一定程度干燥后再浇水；生长后期应控制浇水，以促使苗木木质化；容器苗出圃前 1 ~ 2 d 停止浇水，以减轻重量，便于搬运。

一年生容器苗在幼苗期和速生期喷施尿素溶液，每 10 ~ 15 d 喷施 1 次，浓度为 0.2% ~ 0.3%；8 月底停止追肥。若用有缓释肥料的基质配方，则可不追肥。二年生容器苗在苗木抽梢前开始追肥，尿素、过磷酸钙、氯化钾的总施用量分别为 260 g/m^2、500 g/m^2、100 g/m^2，每个月施 1 次，总共施 6 次。前 4 次按总施用量的 15% 施用，后 2 次按总施用量的 20% 施用，采用叶面喷施。

育苗过程中如发现基质下沉，应及时添加适量基质，以免根部裸露。

可用两种方法调控容器苗根系质量：一是用切根铲切根，即定期用切根铲沿容器底部平切，切掉扎入土壤中的根系；二是在育苗床上铺上黑色防草布，阻止根系扎入土壤中。

霜冻季节要及时搭高为 50 ~ 70 cm 的塑料拱棚防冻，天气变暖后即可揭开塑料薄膜。

（二）无性繁殖育苗

1. 扦插育苗

（1）插穗采集及处理。在优良闽楠母株上选取无病虫害、生长健壮、直径为 0.3 ~ 0.5 cm 当年生半木质化枝条或当年生实生苗茎段作插穗。扦插当天清晨采条制插穗，要求插穗长度为 10 ~ 15 cm，上切口采用平切，留半叶，切口离最上面的芽 1 cm 左右；下切口采用斜切，尽量靠近最下面的芽。

修剪好的插穗用浓度为 200 mg/L 的 ABT 1 号生根粉溶液浸泡 9 h 或浓度为 600 mg/L 的 ABT 1 号生根粉溶液浸泡 3 h。

（2）扦插床准备。用细河沙或泥炭作为扦插基质。平整基质，保证整个床面没有明显的坑洼，同时也不存在积水的情况。喷洒 25% 多菌灵可湿性粉剂 500 倍液进行全面杀毒灭菌，喷药的深度最好控制在 1.7 cm 左右。

（3）扦插。扦插时采用直插法。扦插深度以留 1 个芽在外面为宜。

（4）扦插苗管理。及时补充扦插床水分，保持基质湿润。在整个扦插过程中不能强光照射，保持透光率为 50% ~ 55%。在扦插生根过程中定期用浓度为 1000 mg/L 的多菌灵进行基质消毒，每隔 5 ~ 7 d 喷洒 1 次。插穗扦插约 60 d 后生根，此时应及时将扦插苗移出扦插床。

2. 组织培养育苗

（1）外植体选择及处理。选择闽楠幼龄母树根颈基部萌芽枝条为外植体。枝条用洗洁精溶液浸泡 1 h

左右，同时用软毛刷刷洗枝条表面的柔毛，然后用自来水冲洗 3 h 左右，将枝条剪成长 1.0~1.5 cm、带 1~2 个腋芽的茎段作为外植体。外植体先用 75% 乙醇浸泡 30 s，再用 0.1% 的氯化汞溶液浸泡 6 min，同时在氯化汞溶液中加入几滴吐温-80，灭菌后用无菌水漂洗外植体 5~6 次备用。把消毒过的外植体材料放到培养皿中，用无菌滤纸吸干外植体表面的水分。

（2）培养条件。培养温度为（23±2）℃，光照时间为 14 h/d，光照强度为 2000 lx 左右。培养基中添加蔗糖 30 g/L、琼脂 3 g/L，pH 值为 5.8。培养周期为 40 d。

（3）初代培养。用剪刀剪掉茎段两头和叶片接触药液的部分，然后接种在已灭菌的培养基上。最佳的初代培养基配方：MS+2.0 mg/L 6-BA+0.5 mg/L NAA。

（4）增殖和继代培养。选取生长旺盛的愈伤组织，切割成 1 cm² 的小块移接到增殖培养基上。最佳的增殖培养基配方：MS+2.0 mg/L 6-BA+0.1 mg/L NAA。在培养基中添加 2.0 g/L 的活性炭，接种所得的愈伤组织诱导率最高，且能有效抑制愈伤组织的褐化。

（5）生根培养。当不定芽长到 3 cm 左右时，剪取不定芽并转接到生根培养基上。最佳的生根培养基配方：1/2 MS+0.5 mg/L IBA。平均生根时间为 10 d，平均生根数量为 4.9 条。

（6）炼苗与移栽。选取生长健壮、高 2.5 cm 左右的生根苗，打开瓶盖炼苗 2~3 d，然后用清水清洗苗木根部残留的培养基备用。把瓶苗根系放入添加了 200 mg/L 的 ABT 1 号生根粉的泥浆中蘸上泥浆，再移至蛭石：珍珠岩：河沙 = 2:2:3 的混合基质中。移栽苗培养管理同容器育苗。

（三）病虫害防治

闽楠苗期主要病虫害有楠木溃疡病、楠木叶斑病、小地老虎、黑绒鳃金龟和黄卷蛾，其危害特点及防治方法见表 4-10。

表 4-10　闽楠苗期主要病虫害危害特点及防治方法

病虫害名称	危害特点	防治方法
楠木溃疡病	发病初期枝干颜色变为暗褐色，韧皮部坏死，出现近圆形溃状病斑，严重时病斑在皮下连接包围枝干，至枝干上部枝叶慢慢脱水干枯。枝干受害部位失水后病斑下陷，有时受害部位肿大、开裂，潮湿条件下受害部位可看到橘黄色的分生孢子堆	（1）加强苗木的抚育管理，提高苗木的抗逆性 （2）发病后，用世高（10% 苯醚甲环唑）和曹氏甲托（70% 甲基硫菌灵）1200~1500 倍液防治 （3）及时剪除、清除病枝、病株，刮除病斑，伤口涂抹含有石灰、硫黄合剂的白涂剂，防治时间宜在发病初期
楠木叶斑病	染病初期受害部位出现红褐色圆形斑点，后向外扩展，病斑两面散生黑色墨汁般的小粒点。许多小病斑块会融合成不规则的大斑，最后导致叶片退绿	（1）播种前，每平方米用多菌灵、甲基托布津或敌克松 5~10 g，加细土稀释 20~30 倍，均匀撒入表土，也可沟施于播种沟内 （2）注意苗圃卫生，防治高温灼伤 （3）发现病叶要及时剪除，并集中深埋或烧毁 （4）发病后用曹氏甲托（70% 甲基硫菌灵）、多锰锌（16% 多菌灵和 34% 代森锌）和噁霉灵防治
小地老虎	主要为害苗根。3 龄后小地老虎幼虫分散于土中，夜晚出来活动，将幼苗根系咬断，导致苗木因根系被啃食而整株死亡。苗木从速生期到苗木硬化期都会遭到危害	（1）利用小地老虎成虫的趋光性，在其羽化期用黑光灯诱杀。也可在苗圃及其周围用糖醋液（糖：醋：白酒：水：敌百虫 = 6:3:1:10:1）诱杀成虫 （2）作床后，用 3% 米乐尔颗粒剂 30~75 kg/hm² 处理土壤 （3）虫害期用 75% 辛硫磷乳油 1000 倍液喷幼苗及其周围，或直接灌根

病虫害名称	危害特点	防治方法
黑绒鳃金龟	此虫1年发生1代。其成虫或幼虫于土中越冬，3月下旬至4月上旬开始出土，4月中旬为出土盛期。成虫为害萌发苗木嫩芽，咬断顶芽，影响主茎生长	（1）在成虫发生期采用黑光灯诱杀或振树捕杀，此法还可兼治其他具趋光性和假死性的害虫 （2）喷洒2.5%功夫乳油，或敌杀死（溴氰菊酯）乳油8000～8500倍液，或40%氧化乐果乳油600～800倍液防治
黄卷蛾	此虫食叶。其若虫常取食叶脉或叶柄，并将叶卷曲成蛹，导致枝梢干枯，影响苗木正常生长	用40%氧化乐果乳油500倍液喷雾防治

（四）苗木出圃

根据贵州省各育苗地的闽楠生长调查情况，编者制定了贵州闽楠裸根苗和容器苗的苗木质量等级标准，可以作为贵州闽楠一年生、二年生裸根苗、容器苗苗木质量等级评价的参考，具体见表4-11。

表4-11　闽楠一年生、二年生裸根苗、容器苗质量等级

苗木类型	苗龄/年	苗木等级								综合控制指标
		Ⅰ级苗				Ⅱ级苗				
		地径/cm	苗高/cm	根系		地径/cm	苗高/cm	根系		
				长度/cm	>5 cm长Ⅰ级侧根数/条			长度/cm	>5 cm长Ⅰ级侧根数/条	
裸根苗	1-0	≥0.4	>35	>20	>5	0.26～0.39	21～34	15～20	4～5	充分木质化，叶色正常，无病虫害，顶芽饱满
	2-0	≥0.8	>80	>22	>10	0.6～0.79	60～79	15～22	6～10	
容器苗	1-0	≥0.3	>30	—	—	0.3～0.29	20～29	—	—	能形成完整的根团，色泽正常，充分木质化
	2-0	≥0.7	>0.8	—	—	0.5～0.69	0.5～0.79	—	—	

七、楠　木

楠木（*Phoebe zhennan*）为樟科楠属树种，为国家二级保护野生植物，是我国特有的珍贵用材树种，素有"木中金子"之称。楠木集中分布于四川、云南、湖南、湖北、陕西、贵州等长江流域及其以南地区，东至湖南张家界，南至云南昭通大关县，西抵四川凉山越西县，北达陕西汉中市，呈不连续分布。楠木的垂直分布一般为海拔200～1400 m，最高分布海拔可达1500 m。近年来，楠木栽培范围进一步扩大，已引种栽培到浙江、江西、广东、福建等省份。楠木在贵州省主要分布在遵义的赤水、凤冈、务川、道真、正安、习水、湄潭、余庆、仁怀、桐梓、绥阳，黔南的都匀、独山、福泉、贵定、惠水、长顺、荔波、龙里、瓮安，黔东南的凯里、镇远、丹寨、黎平、麻江、黄平，铜仁的石阡、思南、沿河、印江，六盘水的六枝、盘州，贵阳的息烽、开阳，安顺的镇宁，毕节的金沙等地，分布海拔为243～1681 m，坡向以东南坡为主。

楠木木材颜色为黄褐色中带浅绿色，心材与边材区别不明显，纹理斜或交错，结构细密，重量、硬度、强度适中，是家具、建筑、装饰等的上等用材。同时，楠木树形挺拔、枝叶繁茂、四季常青，也是很好的庭园观赏和城市园林绿化树种。

（一）实生苗培育

1. 种子采集与处理

选择生长健壮、树形丰满、无病虫害，且具有优良性状的壮年树为采种母树。11—12月果皮颜色由青色转为紫黑色时采种。

采收后的果实应及时处理。将果实用清水浸泡 2~3 d，待种皮软化后用手搓洗或用棍棒捣碎果皮，除去杂质，淘洗出种子，置于室内通风处阴干。楠木的种子千粒重为 80~350 g。

2. 种子贮藏及催芽

阴干后采用湿沙层积贮藏，贮藏时间为 12 月。湿藏时，一般将种子与湿沙按 1:3 的体积比分层堆积，湿沙干燥时及时喷水以保持湿润，沙的含水量一般以饱和含水量的 60% 为宜。种子贮藏 3 个月后，即开始萌芽，待 20%~40% 种子露白即可播种。

3. 大田播种育苗

（1）苗圃地选择。选择地势平坦、光照充足、通风良好、水源充足、土层疏松深厚，土壤 pH 值为 5.0~6.0 的沙壤土或轻黏土地块为苗圃地。

（2）整地作床与土壤处理。整地要做到深耕细整，清除草根、石砾等杂物。春季翻耕深度应在 20 cm 以上，秋（冬）季翻耕深度应在 30 cm 以上。结合整地施基肥，翻耕土壤时加入优质腐熟的有机肥料（厩肥、堆肥或饼肥）4500~7500 kg/hm²、复合肥料 450~750 kg/hm²，通过翻挖使土肥均匀混合。采用高床育苗，按常规作床。

选用代森锌、多菌灵、甲基托布津、1% 的硫酸亚铁溶液等中的 1 种或 2 种混合使用，对土壤进行消毒。

（3）播种。2 月下旬至 3 月下旬播种，播种量为 300~375 kg/hm²。采用条播法播种，行距为 15~20 cm。播后用过筛的细土进行覆盖，覆土厚度以不见种子为宜，一般为 1.5 cm，再用稻草或其他材料覆盖以保温保湿。

（4）苗期管理。播种后搭塑料拱棚及荫棚保湿，透光率为 60%~70%，9 月中下旬撤除荫棚。

苗期应适时松土除草，除草应"除早、除小、除了"，除草松土深度以 5~10 cm 为宜。

幼苗长出 3~4 片真叶、苗高 5 cm 左右时间苗移栽，一般在 5 月下旬进行。间苗遵循"间小留大，间劣留优，间密留稀"的原则。按株行距 10 cm×12 cm 间苗，将间出的壮苗移栽到规格为 10 cm×12 cm 营养袋内，间苗或移栽后浇透定根水。间苗应在阴天或傍晚进行。

在高温干旱季节应一早一晚进行浇灌。雨季应及时清沟排水，保证苗圃地无积水。苗期施肥采用 0.2%~0.3% 的尿素溶液叶面喷施，幼苗长出 3~5 片真叶后每隔 7 d 施肥 1 次，连续喷施 3 次；6—8 月，每月施适量清粪水（浓度为 10%~15%）1 次，清粪水中可加入 0.2%~0.3% 的尿素或 0.4%~0.6% 的硫酸铵溶液；9 月，停止施用速效肥料，可适量施用钾肥。二年生苗，速生期以施尿素为主，生长后期施磷肥和钾肥以提高苗木抗性。

楠木幼苗抗逆能力较弱，冬季进行防寒管理，对于苗木安全越冬十分重要。冬季一般采取覆膜或在寒潮来临前盖草、搭设防风障等措施保温防寒，也可在秋季用草木灰或低浓度的磷酸二氢钾进行叶面追肥，提高苗木木质化程度，增强其抗寒能力。

4. 容器育苗

（1）育苗地选择。楠木容器育苗可在温室、塑料大棚或露天进行。露地容器育苗时必须选择海拔

1000 m 以下地势平缓，交通便捷，排水通畅，通风、光照条件好的半阳坡或半阴坡地块，忌积水的低洼地和风口处。海拔超过 1000 m 时，可采用温室或塑料大棚育苗。

（2）育苗容器选择及基质配制。容器可选择白色聚乙烯薄膜袋、无纺布育苗容器等，其规格视培育苗木大小而定，一般可选择直径为 30 cm、高 20 cm 的容器；如果培育 1~2 年生苗木，可选择直径为 10 cm、高 12~15 cm 的容器。

适宜的普通基质配方为森林腐殖土：黄心土：细沙土 = 6：2：2。适宜的轻基质配方：①泥炭土：炭化稻壳：珍珠岩：园土：发酵饼肥 = 5.5：2：1.5：0.5：0.5；②椰糠：泥炭土 = 1：1；③树皮：珍珠岩：泥炭土 = 7：1：2。根据选择的配方将基质材料混合，装入育苗容器，并整齐摆放在苗床上。播种或移苗前 14 d 在苗床面上喷洒 1%~3% 的硫酸亚铁水溶液进行消毒。

（3）播种或芽苗移栽。容器直播：若基质干燥，应于播种前 1 d 浇透水。播种时，将种子播在容器中央，每个容器播 1 粒，播后覆盖厚 1~2 cm 的基质并浇透水。在出苗期间要保持基质湿润。

芽苗移栽：4 月下旬至 5 月中旬，苗木萌发出 2 片真叶时，根据出苗早晚分期分批地将芽苗移栽至已经备好的育苗容器中，移栽后及时浇透水。

（4）苗期管理。楠木在幼苗期需遮阴，自播种之日起搭拱棚遮阴，透光率为 60%~70%，9 月中下旬拆除。

由于楠木有多胚现象，1 粒种可发出 1~3 株幼苗，容器直播幼苗出土后 15~30 d 进行间苗，每个容器保留 1 株壮苗。缺株容器要及时补苗，补苗后随即浇透水。

浇水要适时适量，在出苗期和幼苗生长初期要勤浇水，以保持培养基质湿润；速生期浇水应少次多量，在基质达到一定干燥程度后再浇水；生长后期要控制浇水。苗木长到 6~8 cm 时，在 6 月下旬和 8 月下旬各喷施尿素 1 次，施用量为 30 kg/hm² 左右；9—10 月，喷施复合肥料 1 次，施用量为 45 kg/hm² 左右，所有肥料浓度均控制在 0.1%~0.2%。喷施后及时用清水喷淋叶片 1 次，避免肥料与叶片长时间接触。严禁在午间高温时段期施肥。

（二）无性繁殖育苗

1. 扦插育苗

（1）插穗采集及处理。3—4 月，从幼龄母树上选取直径 0.2~0.7 cm 的一年生硬枝和半木质化嫩枝顶梢作插穗。插穗长度为 3~7 cm，保留 2~3 片叶。

将修剪好的插穗用细绳按照每 50 枝为 1 捆绑好放入清水中备用。扦插前以 200 mg/L 的 NAA 溶液浸泡插穗 2 h。

（2）扦插床准备。以疏松透气的黄沙为基质。在扦插前 1 d，使用浓度为 0.3% 的高锰酸钾溶液均匀喷入基质，每平方米再拌入 0.5 g 50% 多菌灵可湿性粉剂，然后平整苗床。

（3）扦插。采用直插法。扦插深度以留 1 个芽在外面为宜。扦插时，要注意使插穗和基质紧密接触，不要留缝隙。

（4）扦插苗管理。扦插后浇透水，并立即搭拱棚，覆盖塑料薄膜以保温保湿，同时用遮阳网搭棚以遮阴，透光率为 60%~70%。扦插后每 10 d 用喷雾器喷施 0.3% 的多菌灵溶液 1 次；扦插后 25 d 起，每隔 10 d 喷施 0.1% 的尿素和 0.2% 的磷酸二氢钾溶液 1 次。

（三）病虫害防治

楠木苗期主要病虫害有立枯病、小地老虎、蛀梢象甲、灰毛金花虫等，其危害特点及防治方法见表 4-12。

表 4-12　楠木苗期主要病虫害危害特点及防治方法

病虫害名称	危害特点	防治方法
立枯病	主要为害幼苗茎基部或地下根部。初为椭圆形或有不规则暗褐色病斑，病苗早期白天萎蔫，夜间恢复，病部逐渐凹陷、溢缩，有的渐变为黑褐色，当病斑扩大绕茎1周时即干枯死亡，但不倒伏。轻病株仅见褐色凹陷病斑而不枯死。苗床湿度大时，病部可见不甚明显的淡褐色蛛丝状霉	（1）注意种子及苗床消毒 （2）用波尔多液（硫酸铜：生石灰：水=1:1:200）或5%的明矾水进行喷洒 （3）发病初期可喷洒38%噁霜嘧铜菌酯800倍液，或41%聚砹嘧霉胺600倍液，或20%甲基立枯磷乳油1200倍液
小地老虎	主要为害苗根。3龄后小地老虎幼虫分散于土中，夜晚出来活动，将幼苗根系咬断。从速生期到苗木硬化期都会遭到危害，苗木因根系被啃食而整株死亡	（1）利用小地老虎成虫的趋光性，在其羽化期用黑光灯诱杀；也可在苗圃及其周围用糖醋液（糖：醋：白酒：水：敌百虫=6:3:1:10:1）诱杀成虫 （2）作床后，用3%米乐尔颗粒剂30~75 kg/hm²处理土壤 （3）危害期用75%辛硫磷乳油1000倍液喷于幼苗及其周围，或直接灌根
蛀梢象甲	幼虫钻蛀嫩梢危害苗木，使被害梢枯死。幼虫体乳白，老熟幼虫长5~8 mm，头部黄褐色。3月楠木抽梢时，成虫产卵于新梢中，卵孵化后，幼虫在当年新梢中蛀食，蛀道长10 cm左右。幼虫期为3月底到4月中旬，幼虫成熟后即在嫩梢基部的蛀道中化蛹，5月中旬成虫开始羽化，成虫期长，直到翌年3月产卵后死亡	（1）在3月成虫产卵期及5月中下旬成虫盛发期，用10%异丙威烟雾剂熏杀成虫，用药量为3.75~4.5 kg/hm² （2）在4月上旬用40%乐果乳油400~600倍液喷洒新梢，可杀死梢中幼虫
灰毛金花虫	其成虫啃食嫩叶、嫩梢及小叶皮层，严重的可使嫩梢枯萎。被害株率达80%以上。成虫体黑色，密被灰白色毛，外观呈灰白色；体长5~7 mm，触角线状，鞘翅近肩角处有1个瘤状凸起，翅面有许多不规则的颗粒状凸起，并有3条隆脊。3月底到6月均有成虫出现，4月中下旬为盛发期。	在4月下旬用10%异丙威烟雾剂熏杀成虫，用药量为4.5~6.0 kg/hm²。

（四）苗木出圃

一年生楠木苗木质量等级参照《楠木培育技术规程》（LY/T 2119—2013）执行，具体见表4-13。生产上最好用二年生以上苗木造林。

表 4-13　楠木一年生轻基质容器苗、普通容器苗、大田播种苗质量等级

苗木类型	苗龄/年	苗木等级			
		I 级苗		II 级苗	
		苗高/cm	地径/cm	苗高/cm	地径/cm
轻基质容器苗	1-0	>25	>0.30	20~25	0.25~0.30
普通容器苗	1-0	>30	>0.30	25~30	0.25~0.30
大田播种苗	1-0	>40	>0.40	30~40	0.35~0.40

八、檫 木

檫木（*Sassafras tzumu*）为樟科檫木属（*Sassafras*）落叶乔木，又名檫树、鸭脚樟、鸭掌柴、梓木等。主要分布在江苏、浙江、福建、广东、广西、江西、云南、湖北、安徽等 13 个省（区）。在贵州省，主要分布于黔东南，铜仁的梵净山，贵阳，黔南的都匀、平塘、三都、瓮安、荔波、惠水，黔西南的安龙、兴仁，安顺的镇宁，遵义的赤水、习水，毕节的七星关、黔西、大方、纳雍，六盘水的水城、盘州等地。檫木垂直分布海拔为 600～1800 m，在海拔 800～1500 m 处比较常见。檫木天然分布多为散生林，与马尾松、杉木、油茶、毛竹、樟、苦槠等树种混生。

檫木生长快，材质好，切面光滑美观，有香气，耐腐抗虫，用途广，是我国优良速生用材树种。其树形美观，早春花色黄绿，晚秋叶红悦目，是较好的观赏树种。

（一）实生苗

1. 种子采集与处理

选择生长健壮的 10～20 年生植株作为采种母树。一般在 6 月底至 8 月中旬果实由红色转为紫黑色或蓝黑色时采收果实，成熟一批，采集一批。

果实采收后，分拣出少量带果柄的未成熟果实，摊放在通风阴凉的室内，7 d 左右未成熟果实颜色由红转黑，果柄自然脱落。把成熟果实装入箩筐中，脱去果柄，搓去果皮、果肉，冲洗后用洗衣粉脱脂 2～4 d，种子洗净捞出，薄摊于通风处阴干。阴干后除去不良种子（种壳上有白圈，一捏即破，壳内种仁干缩），留下合格种子（种壳乌黑发亮或呈褐色）。檫木种子千粒重为 50～80 g。

2. 种子贮藏与催芽

选择阴凉通风处进行沙藏。贮藏前，用 50% 多菌灵可湿性粉剂 1000 倍液对贮藏室进行消毒；沙子要过筛，用清水洗净泥土，再用 0.5% 的高锰酸钾溶液消毒。贮藏时，先在地上铺 1 层厚 3～5 cm 的沙子，然后将种子与沙按 1∶3 体积比分层或混合堆放，堆高不超过 50 cm，最后再覆盖厚 3～5 cm 的沙子。沙子含水量为饱和含水量的 60%，过干、过湿都会严重影响种子质量。贮藏期间，注意控制沙子的湿度，春季气温回升时应适当增加沙子湿度，以促进种子萌芽。30% 种子露白时即可筛出播种。

3. 大田播种育苗

（1）苗圃地选择。选择地势平坦、土层深厚、排水良好的酸性、微酸性壤土，并且具备灌溉和遮阴设施的地块作苗圃地。

（2）整地作床与土壤处理。入冬前施肥，深翻整细后作床。苗床宽 100～120 cm、高 25～30 cm，长度视地块而定，步道深 25～30 cm。播种时，先在沟内均匀撒上腐熟的鸡粪或厩肥，施肥量为 22 500～50 000 kg/hm²，也可施用饼肥 6000～7500 kg/hm²。

用 0.5% 的高锰酸钾溶液和 40% 辛硫磷乳油 1000 倍液进行土壤消毒。

（3）播种。播种时间一般以 2 月至 3 月中旬为宜，最迟不超过"谷雨"，播种量为 60～75 kg/hm²。筛出露白的种子，开沟点播，沟距为 20 cm，点距为 15～18 cm。播后用黄心土或火烧土覆盖，覆土厚度为 1～2 cm，再盖 1 层薄薄的稻草。

（4）苗期管理。播种后 30 d 左右苗木开始出土，出苗一半以上时，在阴天的傍晚及时分批分次揭去覆盖物。同时，还需注意苗圃地的防旱、保湿、防低温，以促出苗整齐。苗高 5～6 cm 时间苗，分 2 次进行，留苗量为 70～80 株/m²。

应根据苗圃地杂草生长情况，及时松土除草，除草要做到"除早、除小、除了"。檫木播种前，每667 m^2 用24% 果尔乳油 30 mL 兑水 30 kg、40% 扑草净可湿性粉剂 140 g 兑水 30 kg 除草，除草效果良好，除草率达 90% 以上。

播种后，注意苗床的水分调节，保持苗床土壤湿润。春、夏雨水多的季节，应及时清沟排水；旱季应根据苗圃地土壤墒情及时灌溉；10 月后停止浇水。幼苗生长期间，根据苗木生长情况适时施肥，施肥应做到"少量勤施"，每次施肥后用清水冲淋 1 次。苗木生长初期（3—5 月）施复合肥料 240 kg/hm² 2 次，中期（7—8 月）施复合肥料 300 kg/hm² 2 次，后期（9—10 月）喷施 0.2% ~ 0.3% 的磷酸二氢钾溶液 1 ~ 2 次。

（二）无性繁殖育苗

1. 扦插育苗

（1）插穗采集及处理。檫木秋插效果最好，选择一年生嫩枝作插穗。插穗长度为 10 ~ 15 cm，直径为 0.5 ~ 1.0 cm，每个插穗上留 1 ~ 2 个健壮饱满腋芽，随采随插。

扦插前用 500 mg/L ABT 6 号生根粉溶液浸泡 4 h，扦插效果较好。

（2）扦插床准备。在温室或塑料大棚中作床。扦插床基质选用黄心土和河沙混合，基质用 0.5% 的高锰酸钾溶液消毒。

（3）扦插。采用直插法。扦插深度为插穗长度的 1/2 ~ 2/3。扦插后浇透水并喷洒 50% 多菌灵可湿性粉剂 500 ~ 600 倍液，搭建塑料膜拱棚保湿保温，并用透光率为 20% ~ 30% 遮阳网遮阴。

（4）扦插苗管理。温室或塑料大棚环境高温高湿，需定期喷洒多菌灵或根病清防治病害发生。当扦插苗出芽生根后，可揭除塑料薄膜并逐步撤去遮阳网进行炼苗。扦插苗移栽后需及时进行除草、施肥、灌溉等大田管理。檫木扦插生根率可达 85%。

2. 组织培养育苗

（1）外植体选择及处理。4 月采集檫木基部萌条，剪去叶片和木质化程度较深的下部作外植体。用棉花团蘸取加入了少量洗洁精的水，轻擦枝条及其腋芽处，并用自来水冲洗 3 ~ 4 h。外植体先在超净工作台上用 70% 乙醇灭菌 30 s，无菌水冲洗 3 ~ 4 次，然后用 0.1% 的氯化汞溶液灭菌 3 ~ 4 min，无菌水冲洗 3 ~ 4 次。

（2）培养条件。温度为（25 ± 2）℃，光照强度为 1500 ~ 2000 lx，光照时间为 14 h/d。培养基中加入蔗糖 30 g/L、卡拉胶 6.4 g/L，pH 值为 5.8 ~ 6.0。

（3）初代培养。将处理好的材料接种在不加激素的 MS 培养基上，然后转入诱导培养基上进行诱导。诱导培养基配方：MS+0.5 mg/L 6–BA+0.1 mg/L IBA。

（4）增殖和继代培养。将诱导获得的不定芽接种在增殖培养基上进行增殖培养。增殖培养基配方：MS +（0.5 ~ 0.8）mg/L 6–BA+0.1 mg/L IBA。

（5）生根培养。切取苗高 3 cm 以上的粗壮增殖苗的芽苗，接种在生根培养基上进行生根培养。生根培养基配方：1/2 MS +（0.1 ~ 0.2）mg/L IAA。檫木组织培养苗生根率低，仅为 33%，还需要进一步优化培养技术。

（三）病虫害防治

檫木苗期病虫害主要有茎腐病及檫白轮蚧危害，其危害特点及防治方法见表 4–14。

表 4-14　檫木苗期病虫害危害特点及防治方法

病虫害名称	危害特点	防治方法
茎腐病	常在夏季高温时发生，苗木茎基部灼伤，病菌入侵，腐烂枯死	喷洒 65% 代森锌可湿性粉剂 500~600 倍液或 50% 退菌特可湿性粉剂 800~1000 倍液，每隔 7~10 d 喷 1 次，连续喷 4~5 次
檫白轮蚧	为害树冠上的 1~2 年生嫩梢、枝条、叶片，导致林木死亡	用 50% 马拉松乳油 1000 倍液，或 40% 乐果乳油 1000 倍液，或 50% 杀螟松乳油 800 倍液，或 25% 亚胺硫磷乳油 800 倍液，在 5—6 月防治第一代初孵若虫

（四）苗木出圃

檫木一年生裸根苗参照《主要造林树种苗木质量分级》（GB 6000—1999）执行，具体见表 4-15。

表 4-15　檫木一年生裸根苗质量等级

苗木类型	苗龄 / 年	苗木等级								综合控制指标
		Ⅰ级苗				Ⅱ级苗				
		地径 / cm	苗高 / cm	根系		地径 / cm	苗高 / cm	根系		
				长度 / cm	>5 cm 长Ⅰ级侧根数 / 条			长度 / cm	>5 cm 长Ⅰ级侧根数 / 条	
裸根苗	1-0	>1.1	>90	>25	>10	0.7~0.11	60~90	18~25	4~10	色泽正常，充分木质化

九、花榈木

花榈木（*Ormosia henryi*）为豆科（Fabaceae）红豆属（*Ormosia*）常绿乔木，属国家二级保护野生植物。主要分布于我国安徽、浙江、福建、江西、湖北、湖南、广东、广西、海南、贵州、四川、云南东南部等省（区），越南、泰国等地也有分布。生于海拔 100~1300 m 的山地、溪边、谷地林内，常与杉木、马尾松、枫香、合欢等树种混生。在贵州省，安龙、册亨、晴隆、望谟、岑巩、从江、丹寨、黄平、都匀、锦屏、凯里、雷山、麻江、黎平、三穗、天柱、榕江、凤冈、余庆、务川、关岭、西秀、花溪、惠水、荔波、罗甸、平塘、三都、瓮安、江口、沿河、六枝等地皆有零星分布，分布海拔为 350~1437 m。

花榈木木材结构细密、均匀，硬度适中，耐腐，是高档家具、工艺雕刻和特种装饰品的珍贵用材树种；花榈木树姿优美、四季翠绿、繁花满树、种子鲜红，也是一种优良的园林绿化和观赏树种；其根、茎、叶均可入药，具有活血化瘀、祛风消肿之功效。由于花榈木木材的特殊用途，加之人工培育较少，野生花榈木遭大量砍伐，很多地方已难看到大树。

（一）实生苗培育

1. 种子采集与处理

选择生长健壮、干形通直、无病虫害、15 年生以上的母树采种。11—12 月荚果变成黑褐色且微开裂时采收果实。

果实采收后，清除杂质，阴干。将种子从荚果中剥出或将荚果晒干后敲打脱粒，清除杂质，自然干燥，控制种子饱和含水量不高于13%。花榈木种子质量等级见表4-16。

表4-16　花榈木种子质量等级

种子质量等级	种子净度最低限 / %	发芽率最低限 / %	千粒重 / g	各级种子含水量最高限 / %
Ⅰ级	95	80	>430	
Ⅱ级	95	65	>370	13
Ⅲ级	95	45	>310	

2. 种子贮藏与催芽

种子短期贮藏采用普通干藏法，长期保存采用4 ℃冷藏贮藏。贮藏期间注意种子的温度、湿度，以及防止鼠害。

花榈木种子种皮坚硬，不易透水，在播种前需进行催芽。播种前1个月，先用草木灰浸种1 d除去蜡质层，再用60~70 ℃热水浸种，热水自然冷却后浸泡24 h，取出吸胀的种子，未吸胀的种子再浸种直至吸胀。将吸胀种子与沙按1:3的体积比混合贮藏，沙的含水量保持在30%~35%，种子露白即可播种。注意：在催芽过程中要不断翻动种子，否则会烂种。

3. 大田播种育苗

（1）苗圃地选择。花榈木为深根性树种，苗期耐阴，长大后需要阳光。宜选择土层深厚肥沃、水源充足、排水良好的沙质壤土或轻壤土地块作苗圃地，靠近山脚的农田更佳。

（2）整地作床与土壤处理。播种前，初冬深翻苗圃地，两犁两耙，保证土壤细碎，无大土块。翻土深度为25 cm以上，结合翻土施高氮复合肥料（总养分浓度≥25%）600~750 kg/hm²。耙细耙匀土壤后按常规作床，四周开好排水沟，中沟浅、边沟深，要求雨后沟内不积水。

用50%多菌灵可湿性粉剂500~600倍液或50%水溶代森铵350倍液均匀喷洒床面杀菌，用40%辛硫磷乳油1000倍液均匀喷洒床面杀虫。有条件的地方，可在播种前20 d对苗圃地进行化学除草，每667 m²用50%乙草胺50 mL，兑水50 kg，均匀喷雾，有效期为2个月左右。

（3）播种。2月底至3月中上旬播种，播种量为195~225 kg/hm²。开沟点播，沟距为20~25 cm，沟深5~8 cm，种子间距为4~5 cm。播种时胚根向下，播种后覆4~5 cm厚细土，浇透水后用稻草或其他材料覆盖，厚1~2 cm，以保持土壤的温度与湿度。

（4）苗期管理。播种后要加强苗圃的田间管理，及时做好雨天清沟排水和干燥天气的浇水保湿工作。经过催芽的种子一般在40 d之内可发芽出土，发芽率可达80%以上。如不进行种子催芽处理，花榈木的种子发芽时间可能需几个月，有的甚至需要1~2年。

花榈木苗出土后需立即遮阴，可在苗床四周搭高1 m左右的荫棚。苗床为南北向时，棚顶水平设置；为东西向时，则南低北高，上盖遮阳网，透光率为70%~80%。遮阴时间不超过80~90 d。当幼苗长出2~3片真叶时间苗，间补结合，留苗量为50~60株/m²。间苗和补苗后应及时浇透水。

苗期适时浇水，保持土壤湿润。花榈木苗在生长初期生长缓慢，应及时除草、松土并适量施肥。当年6—8月追肥，每月1次尿素，用量为120~150 kg/hm²；9月沟施1次磷酸二氢钾，用量为75~90 kg/hm²。第二年施肥从4月开始，4月、6月、8月各施1次尿素，用量为225~300 kg/hm²；9月施磷酸二氢钾，用量为150~180 kg/hm²。均采用沟施。

4. 容器育苗

（1）育苗地选择。采用平整的地块育苗或苗床育苗，按常规作床，在苗床或地面上铺上防草布。搭高 2 m 的荫棚遮阴，透光率和遮阴时间同大田播种育苗。

（2）育苗容器选择及基质配制。目前生产上多采用无纺布育苗袋，规格为（12～14）cm×（16～20）cm，也可以选同规格的塑料营养杯。

育苗基质按泥炭∶蛭石∶珍珠岩＝2∶1∶1 或泥炭∶椰糠＝4∶1 均匀混合。基质配制好后加入 50% 多菌灵可湿性粉剂 500～600 倍液消毒，用量为 20 g/m³，调节基质 pH 值至 5.0～6.0。装袋时基质要压实，装好后整齐摆放在苗床或地面上。苗床四周培土压实。

椰糠在使用前需要进行腐熟。腐熟方法：将干燥的椰糠用铁锹敲散，加水完全浸湿后放置 2 周，期间保持适宜湿度。

（3）播种。取出催芽后露白的种子，每袋播种 1～2 粒，播种深度为 4～5 cm，播后覆盖基质并浇透水。

（4）苗期管理。幼苗出土后间苗，每袋保留 1 株幼苗，育苗期间保持基质湿润。5—8 月中旬，每 7～10 d 喷施 0.3% 的尿素溶液和 0.3% 的过磷酸钙溶液 1 次，持续 10 次；9 月起，每隔 7～10 d 喷施 0.3% 的氯化钾溶液 1 次，持续 3 次。

二年生苗在 4—8 月每个月撒施尿素 1 次，用量为 100～125 g/m²；9 月份施磷酸二氢钾 1 次，用量为 80～100 g/m²。每次施肥后均浇水洗苗。

（二）无性繁殖育苗

1. 插根育苗

（1）插穗采集及处理。采集种根时间一般在 4 月初以后，但最迟不要超过 6 月底。选择生长健壮、胸径为 8～28 cm、无病虫害的 10 年生以上母树采根。根条小头直径必须大于 0.5 cm，最佳小头直径为 0.6～8.0 cm；长度为 8～10 cm；大头切成平切口，小头切成斜切口。

截制好的插穗，每 30 支 1 捆，捆绑时注意大小头不要放倒，将捆好的根条置于盛有少量清水的盆中备用。如果采集地点较远，可以用干净的湿布覆盖保湿，但要尽快扦插入床。

（2）扦插床准备。选择深厚肥沃、疏松、微酸性的土壤地块作插床，同时插床地水源必须充足，以利于浇水。作床前施入 225 kg/hm² 硫酸亚铁、750 kg/hm² 复合肥料和 3000 kg/hm² 菜饼肥作基肥，如果地下害虫较多，还可以施入 10% 吡虫啉可湿性粉剂 2000 倍液防治。反复翻耕插床地 2～3 遍，用砖块砌边作床，苗床宽 80 cm、高 30 cm，长度依地而定，南北向，四周开好深 40 cm 的排水沟，步道宽 30 cm，插床中间可以略高，以防积水。在插根前 6～7 d 用福尔马林溶液（每 667 m² 用 2 kg 福尔马林兑水 800 kg）均匀喷洒床面，盖上塑料薄膜，四周用土压紧，根插前揭除。

（3）扦插。采用斜插法。扦插深度为 6～8 cm，株距为 25 cm，行距为 30 cm。插穗基部蘸塑料 0.5% 的 NAA 溶液浸蘸塑料后立即扦插。扦插时速度要快，随蘸随插。

（4）扦插苗管理。扦插后应及时浇水，一般浇水 2 遍，然后立即加盖塑料薄膜密封苗床保温保湿。扦插后要及时架设荫棚遮阴。在插穗大量生根后，可逐渐晚盖早揭。立秋后可拆除荫棚，进行炼苗以备过冬。5 月后要避免塑料大棚内气温过高，棚内最好有散射光照，如湿度过大，还要经常通风。

2. 组织培养育苗

（1）外植体选择及处理。选择优良植株的带芽嫩茎作外植体。外植体用洗洁精水浸泡 10～15 min，流水冲洗 30 min，然后用 70% 乙醇浸泡 30 s，无菌水冲洗 4～5 次。在超净工作台上将初步灭菌嫩茎剪成长 1.0～1.5 cm 带芽茎段，用 0.1% 的氯化汞溶液灭菌 8 min，无菌水冲洗 4～5 次，然后用 70% 乙醇浸泡

30 s，无菌水冲洗 4~5 次，将处理好的材料置于无菌滤纸上吸干水分备用。

（2）培养条件。培养温度为（25±2）℃，光照强度为 2500~3000 lx，光照时间为 12 h/d。培养基 pH 值为 5.8~6.0。

（3）初代培养。初代培养基配方：MS+2.0 mg/L 6-BA+1.0 mg/L NAA+8 g/L 琼脂 + 30 g/L 蔗糖，外加植物组织培养抗真菌保护剂（PPM）0.5 mg/L。接种后持续培养 45~70 d，每 28~32 d 更换 1 次培养基。

（4）增殖及继代培养。培养基配方：MS+2.0 mg/L 6-BA+0.5mg/L NAA+8 g/L 琼脂 + 30 g/L 蔗糖。以初代培养的健壮芽为增殖材料，每一代持续培养 45~60 d，继代培养 6~7 次。

（5）生根培养。瓶外生根：剪取高 4~5 cm，直径大于 0.2 cm 的健壮丛生芽作为生根材料。用 2.0 mg/L NAA+1.0 mg/L IBA 混合生根液浸泡丛生芽基部 1~2 cm 处 20 min，插入装有基质（泥炭土：蛭石：珍珠岩 = 1:1:1）的穴盘中进行生根培养。搭棚遮阴，透光率为 50%~60%、空气相对湿度为 80%~90%。

瓶内生根：剪取高 4~5 cm、直径大于 0.2 cm 的健壮丛生芽作为生根材料。用 1/2 WPM（木本植物用培养基）+ 2.0 mg/L NAA+1.0 mg/L IBA+8 g/L 琼脂 + 10 g/L 蔗糖的培养基进行生根培养。

（6）炼苗和移栽。选择生长旺盛、根系长度 ≥3.0 cm、数量为 2~3 条的瓶苗，打开封口膜于培养室炼苗 3~4 d。

炼苗后取出瓶苗，先移栽到装有基质（泥炭土：蛭石：珍珠岩 = 1:1:1）的穴盘中培养。搭棚遮阴，透光率为 50%~60%，温度为（25±2）℃。当穴盘苗长到 8~10 cm 时装袋，容器规格和基质同容器育苗。装袋后浇透水，置于苗床上。

苗期管理同容器育苗。

（三）病虫害防治

在苗期管理期间，应积极做好病虫害防治工作。花榈木在高温高湿条件下易发生角斑病，且有蛴螬危害，其危害特点和防治方法见表 4-17。

表 4-17 花榈木苗期主要病虫害危害特点及防治方法

病虫害名称	危害特点	防治方法
角斑病	为害当年生新叶。病初期叶面出现针头大小褐色斑点，继而逐渐扩大成典型多角形褐色斑点，后期小角斑连在一起形成不规则形坏死块斑	（1）秋季抚育时收集落叶烧毁或深埋 （2）波尔多液喷雾 3 次，展叶时 1 次，叶长齐 1 次，隔半个月再喷 1 次 （3）50% 多菌灵可湿性粉剂 600 倍液、百菌清等杀菌剂喷雾防治，每 10~15 d 喷 1 次，连续喷 3 次
蛴螬	主要为害根系、常将植物的幼苗根系咬断，导致枯黄死亡；成虫取食萌发幼苗顶芽	（1）用灭虫灯诱杀成虫，成虫发生期于傍晚震落捕杀 （2）幼虫期于地表扎孔，用 50% 敌敌畏乳油 500 倍液或 90% 敌百虫 500 倍液灌注；成虫期喷施 3% 高效氯氢菊酯微囊悬浮液或 2% 噻虫啉微囊悬浮液 500~600 倍液防治

（四）苗木出圃

花榈木生长较慢，宜用二年生苗出圃造林。花榈木二年生裸根苗和容器苗参照《花榈木育苗技术规程》（DB52/T 1617—2021）执行，具体见表 4-18、表 4-19。

表 4-18　花榈木二年生裸根苗质量等级

苗龄 / 年	苗木等级	质量指标			综合质量指标
		苗高 / cm	地径 / cm	>5 cm 长 I 级侧根数 / 条	
2-0	I 级苗	>45	>0.6	>8	叶片色泽正常，生长健壮，顶芽饱满，无病虫害
	II 级苗	30 ~ 45	0.4 ~ 0.6	7 ~ 8	

表 4-19　花榈木二年生容器苗质量等级

苗龄 / 年	合格苗			合格苗占比 / %
	苗高 / cm	地径 / cm	综合质量指标	
2-0	≥30	≥0.5	叶片色泽正常，生长健壮，顶芽饱满，无病虫害；根团完整、不散坨，根系不卷曲	≥85

十、红豆树

红豆树（*Ormosia hosiei*）是豆科红豆属树种。仅分布于陕西（南部）、甘肃（东南部）、江苏、安徽、浙江、江西、福建、湖北、四川、贵州，是我国特有树种，为国家二级保护野生植物。红豆树主要生长于河旁、山坡、山谷的林内，海拔 200 ~ 900 m，稀达 1350 m。在贵州省，安龙、赤水、大方、道真、关岭、开阳、平塘、望谟、息烽等地有零星分布，海拔 368 ~ 1500 m。

红豆树具有材用、药用、园林绿化价值，并具有较高的文化价值。其木材坚硬细致，纹理美丽，有光泽，心材耐腐，为优良的木雕工艺及高级家具等用材；根与种子可入药；树姿优雅，为很好的庭园树种。红豆树生长过程中对水肥条件比较敏感，特别是对土壤水分要求较高，在土壤肥沃、水分条件好的沟谷、山洼山脚、溪流河边、房前屋后等地生长迅速。

（一）实生苗培育

1. 种子采集与处理

10 月下旬至 11 月荚果由绿变黄，变为褐色时种子成熟，大部分种子会随着荚果开裂自然落下，也可通过摇动树枝使其落下，或者用高枝剪剪下果枝收集荚果。

采收的荚果经适当暴晒后置于室内摊开，使荚果自然开裂脱粒，收集种子。收集后清除杂质，阴干，切忌暴晒。红豆树种子千粒重为 800 ~ 1200 g，安全含水量为 13% ~ 14%。

2. 种子贮藏及催芽

采用沙藏或普通干藏。采用湿沙层积贮藏时，先铺 1 层厚 4 ~ 5 cm 的湿沙，然后铺 1 层种子，重复操作，一直铺到高 40 cm 左右。贮藏期间要经常检查沙子湿度，沙子湿度不够时要及时喷水，以保持沙子湿度。

由于红豆树种子的种皮致密，水分难以渗透，干藏种子在播种前可采取高温浸种加人工机械破皮相结合的方法处理种子。具体做法：先用 90 ~ 100 ℃热水浸泡种子，待其自然冷却后拣出吸胀种子；未吸胀的种子再继续用 60 ℃热水浸泡，冷却后拣出吸胀的种了；余下木吸胀的种了继续用 40 ℃热水反复多次浸泡；仍未吸胀的种子，可用锋利的刀具割破种皮（但不要伤到种脐）再浸泡，强制水分渗透，促使种子吸胀，直至全部种子吸胀为止。将吸胀的种子直接点播到准备好的苗床上或育苗容器中，也可将吸胀的种子进行沙藏催芽，种子露白时开始点播，20 d后种子就会发芽出土。

3. 大田播种育苗

（1）苗圃地选择。红豆树在苗期喜阴，宜选择日照时间短、排灌方便、肥沃湿润处作苗圃地。同时，红豆树为深根性树种，根系发达，主根明显，在选择苗圃地时，宜选择土壤深厚肥沃、排水良好或坡度小于15°的缓坡地块，土壤以微酸性沙壤土或壤土为宜。

（2）整地作床与土壤处理。对苗圃地进行翻耕、整耙，翻土深度为25～30 cm。结合翻土施1500～2250 kg/hm² 钙镁磷肥（$P_2O_5 \geqslant 14\%$）。耙细耙匀土壤后作床，苗床宽1.1～1.2 cm、高15～20 cm，步道宽30～40 cm。

结合整地进行土壤消毒，用50%多菌灵可湿性粉剂500～600倍液或50%水溶代森铵350倍液均匀喷洒床面杀菌，用40%辛硫磷乳油1000倍液均匀喷洒床面杀虫。

（3）播种。3月中下旬播种，播种量为420～465 kg/hm²。开沟播种，沟距为15～20 cm，沟深4～5 cm，种子间距为6～8 cm。播种时胚根向下，播种后覆土，厚4～5 cm，浇透水后用稻草或其他材料覆盖，厚1～2 cm。

（4）苗期管理。幼苗出土后需立即搭高为1.5～2.0 m的荫棚遮阴，透光率为50%～70%，遮阴50～60 d。出苗后要及时除草，杂草刚长出时就要人工将其拔除。红豆树生长较快，幼苗出土后1个月就已经郁闭，苗床内杂草较少，主要是对沟边的杂草进行清除。

随时观察田间的水湿条件，如果天气连续干旱，要及时进行灌溉，保持土壤湿润；如遇连续下雨，则要及时排水。红豆树幼苗前期生长很快，出苗1个月后平均苗高就达8.8 cm，6—8月是苗木生长的速生期，高生长达全年的2/3，此时养分消耗快，要及时施肥。一年生苗6月初施1次缓释肥料，用量为180～225 kg/hm²，或6—8月每月施1次尿素，用量为120～150 kg/hm²；9月施1次氯化钾，用量为225～300 kg/hm²。第二年4月、6月、8月各施1次尿素，用量为240～300 kg/hm²；9月施1次氯化钾，用量为450～600 kg/hm²。

在霜冻天气时要及时做防冻处理，可用稻草覆盖在苗木上面，再用遮阳网盖好。

4. 容器育苗

（1）育苗地选择。育苗场地要平整，无杂草和石块。如采用苗床育苗，床面应高出地面10～15 cm，床间距为30～35 cm。在苗床或地面上铺上防草布。

（2）育苗容器选择及基质配制。宜选无纺布网袋容器，容器规格为（12～14）cm×（16～20）cm。

适宜的轻基质配方：①泥炭：珍珠岩 = 4:1；②泥炭：蛭石 = 1:1；③泥炭：谷糠 = 1:1。育苗时可根据实际情况选择适宜的基质配方，按体积比均匀混合，在基质中添加缓释肥料（N:P:K = 30:6:7，总养分 ≥43%）2.5～3.0 kg/m³混匀，调节pH值至5.0～6.0。装袋前3～5 d用50%多菌灵可湿性粉剂500～600倍液均匀喷洒基质。装袋时，基质压实，整齐摆放在苗床或地上。苗床四周培土压实。

（3）播种。每袋播种1粒。播种深度为4～5 cm，覆盖基质后浇透水。播种后用遮阳网搭棚遮阴，透光率为50%～70%，遮阴50～60 d。

（4）容器苗管理。幼苗期浇水应量少次多，基质保持湿润；速生期浇水应量多次少，基质达到一定干燥程度后再浇水；后期应控制浇水。浇水宜在一早一晚进行，不应在中午高温时浇水，冬天也要适当浇水，且要选择晴天气温较高时进行。

基质中若添加了缓释肥料，则当年可不施肥或少施肥。若基质未添加缓释肥料，则于当年5—8月中旬喷施0.3%的尿素溶液或复合肥料溶液，连续10次，每次间隔7～10 d喷施1次；9月喷施0.3%的磷酸二氢钾溶液，连施3次，每次间隔7～10 d喷施1次。第二年4—8月，每月撒施尿素1次，用量为80～100 g/m²；9月撒施磷酸二氢钾1次，用量为80～100 g/m²。施肥后浇水洗苗。

（二）无性繁殖育苗

1. 扦插育苗

（1）插穗采集及处理。选择生长健壮、无病虫害的当年生半木质化嫩枝制穗。插穗通过环割处理，可以缩短扦插生根的时间。即在所选的插穗上环割1周，剥去韧皮部，环割深度为0.5~1 mm，环割宽度为环剥处插穗直径的1/5~1/3，环剥后及时用塑料薄膜绑缚环剥伤口，15~20 d后检查愈伤组织形成情况，形成圆周分布的瘤状愈伤组织后即可用作插穗，此时的插穗叶片及侧枝要全部抹除，仅留3~6个芽即可。若不进行环割处理，则要求插穗长度为10~12 cm，具3~4个节，上部保留1~3片叶。

插穗备好后，用20%多菌灵可湿性粉剂200倍液消毒10 min，然后用50 mg/L的ABT 6号生根粉溶液浸泡0.5 h备用。

（2）扦插床准备。扦插床可用砖块垒成长方形，宽度为1.2 m，长度依插穗数量而定。扦插基质选用新鲜细黄心土掺细沙（2:1）效果较好，在扦插前2 d用50%多菌灵可湿性粉剂800倍液对土壤进行彻底消毒。如用苗床扦插，苗床高20 cm、宽1.0~1.2 m、长2.0~2.5 m。育苗床上用塑料薄膜搭小拱棚，采用珍珠岩:草炭:蛭石=（1~1.5）:（1~2）:（0.2~0.3）的混合基质均匀铺满苗床，育苗基质厚度为15~20 cm，用75%百菌清可湿性粉剂800~1000倍液消毒杀菌。

（3）扦插。扦插时，先用合适的小棍在基质上均匀插出小孔，再将插穗插入。扦插深度约为插穗长度的1/3，插后用手压实周围基质，使插穗下端与基质紧密接触，然后浇透水。需要注意的是，最好随采随插，当天采的插穗当天插完，如插穗需要长途运输，则要低温保湿。

（4）扦插苗管理。扦插完成后，在插床上加盖塑料薄膜保湿，使塑料薄膜上布满水珠。在炎热的夏季，可用遮阳网适当遮阴，透光率50%~70%。每10 d左右喷洒1次50%甲基托布津可湿性粉剂1000倍液，以防发霉。

2. 组织培养育苗

（1）外植体选择及处理。选择优良繁殖材料的幼嫩带芽茎段作外植体。自来水冲洗茎段60 min后，用0.1%的高锰酸钾溶液浸泡10 min，再用70%乙醇浸泡30 s，冲洗3~4次。然后在超净工作台上将初步灭菌茎段剪成1.0~1.5 cm长带芽茎段，用0.1%的氯化汞溶液灭菌8 min，无菌水冲洗3~4次，将处理好的材料置于无菌滤纸上吸干水分备用。

（2）培养条件。培育温度为（25±2）℃，光照强度为2500~3000 lx，光照时间为12 h/d。培养基pH值5.8~6.0。

（3）初代培养。初代培养基配方：1/2 MS+0.02 mg/L TDZ（噻苯隆）+0.2 mg/L NAA+8 g/L琼脂+30 g/L蔗糖。接种后持续培养50~60 d，每30~35 d更换1次培养基。

（4）增殖与继代培养。

培养基配方：1/2 MS+1.0 mg/L 6-BA+0.5 mg/L NAA+8 g/L琼脂+30 g/L蔗糖。以初代培养的健壮芽为增殖材料，每一代持续培养60~70 d，继代培养5~6次。

（5）生根培养。瓶外生根：剪取高为4~5 cm、直径大于0.2 cm的健壮丛生芽作为生根材料。用150 mg/L NAA溶液浸泡丛生芽基部4~5 s，取出放置10 min，插入装有基质（泥炭土:蛭石:珍珠岩=3:1:3）的穴盘中进行生根培养。搭小拱棚遮阴，透光率为50%~60%，温度为（25±2）℃，相对空气湿度为80%~90%。

瓶内生根：剪取高4~5 cm、直径大于0.2 cm的健壮丛生芽作为生根材料。将生根材料插入生根培养基（1/2 MS+0.5 mg/L NAA+8 g/L琼脂+10 g/L蔗糖，pH值为5.8~6.0）中培养生根，持续培养60 d。

（6）炼苗和移栽。选择生长旺盛、根系长度≥3.0 cm、数量2~3条的瓶苗，打开封口膜炼苗3~4 d。

炼苗后取出瓶苗，移栽到装有基质（泥炭土：蛭石：珍珠岩＝3:1:3）的穴盘中培养。搭拱棚遮阴，透光率为50%～60%，温度为（25±2）℃，空气相对湿度为80%～90%。穴盘苗长到8～10 cm时装袋，容器规格和基质与容器育苗相同，装袋后浇透水，置于苗床上。

苗期管理与容器苗相同。

（三）病虫害防治

红豆树的病虫害主要有猝倒病、角斑病和蛴螬危害。角斑病和蛴螬防治方法参见"花榈木"，猝倒病可用波尔多液［硫酸铜：生石灰：水＝1:1:（100～150）］进行防治，在苗木出土后至木质化期间，每10 d喷1次。

（四）苗木出圃

在贵州省南部，红豆树一年生苗可出圃造林；在黔中地区，以二年生苗出圃造林效果较好。笔者参照《红豆树育苗技术规程》（LY/T 3055—2018），结合贵州实际调查结果，确定了红豆树裸根苗、容器苗苗木质量分级标准，具体表4-20、表4-21。

表 4-20　红豆树裸根苗质量等级

苗龄 / 年	苗木等级	质量指标			综合质量指标
		苗高 / cm	地径 / cm	>5 cm 长 I 级侧根数 / 条	
1-0	I 级苗	>40	>0.45	>10	叶片色泽正常，生长健壮，顶芽饱满，无病虫害
	II 级苗	30～40	0.35～0.45	7～10	
2-0	I 级苗	>65	>0.7	>10	
	II 级苗	55～65	0.5～0.7	7～10	

表 4-21　红豆树容器苗质量等级

苗龄 / 年	合格苗			合格苗占比 / %
	苗高 / cm	地径 / cm	综合质量指标	
1-0	>35	>0.35	叶片色泽正常，生长健壮，顶芽饱满，无病虫害；根团完整、不散坨，根系不卷曲	≥85
	25～35	0.25～0.35		
1-1	>70	>0.7		
	55～70	0.5～0.7		

十一、青钱柳

青钱柳（*Cyclocarya Paliurus*）为胡桃科（Juglandaceae）青钱柳属（*Cyclocarya*）落叶速生乔木，别名摇钱树、麻柳，是第四纪冰期幸存下来的珍稀树种，是国家二级保护野生植物，仅存于中国。主要分布于江西、浙江、安徽、福建、湖北、四川、贵州、湖南、广西、重庆等省（区、市），河南、陕西和云南等省也有少量分布。在贵州省,青钱柳主产于宽阔水国家级自然保护区、兴义、兴仁、安龙、册亨、贞丰、普安、花溪高坡、惠水祥摆、印江、从江太阳山、台江方昭、石阡佛顶山、黎平等地,生于海拔 800 ~ 1300 m 的山地。

青钱柳木材纹理直,结构略细,硬度适中,干燥快,切削容易且切面光滑,适宜作家具、农具、胶合板、建筑用材。青钱柳树皮含有鞣质,可提取栲胶;叶片含有多种微量元素和青钱柳苷 I、青钱柳苷 II、青钱柳苷 III、青钱柳酸 A 等有机物,具有降血糖、降血压、降血脂、降胆固醇和抗衰老等作用,有很高的药用价值。此外,青钱柳树姿壮丽,枝叶舒展,果如铜钱悬挂枝间,饶有风趣,适宜庭院观赏。

(一)实生苗培育

1. 种子采集与处理

选择生长健壮、干形通直圆满、冠形匀称完整、无病虫害、能正常开花结实的 20 ~ 40 年生壮龄母树采种。9—10 月果实颜色由青色转为黄褐色时采种。青钱柳树高 10 ~ 30 m,人工采集比较困难,一般等到 10 月中旬到 11 月底,种子自然脱落掉到地面,直接收集即可。

将采集的果实置于通风干燥的室内阴干 3 ~ 4 d,搓碎果翅,扬净,放入清水中稍作搅拌,留取下沉种子备用。

2. 种子贮藏及催芽

青钱柳种子具有深休眠习性,可将种子用 50 ℃的白酒和 40 ℃的温水浸泡 20 min 后捞出,然后洗干净,按 5 份河沙 + 1 份种子的比例进行河沙混藏。先挖 1 个地窖,深度一般为 30 cm,长、宽由种子的数量决定。地窖挖好后,用生石灰对地窖进行消毒处理,铺上 1 层厚 5 cm 的沙子,按 1 层种子 1 层沙的方式层积(种子最多不超过 4 层,过厚会影响种子的发芽率),在最上面盖上厚 10 cm 的沙土和厚 5 cm 的稻草。贮藏期间,每半个月翻动 1 次。层积过程中发现沙土变干,应及时洒水补充。沙土的湿度以"手捏成团,手松即散"为宜。

青钱柳的种子具有深休眠习性,往往沙藏 1 年后才能萌发。采种当年的 12 月,用 0.3% 的高锰酸钾溶液浸泡种子 15 min 后用清水冲洗干净,再用 45 ~ 55 ℃温水浸种 48 h,捞出晾干,备用。室内堆藏时,选择靠近墙角的地方,先在地面铺厚 5 ~ 10 cm 湿沙,再按 1 层种子 1 层沙的方式,堆高至距地面 20 ~ 30 cm 处,最后覆盖厚 5 ~ 10 cm 湿沙。室外堆藏时,选择地势干燥、排水良好的地段,用砖块垒出宽 1 m、深 40 ~ 50 cm 的长方形,长度依种子数量确定。先在地面铺上 1 层粗石砾或鹅卵石,接着在粗石砾或鹅卵石上铺 1 层厚 8 ~ 10 cm 湿沙,再按 1 层种子 1 层沙的方式,堆高至距长方形框顶部 10 cm 左右处,最后覆盖厚 5 ~ 10 cm 湿沙。室外堆藏时,需搭建塑料拱棚或遮雨棚防止种沙堆被雨水淋。层积过程中如发现沙子干燥,及时喷水,沙子的湿度以"手握成团不滴水,张开不散开"为度。种子沙藏后第三年春天才能发芽,当露白种子达 30% 时即可筛出播种。

3. 大田播种育苗

(1)苗圃地选择。选择交通位置便利,阳光比较充足,背风,水源方便,排水良好,土壤深厚肥沃、pH 值为 4.5 ~ 6.0 的沙壤土或壤土,地下水位 ≥1 m 的地块作苗圃地。

(2)整地作床与土壤处理。在即将入冬的时候,对土壤进行翻耕,翻耕深度 ≥30 cm。翻耕前撒施硫酸亚铁 120 ~ 150 kg/hm²、杀螟硫磷 30 ~ 45 kg/hm²。结合翻耕,施入有机肥料(有机质 ≥45%,$N+P_2O_5+K_2O ≥5\%$)1800 ~ 2250 kg/hm²。苗圃地四周挖排水沟,沟深 50 ~ 60 cm。翌年春季播种前再精细整地,作高床,床宽 100 ~ 110 cm、高 30 cm,长度视实际情况确定,床面稍微隆起;步道宽 40 cm。

播种前用 0.5% 的高锰酸钾溶液对苗床进行 1 次消毒。

(3)播种。种子刚露白即可播种,播种量为 225 kg/hm²。条播,行距为 20 cm,株距为 5 cm 左右,播种深度为 3 ~ 5 cm，覆土厚度为 1 ~ 2 cm。播后盖上 1 层稻草保温保湿。苗床上搭塑料薄膜小拱棚，在小苗移植前 5 ~ 7 d 撤除。

（4）苗期管理。一般情况下，播种后 30 ~ 40 d 种子就会发芽出土，观察到出土超过一半的时候，将覆盖的稻草分批揭除，第一次先揭去一半，1 周以后再将剩下的全部揭除。同时，搭遮阳网，透光率 50% ~ 70%，30 d 后拆除。幼苗长 7 ~ 10 cm 时开始间苗和补苗，苗木株距为 20 ~ 25 cm。6 月底定苗，留苗量为 15 万 ~ 18 万株/hm^2。

出苗期和幼苗生长初期浇水宜多次适量，保持床面湿润；苗木速生期宜适当增加浇水次数和浇水量；9 月中旬开始，逐渐减少浇水次数，维持基质不干旱即可。苗木速生期追施尿素 52.5 ~ 75.0 kg/hm^2，分 3 ~ 5 次进行，6 月初进行第一次施肥，先少后多，9 月中旬停止追肥。

4. 容器育苗

（1）育苗容器选择及基质配制。选择规格为（8 ~ 10）cm ×（10 ~ 12）cm 的无纺布育苗袋或塑料营养杯育苗。按黄心土：珍珠岩：草炭土：有机肥（有机质 ≥ 45%，N+P$_2$O$_5$+K$_2$O ≥ 5%）= 2：2：4：2 或 2：2：3：3 比配制基质。基质配制好后装入育苗容器，并将装好基质的容器整齐摆放到育苗架或铺有地布的苗床上，容器间保留 3 ~ 5 cm 间隙。芽苗移植前 3 ~ 5 d，用 50% 多菌灵可湿性粉剂 800 倍液或 70% 甲基托布津可湿性粉剂 800 倍液等浇灌基质进行消毒。

（2）芽苗培育。2 月中下旬，将经过层积贮藏的种子与湿沙（体积比为 1：3）充分混合后撒播于室外沙床上，厚 5 ~ 8 cm，上覆 2 ~ 3 cm 厚的湿沙。期间保持床面湿润，并搭塑料薄膜拱棚保温。

（3）芽苗移栽。待芽苗长至 4 ~ 7 cm 时，选阴天、晴天清晨或傍晚起苗。用竹棍从距芽苗基部 2 cm 处斜插入根部，向上用力松动基质，用手轻轻拨出芽苗，整齐地堆放在盛有清水的容器内，并用湿毛巾盖好备用。

修剪芽苗根系，保留根长 3 ~ 4 cm。用竹棍在装好基质的容器中扎出小穴，植入芽苗使其根颈部稍低于基质面，用手轻轻按实基质。移栽完毕后浇透水。

（4）苗期管理。播种后，用透光率为 50% ~ 70% 的遮阳网遮阴，9 月中旬拆除遮阳网。

适时除草，结合除草定期挪动容器或截断伸出容器外的根系。

适时浇水以保持基质湿润，浇水后若发现容器内基质下沉，要及时填满。6 月初开始施肥，之后每 20 d 追肥 1 次，选阴天、晴天清晨或傍晚叶面喷施 0.1% ~ 0.5% 的尿素溶液，施肥后用清水冲洗苗株，尿素浓度随苗木生长而逐渐提高。9 月中旬停止施肥。

（二）无性繁殖育苗

1. 扦插育苗

（1）插穗采集及处理。5 月中旬至 8 月上旬，从健壮母树上采集半木质化枝条制成插穗。过程中应注意插穗保湿。插穗需去掉梢部幼嫩部分，截成 10 ~ 15 cm 长的插穗（保留 1 ~ 2 个节间），插穗上端保留 3 ~ 4 片小叶。

将截制好的插穗下端 3 ~ 4 cm 蘸取 600 mg/L 的 IBA 溶液加入滑石粉调成的糊状生根剂，或用 600 mg/L 的 IBA 溶液浸泡 1 h。

（2）扦插床准备。以泥炭土：蛭石：珍珠岩 = 1：1：1，或泥炭土：珍珠岩 = 7：3，或蛭石：珍珠岩 = 1：1 作为基质。生产上也可按黄心土：腐叶土：细沙 = 1：1：1，加 25% 多菌灵可湿性粉剂，用量为 150 g/m^3，混拌均匀作基质。扦插前喷施 50% 多菌灵可湿性粉剂 1000 倍液或 0.3% 的高锰酸钾溶液进行消毒。

（3）扦插。扦插密度一般以插穗叶片相接但不重叠为宜，扦插深度为 4 ~ 5 cm。扦插时先用比插穗稍粗的小木棍在苗床上插1个小孔，再将插穗插入基质中，然后将插穗周围的基质压实。扦插完毕，向苗床浇1次透水，使插穗与基质紧密接触。

（4）扦插苗管理。扦插后进行遮阴，并采用间歇性喷雾设施对插穗进行喷雾保湿。扦插当天及时喷施50%多菌灵800倍液或70%甲基托布津800倍液，以后每隔5~7 d喷施1次。喷药应在傍晚停止喷雾时进行，插穗生根后可适当减少喷药次数。插穗生根以后，苗木对空气相对湿度的要求逐渐降低，应减少喷雾次数，每次喷雾持续时间也应适当缩短。逐渐增加透光强度和通风时间，使其逐步适应外部环境。

插穗成活后，要及时移植到苗圃地或营养袋内继续培养。移植后，要加强管护。移栽初期要采取遮阴、浇水等措施，成苗后要做好除萌、抹芽、松土和防治病虫害等工作。

适时追肥，一般施0.8%的过磷酸钙和0.1%~0.3%的尿素溶液，每15~20 d施肥1次。每次施肥后需用清水喷洒，以减少肥伤。

2. 组织培养育苗

目前，青钱柳组织培养比较成熟方法的是采用茎段和离体胚培养。

（1）外植体采集及处理。茎段培养：4~6月，从幼龄母树上采集带5~6个腋芽的嫩枝，去掉叶片后用0.1%~0.2%的洗衣粉水浸泡约5 min，再用自来水冲洗干净。接着在超净工作台上将其剪成带1个腋芽、长3~5 cm的茎段。将茎段先用75%乙醇浸泡30 s，再用0.1%的氯化汞溶液浸泡5~7 min，取出后用无菌水漂洗4~5次，之后放置到无菌不锈钢盘中，剪掉两端伤口，保留2~4 cm的带腋芽茎段备用。

离体胚培养：水选去除空壳种子后用饱和洗衣粉水浸泡30 min，再经流水冲洗干净。接着在超净台上用70%乙醇浸泡1 min，然后0.2%的氯化汞溶液浸泡20 min，无菌水冲洗5~6遍，并用无菌水浸泡3 d使其充分吸胀。接种前一天的晚上换上0.1%的氯化汞溶液浸泡12 h；正式接种前先用70%乙醇浸泡1 min，再用0.2%的氯化汞溶液浸泡20 min，无菌水冲洗5遍，沥干备用。

（2）培养条件。茎段培养条件：培养温度为（28±3）℃，光照强度为1600~2200 lx，光照时间为10~12 h/d。培养基中附加蔗糖30 g/L、琼脂3.3 g/L，pH值为5.8。

离体胚培养条件：培养温度为（25±1）℃，光照强度为2000~2500 lx，光照时间为12 h/d。

（3）初代培养。茎段初代芽诱导培养基配方：MS+2.0 mg/L 6-BA+0.2 mg/L IBA。培养21 d，初代芽苗平均高度为3.0 cm。

离体胚培养：取消毒后的种子在无菌条件下剥取离体胚，立即将其接入添加了蔗糖30 g/L、琼脂6.5 g/L的MS培养基中，胚轴与培养基平行放置，培养60 d后成苗率可达到72.7%。切取有3片真叶以上、高1.5~2.0 cm的无菌芽苗进行丛生芽的诱导，以WPM+0.5 mg/L 6-BA+30 g/L蔗糖+6.5 g/L琼脂诱导效果较好。

（4）增殖和继代培养。茎段增殖和继代培养最佳培养基配方：MS+0.5 mg/L 6-BA+0.05 mg/L IBA+0.02 mg/L TIBA（三碘苯甲酸）。培养35 d，平均苗高4.5 cm，增殖系数为7.0，芽苗健壮且无玻璃化。

以离体胚为外植体的丛生芽诱导增殖的最佳培养基配方：WPM+0.5 mg/L 6-BA+0.01 mg/L IBA。培养40 d，诱导率可达93.33%，增殖系数最高为4.8。

（5）生根培养。生根前进行壮苗培养，培养基配方：MS+0.5 mg/L 6-BA+0.05 mg/L IBA。培养35 d，平均苗高6.0 cm。

生根培养基配方：1/2 WPM+1.5 mg/L IBA+4.5 mg/L 5-NGS（5-硝基愈创木酚钠）+20.0 g/L蔗糖。培养40 d，最高生根率为83.3%。

（6）炼苗和移栽。最好的移栽时间为3—5月和10—11月。当青钱柳组织培养苗长出2~5条根，根长2.0 cm以上时，开盖炼苗3~5 d。

炼苗后取出瓶苗，洗净植株根部附着的培养基，用30%噁霉灵1000倍液消毒2~3 min，并用该药剂喷洒由泥炭土和椰糠组成的混合基质进行消毒。将处理好的青钱柳生根苗移栽到装有上述混合基质的育苗容器内，在透光率为 30% 的大棚中培养。注意保持环境及基质湿度，每周喷上述药剂预防病害。

（三）病虫害防治

青钱柳苗期主要病虫害是立枯病、地老虎和蜡蝉，其危害特点及防治方法见表 4-22。

表 4-22　青钱柳苗期病虫害危害特点及防治方法

病虫害名称	危害特点	防治方法
立枯病	主要为害幼苗茎基部或地下根部。初为椭圆形或不规则形暗褐色病斑，病苗早期白天萎蔫，夜间恢复，病部逐渐凹陷、溢缩，有的渐变为黑褐色，当病斑扩大绕茎 1 周时即干枯死亡，但不倒伏。轻病株仅见褐色凹陷病斑而不枯死。苗床湿度大时，病部可见不甚明显的淡褐色蛛丝状霉	（1）搞好土壤消毒，加强育苗管理，雨季及时排水，防止积水 （2）一般采取预防措施，用 0.5%～1.0% 的波尔多液喷洒，或 65% 代森锌 800～900 倍液，或 70% 甲基托布津可湿性粉剂 1500 倍液喷洒，每隔 15 d 喷洒 1 次，一般喷洒 2～3 次就可消灭病原菌 （3）发生病害时，可用 70% 敌克松可溶粉剂 500 倍水溶液喷施，每隔 15 d 喷洒 1 次，一般喷洒 2～3 次就能消灭病害
地老虎	幼虫从地面将幼苗咬断拖入土穴内。危害严重时，会给苗木造成较大的损害	（1）在幼虫发生期间，可诱杀或捕杀幼虫 （2）用 50% 辛硫磷乳油 1000 倍液，或 90% 敌百虫 80 倍液喷洒地面，每隔 15 d 喷洒 1 次，一般喷洒 2 次就可消灭虫害
蜡蝉	取食幼苗汁液并分泌蜜露（消化的副产物），受害部位覆有粉状物质或蜡质丝状物	（1）在冬季刮除越冬卵块 （2）若虫发生盛期（6—8 月），喷洒 50% 马拉硫磷乳油 1000～2000 倍液

（四）苗木出圃

青钱柳一年生裸根苗、容器苗苗木质量分级标准参照《青钱柳育苗技术规程》（LY/T 2311—2019）执行，具体见表 4-23。

表 4-23　青钱柳一年生裸根苗、容器苗苗木质量等级

苗木类型	苗龄	苗木等级	苗高 / cm	地径 / cm	根系		综合控制指标
					长度 / cm	>5 cm 长 I 级侧根数 / 条	
裸根苗	（1-0）	I 级苗	>60	>0.8	>20	>10	色泽正常，充分木质化，无病虫害，顶芽饱满
		II 级苗	40～60	0.6～0.8	15～20	8～10	
容器苗	（1-0）	合格苗	≥40 cm	≥0.50 cm	—	—	根团完整

十二、大叶榉树

大叶榉树（*Zelkova schneideriana*）为榆科（Ulmaceae）榉属（*Zelkova*）树种，又称榉树、榉木，属

于国家二级保护野生植物。国内主要分布在长江中下游至华南、西南各省（区、市），我国台湾也有分布，浙江、江苏、安徽、湖北、湖南、江西、贵州分布较多；朝鲜半岛、日本也有分布。常生于溪涧水旁或山坡土层较厚的疏林中，垂直分布海拔一般在 800 m 以下，贵州、云南可达 1200 m 左右。大叶榉树生长较慢、材质优良，是珍贵的硬阔叶树种。

大叶榉树心材带紫红色，故有"血榉"之称。因其木材光泽度好、花纹美观、纹理致密，耐磨、耐腐、耐水湿，被列为家具用材一类材、特级原木。大叶榉树姿高大雄伟、枝细叶密、秋叶红色，具有较高的观赏价值，可作庭荫树和行道树。同时，大叶榉树具有防风和净化空气、耐烟尘和抗二氧化硫的特性，是工厂绿化和四旁绿化的优良树种。

（一）实生苗培育

1. 种子采集与处理

选择生长健壮、干形通直、分枝高、发育正常、无病虫害的 20 ~ 50 年生的大树采种。10 月上旬至中下旬果实由青色转为黄褐色后，在母树下铺 1 张塑料薄膜，于无风天将其敲落，收集种子。

种子采收后，先剔除杂质，自然干燥 2 ~ 3 d 后，装入麻袋。种子千粒重为 12.4 ~ 15.6 g，含水量应控制在 13% 以下。

2. 种子贮藏及催芽

种子置阴凉通风处干藏或混沙湿藏，或将种子密封置于低温（0 ~ 5 ℃）下贮藏。大叶榉树有胚健壮种子一般只占 40% ~ 50%，变质涩粒及瘪粒一般占 50% ~ 60%。为了提高种子发芽率，保证出苗整齐，减少变质涩粒及瘪粒在土壤中霉烂，在播种前需对种子进行浸种精选。即用清水浸种 6 ~ 24 h，弃去漂浮的空瘪粒，余下饱满种子晾于通风处备用。催芽前需用 50% 多菌灵可湿性粉剂 100 倍液浸种消毒 30 min，捞出滤干，除杂备用。

湿沙用 50% 多菌灵可湿性粉剂 100 倍液消毒，然后按 1 层种子 1 层沙的方式室内堆藏或室外贮藏，室外贮藏时应搭棚避雨或保湿。待 35% 左右种子露白即可播种。

3. 大田播种育苗

（1）苗圃地选择。宜选择背风向阳、地形平缓，土层深厚、肥沃、湿润的微酸至中性壤土和沙壤土地块作苗圃地。

（2）整地作床与土壤处理。在秋末冬初进行深翻。翻土深度为 25 ~ 30 cm。翌年春季碎土整平，施足基肥，可施厩肥，用量为 10 500 ~ 21 000 kg/hm²，或施氮磷钾复合肥料 750 kg/hm²，深翻入土。播种前可用 10% ~ 30% 的硫酸亚铁溶液进行苗床土壤消毒。按常规要求作床。

（3）播种。选用净度 90% 以上的种子播种，播种量为 45 ~ 75 kg/hm²。条播，行距为 30 cm，浅播并覆盖厚 0.5 ~ 1 cm 细土，播后覆草、锯末等保持土壤湿润。

因大叶榉树种子发芽率低，也可以采用两段式育苗，即先在苗床上培育芽苗，当芽苗长到 5 ~ 8 cm 后按株行距 20 cm × 20 cm 移栽。

（4）苗期管理。当芽苗出土达 50% ~ 60% 时，选阴天或晴天傍晚，分批分次撤除覆盖物。适时浇水，保持土壤湿润。

当幼苗长出 2 ~ 3 片真叶时进行间苗、补苗，间苗后适当浇水，避免苗根松动影响吸水。定苗密度为 20 ~ 30 株/m²。苗高 6 ~ 10 cm 时常出现顶部分杈现象，形成 2 个分枝，此时应剪去 1 个分枝，保留生长较好的壮枝。

5—8 月要加强水肥管理。5—6 月撒施速效氮肥，每隔 15 d 施 1 次，用量为 75 ~ 107.5 kg/hm²；7 月后改用复合肥料，每隔 1 个月施 1 次，沟施或撒施，用量为 75 ~ 105 kg/hm²；9 月初结束追肥。

4. 容器苗培育

（1）育苗容器选择及基质配制。宜选择大规格（15 cm×13 cm 或 15 cm×13 cm）塑料营养袋（杯）或无纺布育苗容器。

基质配方：①腐殖土：泥炭土：锯末 = 1：1：1；②森林表土：火烧土 = 8：2，加 2% 的复合肥料；③腐殖土：泥炭土：珍珠岩 = 2：1：1。根据选择好的配方准备基质材料，按体积比均匀混合基质后用 20% 多菌灵可湿性粉剂 1000 倍液消毒，盖塑料薄膜放置 2 d 后装袋。

（2）芽苗移栽。因大叶榉树种子发芽率低，容器育苗宜采取两段式。首先在苗床上培养芽苗，待芽苗长出 4 片真叶时移栽到容器中，每袋 1 株。移栽后搭遮阳网，适时适量浇水以保持基质的湿润。

（3）苗期管理。苗期共施肥 3 次，撒施，每次 50 g/m²。每月除草 1 次。

（二）无性繁殖育苗

1. 扦插育苗

（1）插穗采集与处理。宜用嫩枝扦插。6 月中旬，采集 1 ~ 5 年生母树树冠下部当年生半木质化枝条制成插穗。插穗长度为 8 ~ 10 cm，直径为 1.0 ~ 1.5 cm，带 2 ~ 3 片叶（为减少水分蒸发，可将叶片剪去一半）；上切口距上芽 1 cm，切口为平切口；下切口距叶芽 0.5 cm 左右，切口多为斜切口。

截制好的插穗用 200 mg/L GGR 1 号生根粉溶液浸泡 4 h，生根率达 73.5%；也可以使用浓度为 1000 mg/L 的 ABT 1 号生根粉溶液浸泡 1 min 或用 200 mg/L ABT 1 号生根粉溶液浸泡 4 h 后再扦插。

（2）扦插床准备。采用露地扦插，选平整过的黄壤土作床，苗床高度约 30 cm；或者采用基质扦插，基质为珍珠岩：蛭石 = 1：1，苗床高度约为 30 cm。扦插前 5 d 用 50% 多菌灵可湿性粉剂 800 倍液喷洒土壤或基质进行消毒并翻晒。

（3）扦插。采用直插，扦插株行距为 10 cm×10 cm（以插穗间枝叶互不接触为宜）。扦插后压实插穗四周的基质，喷洒 50% 多菌灵可湿性粉剂 800 倍液并浇透水，使插穗与基质充分接触。随后用塑料薄膜搭拱棚密封苗床，并在其上方和四周覆盖遮阳网遮阴，透光率为 20% ~ 30%。

（4）扦插苗管理。扦插过程中根据天气情况进行人工浇水，并在新叶长出 2 周后撤去薄膜和遮阳网，扦插后每 2 周用 50% 多菌灵可湿性粉剂 800 倍液喷洒消毒，以防止病害发生。

2. 组织培养育苗

（1）外植体采集及处理。大叶榉树不同外植体的愈伤组织诱导能力存在一定差异，以顶芽诱导效果最好。外植体采集的最佳时间为 3—4 月，于晴天采集大叶榉树实生幼苗，选取幼嫩、饱满的顶芽作为外植体。

将幼嫩顶芽用清水冲洗 30 ~ 60 min，75% 乙醇浸泡 30 s，再用 0.1% 的氯化汞溶液浸泡 10 min，无菌水冲洗 5 次，每次 5 ~ 10 min，然后用无菌滤纸吸干水分。在超净工作台上将顶芽切成长 3 mm 的芽段备用。将处理好的外植体接种于培养基上。

（2）培养条件。培养温度为（25±2）℃，光照强度为 2000 lx，光照时间为 12 ~ 14 h/d。培养基 pH 值为 5.8，蔗糖浓度为 20 g/L，琼脂浓度为 6.7 g/L。培养时间为 30 d。

（3）初代培养。诱导培养基配方：WPM+1.0 mg/L 6-BA。萌芽率最高可达 98.3%。

（4）增殖培养。最佳增殖培养基配方：WPM+4.0 mg/L 6-BA。最大增值系数为 15。

（5）生根培养。选择顶芽诱导后增殖生长旺盛、节间较长、叶片较小并呈嫩绿色、茎叶夹角小、茎长 3 ~ 4 cm 的小植株作生根材料。最佳生根培养基配方：WPM+2.0 mg/L ABT。生根率可达 97.3%，且生根的质量较好。

（6）炼苗与移栽。当大叶榉树的生根组培苗在瓶内长到 4 ~ 5 cm，并且生根正常时，将封口薄膜打开，在室温下放置 3~4 d，让小苗逐步适应外界环境。如果室内空气干燥，可在瓶内适量加水。

炼苗后用镊子将组培苗夹出，用自来水洗净基部黏附的培养基，由于根系较细嫩，冲洗时要小心，以免伤根。进行移栽时要细心操作。以黄心土 + 腐殖土（质量比为 2∶1）为移栽基质，并浇以改良霍格兰营养液，移栽苗成活率可达 100%。

（7）移栽后管理。移栽后浇透水，使小苗根部与基质接触。用塑料薄膜或遮阳网覆盖保水并遮阴，以阻挡外界强烈的光照和防止水分的散失。严格控制培养环境的湿度，是保证移栽成活的关键环节。保持苗木环境的空气相对湿度在 80% 左右，温度控制在 20~26 ℃范围内。

（三）病虫害防治

大叶榉树苗期病虫害主要有立枯病、叶斑病、榉树枯萎病、蚜虫危害等，其危害特点及防治方法见表 4-24。

表 4-24　大叶榉树苗期主要病虫害危害特点及防治方法

病虫害名称	危害特点	防治方法
立枯病	主要为害幼苗茎基部或地下根部。初为椭圆形或有不规则暗褐色病斑，病苗早期白天萎蔫，夜间恢复，病部逐渐凹陷、溢缩，有的渐变为黑褐色，当病斑扩大绕茎 1 周时即干枯死亡，但不倒伏。轻病株仅见褐色凹陷病斑而不枯死。苗床湿度大时，病部可见不甚明显的淡褐色蛛丝状霉	（1）注意种子及苗床消毒 （2）用硫酸铜、生石灰和水按 1∶1∶200 配制的波尔多液或 5% 的明矾水进行喷洒 （3）发病初期可喷洒 38% 噁霜·菌酯 800 倍液，或 41% 聚砹·嘧霉胺 600 倍液，或 20% 甲基立枯磷乳油 1200 倍液
叶斑病	病斑灰褐色至灰白色，为近圆形至多角形或不规则形，边缘红褐色略隆起。病斑上后期可见稀疏、半埋生的黑色小粒点，即病菌分生孢子器	（1）发现病叶及时摘除，勿使苗床土壤过湿，每个月施用薄肥 1 次 （2）发病初期，喷施 25% 施保克（咪鲜胺）乳油 1000 倍液或 40% 百菌清悬浮剂 500 倍液，或用 70% 代森锰锌可湿性粉剂 400~600 倍液喷雾，间隔 7~10 d 喷 1 次，连喷 3 次
榉树枯萎病	幼苗发病，刚开始时表现为叶片变黄、卷曲，少数叶片枯萎甚至脱落；根及茎基部腐烂变黑。大树发病，树干、树枝横截面上出现一整圈变色环，纵剖时可见到从髓际一直向上贯穿的浅黄褐色纵纹，越接近根部，纵纹的颜色越深。发病后期树皮颜色变深、皱缩且易与木质部分离；叶变黄枯萎，以后脱落；枝条枯死，直至全株枯死	（1）选好苗圃地，实行轮作；冬季深翻地，晴天细致整，适当早播 （2）合理施肥，注意排水 （3）50% 甲基托布津可湿性粉剂 800~1000 倍液，50% 多菌灵可湿粉剂 300~400 倍液，交替施用，隔 10~15 d 喷 1 次，连续交替施用 3~4 次
蚜虫	1 年发生 10~20 代。全年发生高峰在 4—5 月及 9—10 月。春天虫卵孵化产生无翅或有翅孤雌胎生雌虫，继续孤雌胎生繁殖，或由第一寄主飞至第二寄主继续孤雌胎生繁殖，到秋天或夏末产生有性雄虫，雄虫与雌虫交配后产卵，以卵越冬	用 50% 辟蚜雾可湿性粉剂 2000~3000 倍液喷洒嫩梢、嫩叶和茎干

（四）苗木出圃

大叶榉树以一年生苗出圃造林。大叶榉树一年生裸根苗和扦插苗分级标准参照《榉树育苗技术规程》（LY/T 2692—2016）和《榉树大田扦插育苗技术规程》（LY/T 2634—2016）执行，具体见表 4-25。

表 4-25　大叶榉树一年生裸根苗、扦插苗质量等级

苗木类型	苗龄	苗木等级	苗高 / cm	地径 / cm	根系	
					长度 / cm	>5 cm 长 I 级侧根数 / 条
裸根苗	1-0	I 级苗	>120	>1.2	>28	—
		II 级苗	80 ~ 120	0.8 ~ 1.2	20 ~ 28	—
扦插苗	1-0	I 级苗	>100	>0.8	—	≥8
		II 级苗	60 ~ 100	0.6 ~ 0.8	—	≥5

十三、青　檀

青檀（*Pteroceltis tatarinowii*）为榆科青檀属（*Pteroceltis*）落叶乔木，是古老的孑遗植物之一，为中国特有的单种属、稀有种。主要分布于辽宁（大连蛇岛）、河北、山西、陕西、甘肃南部、青海东南部、山东、江苏、安徽、浙江、江西、福建、河南、湖北、湖南、广东、广西、四川和贵州。垂直分布海拔为 200~1500 m，在四川西部海拔 1600 m 处仍有生长。在贵州省，主要分布于贵阳及罗甸、望谟、惠水、镇远、黄平、凯里、西秀、关岭、紫云、黔西、黎平等地，生于海拔 300 ~ 1100 m 的石灰岩山地。

青檀为阳性树种，常生长于山麓、林缘、沟谷、河滩、溪旁及峭壁石隙等处，其根系发达，属于耐干旱、耐贫瘠的优良绿化树种，是钙质土壤的指示植物、石灰岩山地荒山造林优选树种。青檀的经济价值较高，青檀皮是制作宣纸的重要原材料；其材质细密坚硬，是高档家具的重要用材。

（一）实生苗培育

1. 种子采集与处理

9 月下旬，选择生长健壮的壮龄母树采种。青檀种子在成熟后容易自行脱落，也极易受季风影响四处飞散，必须在种子基本成熟后及时采摘。辨别种子是否成熟，应观察种仁的饱满度。正常青檀种子种仁较为饱满，种皮坚硬，果翅接近圆形，直径为 10 ~ 15 mm，黄褐色，翅较宽，有放射状条纹。

种子采集后放阴凉处自然阴干，除掉种翅及杂质，置于通风、干燥、阴凉处贮藏。

2. 种子贮藏及催芽

青檀种子可采用 4 ℃冰箱冷藏或混沙湿藏。青檀种子具浅生理休眠特性，可结合混沙湿藏进行层积催芽。

混沙层积催芽：播种前 70 d，用清水浸种 24 h。在背阴处挖一层积沟，沟深 40 ~ 60 cm、宽 80 cm，长度视种子数量而定。先在沟底铺 1 层厚 5 cm 的湿沙，沙子湿度以"手握成团，触碰即散"为宜。将种子与湿沙按体积比 1 : 3 混合均匀后放入，上面再盖 5 cm 厚湿沙，堆成屋脊状，以防积水。翌年春天，有 1/3 种子露白时即可播种。

浸种催芽：将未经层积处理的种子倒入木桶内，用室温水浸种 4 d 后捞出装入箩筐，上覆稻草，每天翻动 1 次并用室温水淋洗，3 ~ 4 d 后即可播种。

3. 大田播种育苗

（1）苗圃地选择。苗圃地应选择在道路通畅、排灌条件便利的地点。以背风向阳，地势平坦或坡度在 5° 以下，土层深厚，土壤疏松肥沃的中性至微碱性沙质壤土地块为宜。钙质土、黄棕壤或红黄壤地块

也可作为苗圃地。忌选低洼积水、土壤黏重的地块。

（2）整地作床与土壤处理。播种前 1 个月，将充分腐熟的有机肥料及复合肥料均匀撒于地表，有机肥料用量为 30 000 ~ 45 000 kg/hm²，复合肥料用量为 750 ~ 900 kg/hm²，深耕 30 cm 以上，整平耙细。按常规作床。

施硫酸亚铁 4 ~ 5 g/m²，并用 40% 辛硫磷乳油 1000 倍液喷洒床面，以防治病害和地下害虫。

（3）播种。2 月下旬至 3 月上旬播种，一般播种量为每 667 m² 45 ~ 75 kg。撒播或条播，撒播种子间距要保持在 10 cm 以上；条播行距为 25 ~ 30 cm，播幅为 5 ~ 10 cm，沟深 2 cm。覆土以不见种子为宜，覆土后上面再覆盖 1 层草。

（4）苗期管理。种子发芽后要在傍晚或阴天揭去盖草，1 个月后要清除杂草。幼苗长出 3 ~ 4 片真叶时进行第一次间苗，株距为 5 ~ 10 cm。如出苗不均，则选择阴天移密补稀。间隔 15 ~ 20 d 定苗，株距为 15 ~ 20 cm，留苗量为 150 000 ~ 225 000 株/hm²。

生长季节应根据土壤墒情和苗木生长状况及时浇水。当土壤明显缺水或苗木中午出现轻度萎蔫时，应及时灌溉。灌溉要在早晨、傍晚或阴天进行。南方梅雨季节，应做好清沟排水工作。

生长季节根据苗圃地杂草情况，及时人工清除杂草，原则为"除早、除小、除了"。下雨后或灌溉后要及时松土，育苗当年至少松土 6 ~ 7 次。

5—6 月幼苗期用浓度为 0.3% 的尿素溶液进行叶面喷施，每 7 d 喷 1 次。6—8 月每隔 20 d 追肥 1 次，连续 2 ~ 3 次，前 2 次开沟追施尿素 150 ~ 225 kg/hm²，第三次开沟追施硫酸钾复合肥料 225 ~ 300 kg/hm²。进入 8 月不再施肥。

苗高达 15 ~ 20 cm 时进行抹芽，保留 1 个生长健壮且顶芽饱满的枝为培养干，培养枝除顶芽外的其他芽全部抹除。注重培养干的生长，及时修剪竞争枝，扶正主干。若顶芽受到危害，及时保留 1 个副芽接干。

4. 容器育苗

（1）育苗容器选择及基质配制。选择无纺布育苗袋或营养杯育苗，育苗袋规格为（10 ~ 12）cm ×（14 ~ 16）cm。

育苗基质选用珍珠岩和草炭土按 1∶2 体积比混合，将基质过筛去除杂质后，再进行紫外线消毒（阳光下暴晒），然后用 50% 多菌灵可湿性粉剂 800 倍液对基质进行消毒处理，并将消好毒的基质加水至"手握成团、手感潮湿"。在基质内掺入适量的控释复合肥料（每袋基质需要掺控释复合肥料 10 ~ 15 粒），然后装入育苗容器备用。将育苗容器装满基质并用手指将四周压实，放在托盘中，每盘摆放 24 个，整齐紧密摆放后放入温室大棚中。

（2）播种。播种时间为 3—4 月。每个容器中播 3 ~ 5 粒种子，播种深度以 0.5 ~ 1.0 cm 为宜，覆土后将基质压实并适当喷水，水不宜过多。播种以后根据出苗情况进行补播。

（3）苗期管理。为了防止苗木间的营养竞争，出苗 10 d 后，根据出苗情况进行间苗，去弱留强，每个容器中留 2 ~ 3 株苗。出苗后 20 d 左右进行定苗，每个容器中留 1 株苗。

及时拔除容器中的杂草，以利苗木的正常生长，避免因杂草过大，拔除时损伤幼苗。同时，定期检查基质的湿度，在保持基质湿润的同时又要防止积水。

（二）无性繁殖育苗

1. 扦插育苗

（1）插穗采集及处理。嫩枝插穗采集：生长季在无风阴天或者清晨，选取生长健壮且没有病虫害的幼年青檀母树，采集母树主干上萌生的半木质化枝条制成插穗。插穗长 10 ~ 15 cm，每穗保留 3 ~ 4 个腋芽。硬枝插穗采集：3月中旬，在青檀树液刚刚流动的时候，从幼龄母树上选取一年生硬枝，截取其中上部枝条制成插穗。插穗粗 0.8 ~ 1.2 cm、长 15 cm，上端截平，下端截成马耳形，每穗留 2 ~ 4 个腋芽，最上面 1 个芽距切口 1.0 ~ 1.5 cm。

将 50 ~ 100 根插穗按相同的方向整理，扎成 1 捆放入盛有清水的盆中待用。扦插前，嫩枝插穗用浓度为 200 mg/L ABT 1 号生根粉溶液浸泡 30 min 以后扦插；硬枝插穗用浓度为 200 mg/L NAA 浸泡 1 ~ 2 h 后扦插。

（2）扦插床准备。扦插前对苗圃地进行深翻，施基肥（饼肥）1500 kg/hm² 和少许农家肥。要求细致作床，达到床面平整、松软，床宽 1 m、高 25 cm 左右。

（3）扦插。扦插行距为 20 cm，株距为 15 cm，将插穗深插土中，外露 1 cm 左右，以上端第一个芽微露土外为宜。插后即用喷壶洒水浇湿床面。扦插时不可伤及插穗皮部和木质部，一旦产生皮层从形成层处分离现象，愈伤组织就不易形成，影响生根。

（4）扦插苗管理。青檀扦插生根时间长，插穗一旦开始萌芽，就要及时用喷壶喷灌，保持床面湿润，使插穗维持正常生长。保持床面无杂草。成活后用稀饼肥水追肥，并做到次多量少。

扦插后 1 个月左右，腋芽开始萌动；4月底，60% 以上的插穗发芽抽条，下端皮部已见愈伤组织；5 月中下旬，地上部分已达 10 cm 以上；6 月下旬，根长已达 2 cm；8 月初，苗高可达 50 cm，当年生苗木最高可达 150 cm，地径为 1.2 cm。

青檀扦插苗没有明显的主根；侧根发达，须根密集，特别是插穗基端尤甚，呈水平状分布，根长可达 50 cm 以上，最长可达 71 cm；根基最粗达 0.35 cm。

（三）病虫害防治

青檀苗期发生的虫害以蚜虫为主，兼有扁刺蛾、绿刺蛾等，病害主要是叶斑病，其危害特点和防治方法见表 4-26。

表 4-26　青檀苗期主要病虫害危害特点及防治方法

病虫害名称	危害特点	防治方法
叶斑病	病叶初期呈暗色圆斑，后逐渐扩大，中央变灰白色，严重时会造成大量叶片枯叶脱落	（1）发现病叶立即清除并烧毁 （2）加强管理，清除杂草，剪除过密及细弱枝条，改善通风透光条件 （3）4—8月，用波尔多液（硫酸铜∶生石灰∶水 = 1∶1∶100）喷洒，效果显著
蚜虫	1 年发生 10 ~ 20 代。全年发生高峰在 4—5月及 9—10 月。春天虫卵孵化产生无翅或有翅孤雌胎生雌虫，继续孤雌胎生繁殖，或由第一寄主飞至第二寄主继续孤雌胎生繁殖，到秋天或夏末产生有性雄虫，雄虫与雌虫交配后产卵，以卵越冬	用 50% 辟蚜雾可湿性粉剂 2000 ~ 3000 倍液喷嫩梢、嫩叶和茎干

（四）苗木出圃

青檀一年生裸根苗苗木质量分级标准参照《青檀育苗技术规程》（LY/T 2434—2015）执行，具体见表 4-27。该标准适用于华中、华东地区，贵州仅作参考。

第四章　贵州珍稀乡土树种育苗技术

表 4-27　青檀一年生裸根苗质量等级

苗木等级	苗高 / cm	地径 / cm	根系		综合控制指标
			长度 / cm	>5 cm 长 I 级侧根数 / 条	
I 级苗	>120	>1.0	>25	>5	色泽正常，充分木质化，无病虫害，顶芽饱满
II 级苗	80～120	0.6～1.0	20～25	5	

十四、红　椿

红椿（*Toona ciliata*）为棟科（Meliaceae）香椿属（*Toona*）树种，为国家二级保护野生植物，是一种生长迅速的珍贵用材树种。江西、湖南、湖北、广东、广西、四川、贵州、海南、浙江和云南等省（区）有零星天然林，垂直分布海拔为 220～3500 m，最北端见于安徽海拔 600 m 以下的低山、沟谷，在云南生于海拔为 1400～3500 m 的中高山地。在贵州省，主要分布于黔西南的晴隆、兴义、安龙、贞丰、册亨、望谟、兴仁等县（市），另外，在关岭断桥、榕江、独山、罗甸、正安、松桃也有分布，海拔为 350～1300 m。

红椿木材花纹美丽，呈赤褐色，被誉为"中国桃花心木"；切面光滑，不易劈裂，耐水湿，抗腐，不易虫蛀，是建筑、装饰、家具的上等用材。红椿树皮含单宁，可提制栲胶。

（一）实生苗培育

1. 种子采集与处理

选择生长健壮的 20～30 年生的母树采种。8—10 月上旬蒴果呈黄褐色时采摘。

采摘后，将蒴果置于阳光下摊晒数天，待蒴果开裂种子自然脱出。红椿种子千粒重为 5～6 g，发芽率一般可达 80%。

2. 种子贮藏及催芽

红椿种子可干藏，也可在低温（5 ℃）下贮藏。采用水浸催芽。将处理干净的红椿种子用 40 ℃温水浸泡 24 h，滤去水分后再用清水浸泡 24 h，除去上浮的秕种和杂物，把下沉的饱满种子捞出备用。在竹筐中垫上 1 层湿毛巾，将吸胀种子均匀撒在笋筐中，再盖上 1 层干净的湿毛巾，置于温暖的室内催芽，每天用 35 ℃温水淋洗 1 遍，待 30% 的种子裂嘴时即可播种。

3. 大田播种育苗

（1）苗圃地选择。选择交通便捷、排灌方便的地块作苗圃地，要求土壤为深厚、肥沃、疏松、湿润的沙质壤土或轻壤土。应避免选用病虫害和鸟兽危害严重，或常年种植茄科和十字花科植物的地块作苗圃地。

（2）整地作床与土壤处理。在秋末冬初深翻土地，三犁三耙，拣净苗圃地杂物。结合整地，施腐熟有机肥料 7500 kg/hm² 和磷肥 3000 kg/hm²，或复合肥料 450～600 kg/hm²。将肥料与土壤混拌均匀后作床，床面宽 1～1.2 m、高 20～30 cm，步道宽 30～40 cm。

土壤消毒用 50% 多菌灵可湿性粉剂 1000 倍液喷洒床面，或每 667 m² 用代森锰锌 5 kg 与 12 kg 细土拌匀后撒于床面上。做到苗圃地排水沟畅通。

（3）播种。春季播种，播种量为 5～12 kg/hm²。多采用条播，条距为 25 cm，播种时将种子撒入沟内，盖 1 层经堆烧的草木灰和细土，厚度以不见种子为宜，或覆 0.5 cm 厚黄心土。播种后浇透水，并以山草或稻草等覆盖，以保温保湿，防止雨水冲击，促进出苗。

（4）苗期管理。播种后 15～20 d 幼苗开始出土，待 70%～80% 幼苗出土后，在阴天或晴天的傍晚揭除覆盖物，同时喷水以保持苗床湿润。

幼苗高 5 cm 左右开始间苗和补苗，以确保合理的苗木密度，间出的小苗另外移植培育，苗床最终留苗量为 40 株/m² 左右。

及时松土除草，并结合松土除草施肥。4—5 月，小苗长出 2～3 片真叶时，于傍晚对叶面喷施 0.1%～0.2% 的尿素溶液或浇灌淡粪水，可促使真叶迅速生长。速生期追肥要少量多次，一般以每年 3 次为宜，6 月底至 7 月初施复合肥料 37.5～45.0 kg/hm²；7 月底施复合肥料 60～75 kg/hm²；8 月中旬施复合肥料 135～150 kg/hm²。生长后期追施磷肥、钾肥，可于叶面喷施 0.2%～0.3% 磷酸二氢钾溶液。

5—6 月梅雨季节要及时排除沟内积水，7—8 月干旱季节及时灌溉。

4. 容器育苗

（1）苗床准备。在温室、大棚或大田中作苗床培育芽苗。苗床高 15 cm、宽 1 m，步道宽 50 cm。用黄心土与细河沙（3:1）的混合基质填满苗床并压实压平，播种前一天用 0.1% 的高锰酸钾溶液进行基质消毒。

（2）育苗容器选择及基质配制。由于红椿的复叶较长，选用规格为 13 cm×15 cm 的较大的育苗袋育苗，有利增加其伸展空间。

育苗基质选用质地疏松的泥炭土与黄心土（1:1）混合基质为好，因其保水透气性好，有利于苗木生长。移栽前一天，要用 0.3%～0.5% 的高锰酸钾溶液淋透育苗袋，对基质进行消毒处理。

（3）芽苗培育。用 40～45 ℃ 的温水浸种 24 h，然后捞出略风干，目的是方便播种，防止种子太湿黏在一起，导致播不均匀。播种时，按约 800 株/m² 的播种密度，将种子均匀地撒播在苗床面上，可同时均匀撒一些呋喃丹颗粒进行防虫处理，然后覆盖 0.5～1.0 cm 厚的黄心土和细河沙（3:1）的混合基质。播后浇透水，并覆盖塑料薄膜进行保湿，同时适当遮阴。

一般 3～5 d 小苗开始出土，此时即可将塑料薄膜揭开，但要保持基质湿润，保证小苗生长。播后 1 周种子出芽基本完成，此时可用 90% 敌百虫 1000 倍液喷洒以防虫害。

（4）芽苗移栽。当播种大约 30 d，小苗长出 3 片以上真叶、苗高 5 cm 以上时，即可进行小苗移栽。小苗起苗前，播种苗床要淋透水，使基质松软以方便起苗。起苗时要从大到小分级分批起苗，主要选择生长健壮、正常、干形较通直、无病虫害的小苗起苗移栽，其他弱小、生长不正常的、有病的劣势苗坚决淘汰，以保证苗木的品质。移栽时，用水淋透育苗袋后再移栽。移栽完成后必须要浇透定根水，以保证移栽后小苗根部和基质充分接触，以及有足够的水分。同时，小苗移栽后要进行适当的遮阴，以避免强光灼伤和失水，确保小苗成活。移栽 30 d 后，小苗成活率可达 95% 以上。

（5）苗期管理。小苗移栽后，要保证有足够的水分，这就要求加强水分管理。一般要求每天淋水 2～3 次，比较干热的天气每天淋水 3 次以上，阴天每天淋 1 次。淋水要看情况而定，以保持基质湿润为度。随着小苗的长大，淋水的次数可以适当减少。

小苗移栽 1 周后，小苗新根长出，生长基本稳定。此时，可以进行定期追肥，追肥的浓度要随着小苗的生长而适当增加，追施浓度为 0.3%～0.5% 的复合肥料（N:P:K = 15:15:15）水溶液。追肥后要及时用清水均匀洒淋小苗 1 次，以避免嫩叶烧伤，影响生长。

（二）无性繁殖育苗

1. 扦插育苗

（1）插穗采集及处理。从幼龄母树上采集当年生木质化硬枝或一年生苗干，剪成粗 0.3～0.8 cm、长 5～10 cm 的插穗。根插育苗用一年生苗侧根，每段截成 3 cm，直径 >0.2 cm。同类插穗每 50～60 枝捆成

1 捆，放入清水中备用。制好的插穗速蘸 200～250 mg/L IBA 可有效提高生根率。

（2）扦插床准备。选背风向阳，疏松、湿润、肥沃的沙壤土地块育苗。作高床，床面高出步道 30 cm，床面宽 100 cm，并用 3% 的硫酸亚铁溶液或 50% 多菌灵可湿性粉剂 1000 倍液消毒土壤。床面覆 1 层厚 5 cm 左右的黄心土。

（3）扦插。采用直插法。按株行距 10 cm×10 cm 扦插，扦插深度为插穗长度的 1/2～2/3；插根以根段露出地面 1～2 cm 为宜，注意不要插倒。

（4）扦插苗管理。插后浇水，搭棚遮阴，透光率为 40%。期间始终保持床面湿润、疏松、无草。插穗发芽后，于 4 月中下旬揭去遮阴物。插穗萌生多芽时，需及时抹芽除萌，保留健壮的 1 枝。

苗高 10～15 cm 时，结合浇水，薄施氮肥催苗。

水肥管理同大田播种育苗。

2. 组织培养育苗

（1）外植体采集及处理。选择优良单株带芽茎段为外植体。带芽茎段剪为长 4 cm 左右，带 2～3 个节，先用无菌水浸泡 5～10 min，然后加入洗衣粉水浸泡 10 min，再用流水冲洗 2～3 h，滤干备用。

接种时，在超净工作台上将外植体材料切成长 1 cm 左右，带有 1～2 个腋芽，消毒处理后用无菌水冲洗 5～6 次，并用无菌滤纸吸干水分备用。

（2）培养条件。培养温度为（25±2）℃，光照时间为 14 h/d，光照强度为 2000 lx。培养基中均附加蔗糖 30 g/L、琼脂 7 g/L，pH 值为 5.8～6.0。

（3）初代培养。在超净工作台上将处理好的带芽茎段接种到初代培养基上。腋芽诱导的最佳培养基配方：MS+0.5 mg/L 6-BA+0.05 mg/L NAA。红椿带芽茎段接种于培养基 8 d 左右，腋芽开始萌发，同时少量茎段基部开始膨大，但未形成愈伤组织。

（4）增殖和继代培养。将诱导所获得的芽苗（高度在 2.0 cm 以上）作为继代培养的材料，切断后接种到增殖培养基上。最适培养基配方：MS+3.0 mg/L 6-BA+0.2 mg/L KT+0.5 mg/L NAA。平均增殖率为 31.8%。

（5）生根培养。将长为 1.5～2.0 cm 的健壮芽苗接种于生根培养基上。最佳生根培养基配方：1/2 MS+0.5 mg/L IBA。生根率可达 90.0%，平均生根 4～6 条。

（6）炼苗及移栽。炼苗能提高生根苗的质量，提高移栽成活率。把经过生根培养、已经出根的瓶苗在散射自然光下炼苗 7～10 d。

炼苗后即可进行生根苗的移栽。移栽时苗木成活率的高低除了与瓶苗质量有关外，也与移栽所用的基质及移栽环境的温度、湿度、水分和病虫害等栽培管理有关，其中移栽所用的基质尤为关键。红椿瓶苗的移栽选用的是泥炭土：黄心土：河沙＝1:1:1 的混合基质。移栽前，将基质装到育苗容器内，并用 0.1% 的高锰酸钾溶液淋洒消毒。移栽时，小心将瓶苗从瓶中取出，用自来水将瓶苗基部的培养基冲洗干净，然后移栽到育苗容器内，期间保持适当通风和足够的湿度并遮阴。移栽 10 d 左右瓶苗恢复生长，成活率达 85% 以上。

（三）病虫害防治

红椿苗期要预防立枯病、茎腐病等病害发生，可用 50% 多菌灵可湿性粉剂 300～400 倍液或 50% 甲基托布津可湿性粉剂 300~400 倍液防治。虫害主要为蛴螬危害，在整地时将地护净 30 kg/hm² 与基肥一并施入。

（四）苗木出圃

当容器苗苗木生长到高 30 cm 以上、地径 0.3 cm 以上时即可出圃造林。红椿一年生裸根苗苗木质量分级标准可参照《毛红椿播种育苗技术规程》（DB36/T 779—2014）执行，具体见表 4-28。

表 4-28　红椿一年生裸根苗质量等级

苗木等级	苗高 / cm	地径 / cm	根系		综合控制指标
			长度 / cm	>5 cm 长 I 级侧根数 / 条	
I 级苗	>80	>1.2	—	>10	色泽正常，顶芽饱满，高径比合理，无机械损伤
II 级苗	60 ~ 80	0.8 ~ 1.2	—	6 ~ 10	

十五、香 椿

香椿（*Toona sinensis*）为楝科香椿属落叶乔木，又名椿菜、椿树等。香椿分布东起辽宁南部，西至甘肃，北至内蒙古南部，南到广东、广西、云南，其中心产区在黄河流域和长江流域之间，我国华东、华北、东北、西南等地均有栽培。在贵州省，各地均有分布，垂直分布最低海拔为 500 m（黎平县），最高海拔为 2400 m（赫章县）。主要分布在海拔 1000 ~ 1500 m 的地区，多呈小块状分布和零星散生。

香椿材质优良，木材为红褐色至深红褐色，纹理直、美观，富弹性，耐水湿，被誉为"中国桃花心木"，是高级家具、船舶、体育器材、建筑之良材。香椿是我国特有的木本蔬菜类经济树种，其嫩芽、新叶具很浓的芳香气味，香甜可口，营养丰富，被视为蔬菜之上品，生食、热食和腌制食均可；其种子含油率达 38.5%，可榨油。

（一）实生苗培育

1. 种子采集与处理

选择生长健壮、主干通直、无病虫害的 15 ~ 30 年生母树采种。10—11 月蒴果由绿色变为黄褐色，先端纵向开裂，表明种实已充分成熟，此时为最佳采种期，应及时采摘，过晚蒴果开裂，种子飞散则无法采收。用铁丝绕成 1 个圆圈，再在圆圈上缝上 1 个布袋兜（似捕虫网），再将布袋兜绑缚在竹竿上，采种时举起竹竿，将布袋兜套在果实串上左右摇动，种子即可从开裂的蒴果中落入布袋兜内。这样采集到的种子饱满，且已充分成熟，千粒重在 16 g 以上，发芽率高达 95% ~ 99%。也可直接采集未开裂的蒴果，在无风的环境中摊晒几天，或在室内摊开，待蒴果开裂，扬去杂质、果壳，稍晾干，种子含水量达到 8% ~ 13% 即可干藏。鲜果出种率为 4% ~ 6%，净度可达 90%，种子千粒重为 10 ~ 15 g。

2. 种子贮藏及催芽

一般用布袋或麻袋装种子，置于干燥、通风条件下贮藏。在干燥、密闭、低温（0 ~ 5 ℃）条件下贮藏，发芽能力可保持 2 年。

春播前 3 ~ 4 d，对种子进行催芽。用手搓掉种子上的翅膜，然后将选好的种子放入 0.5% ~ 1.0% 的高锰酸钾溶液中消毒 30 min，捞出后用清水洗净。将清洗好的种子浸入 30 ~ 40 ℃的水中不断搅拌，待水温降到 25 ℃后继续浸泡 12 h。捞出后将种子和沙按 1 : 2 的体积比混合，摊开放置于 20 ~ 25 ℃的室内，厚度为 10 ~ 15 cm。期间每天适时喷水翻动，保持种子和沙都湿润，当 35% 种子露白时即可播种。

3. 大田播种育苗

（1）苗圃地选择。选择地势平坦、交通方便、光照充足、土层深厚、排水条件好、土壤 pH 值为 6.5 ~ 7.5 的壤土或黏壤土地块作苗圃地。地下水位在 2 ~ 3 m 比较适宜，水位过高易造成排水不良，引发根腐病。

（2）整地作床与土壤处理。在入冬前翻 1 次苗圃地，深度为 30 cm 左右，播种前先用硫酸亚铁 225 ~ 300 kg/hm² 消毒土壤，再施底肥，施农家肥 15 000 ~ 22 500 kg/hm²、饼肥 450 ~ 600 kg/hm² 和磷肥

375 kg/hm^2。施肥时将肥料均匀撒在苗床上，混拌均匀后作床，并灌足底水。苗床采用高床，床面宽度不超过 1 m，高度为 15 ~ 20 cm，步道宽 30 ~ 35 cm。

（3）播种。香椿播种一般在 3 月底至 4 月初进行。采用撒播和条播两种方式，撒播时播种量为 45 ~ 60 kg/hm^2，撒播后覆细土 1 cm；条播时播种量为 30.0 ~ 37.5 kg/hm^2，按行距 25 ~ 30 cm、深度 2 ~ 3 cm 开沟，播后覆土 1.0 ~ 1.5 cm。为防止表土干燥，影响出苗，可用塑料薄膜或稻草覆盖，待苗木出土时揭除覆盖物，揭除覆盖物需在傍晚进行。

（4）苗期管理。幼苗出土后 1 ~ 3 个月是生长快速期，需水量较大，应每半个月浇 1 次透水，浇水在早晨、傍晚或阴天进行。香椿苗木怕涝，雨季要注意排水。幼苗高 6 cm 左右时，间苗 1 ~ 2 次，去掉弱苗，留下壮苗，株距为 15 ~ 20 cm。幼苗高 15 cm 左右时可进行移植。

每年松土除草 4 ~ 5 次，除草要做到"除小、除早、除净"；松土深度一般为 3 ~ 6 cm，随苗木的生长而逐渐加深。

除整地时要施足基肥外，应在 6 月追肥 1 次，施磷肥 120 kg/hm^2、钾肥 90 kg/hm^2、尿素 90 kg/hm^2，可在雨后或浇水前撒入苗圃地；8 月后应停止浇水施肥，以控制苗木生长，提高木质化程度。

4. 容器育苗

（1）育苗容器选择及基质配制。香椿苗期生长快，宜选规格为（14 ~ 16）cm×（16 ~ 20）cm 的容器育苗。适宜的基质配方：①圃地土∶草炭∶蛭石 = 1∶0.5∶0.5，加入缓释肥料 3.0 kg/m^2；②黄心土∶腐殖土 = 1∶1，外加 3% 过磷酸钙；③泥炭∶蛭石 = 3∶1。

芽苗移栽前 3 ~ 5 d，采用 50% 多菌灵可湿性粉剂 800 倍液或 70% 甲基托布津可湿性粉剂 800 倍液等浇灌基质进行消毒。

（2）芽苗培育。播前 1 个月对种子进行催芽。用手搓掉种子上的翅膜，然后将选好的种子放入 0.5% ~ 1.0% 的高锰酸钾溶液中消毒 30 min，捞出后用清水洗净。将清洗好的种子浸入 30 ~ 40 ℃ 的水中不断搅拌，待水温降到 25 ℃ 后继续浸泡 12 h。捞出种子，滤干水分，均匀地撒到准备好的苗床上。播种后浇透水，并搭拱棚保温。

为防止病害发生，苗床最好是干净清洁的沙床或铺有 4 ~ 5 cm 厚黄心土的苗床，并用 50% 多菌灵可湿性粉剂 800 倍液消毒。

（3）芽苗移栽。待芽苗长高至 4 ~ 5 cm 时，选阴天、晴天清晨或傍晚起苗。用手轻轻拔出芽苗，整齐堆放在盛有清水的容器内，并用湿毛巾盖好备用。

修剪芽苗根系，保留根 3 ~ 4 cm 长，然后移栽到育苗容器中，并用手轻轻按实根部基质。采用喷灌方式浇透水。搭棚（透光率为 50%）遮阴直至幼苗成活。

（4）苗期管理。幼苗成活后撤除荫棚。及时除去容器中的杂草，适时适量浇水以保持基质湿润，生长后期减少浇水次数。如选用加有缓释肥料的基质配方，苗期不需追肥。若选用其他配方，进入速生期后，每 15 ~ 20 d 喷施 0.1% ~ 0.3% 的尿素溶液 1 次，随着苗木的生长浓度逐渐增加，每次施肥后需用清水喷洒，以减少肥伤；8 月底停施尿素，喷施 0.3% 的磷酸二氢钾溶液 1 次。

（二）无性繁殖育苗

1. 扦插育苗

（1）插穗采集及处理。香椿多采用硬枝扦插。一般在秋季香椿落叶后或早春树液流动前，选择叶芽饱满、组织充实的二年生枝或一年生苗干剪取插穗。插穗长 15 ~ 20 cm，有 2 ~ 4 个芽眼，下切口于芽基膨大处平剪，上切口高出顶芽 1 cm，要求剪口平滑。

将剪好的插穗捆成小捆，直接放入浓度为 0.02% 的 NAA 溶液中浸泡 12 h，浸水深度为 3 cm。

（2）扦插床准备。选背风、向阳、有灌溉条件的肥沃壤土或沙壤土地块作育苗地。作高床，苗床高出步道 15～20 cm，苗床宽 1.2 m 或 1.5 m，长度根据地块大小和需要而定，床间步道宽 45 cm。苗床用 50% 多菌灵可湿性粉剂 800 倍液或 70% 甲基托布津可湿性粉剂 800 倍液等进行消毒。

（3）扦插。3 月下旬至 4 月中旬，地温在 15 ℃以上时即可扦插。扦插过早易受冻害，过迟易因气温过高而失水干枯。扦插前浇透水，在苗床上铺上塑料薄膜，四周压实。采用直插法，按行距 20 cm、株距 15～20 cm 扦插，插穗顶端露出地面 1.5～2.0 cm。

（4）扦插苗管理。扦插 1 个月左右，愈伤组织形成；苗高达 8～10 cm，及时抹去弱芽，留 1 个壮芽。其余管理同大田播种育苗。

2. 组织培养育苗

（1）外植体选择及处理。从 3～4 年生香椿幼龄母株上采集生长健壮的幼嫩茎段作外植体。茎段先用流水冲洗 12 h，然后在超净工作台上用 70% 乙醇处理 30 s，再用 0.1% 的氯化汞溶液消毒 15 min，无菌水冲洗 4～5 遍。

（2）培养条件。培养温度为 25 ℃，光照强度为 1000 lx，光照时间为 12 h/d。培养基中加入 3% 的葡萄糖和 0.7% 的琼脂，pH 值为 5.8～6.0。

（3）初代培养。以香椿茎段（带 1 个芽）为外植体，接种于 MS+0.2 mg/L 6–BA+2.0 mg/L GA$_3$ 培养基上诱导芽萌发。

（4）增殖和继代培养。最佳增殖培养基配方：MS+1.0 mg/L BA+0.5 mg/L GA$_3$+0.5 mg/L KT。增殖系数达到 4.7。

（5）生根培养。选取高 2～3 cm、长势好的无菌苗接种在生根培养基上。最佳生根培养基配方：1/2 MS+1.5 mg/L IBA+30 g/L 蔗糖。生根率达到 90%。

（6）炼苗及移栽。选取生根培养基上至少有 2～3 条 2.0 cm 长以上的不定根瓶苗，先在自然光下不开盖炼苗 3～5 d，再打开瓶盖炼苗 2～3 d，然后将其移栽到灭菌的河沙基质上。移栽后遮阴，定期喷洒多菌灵溶液灭菌，移栽成活率达 72.5%。

（三）病虫害防治

香椿苗期主要病害有立枯病和白粉病，主要虫害有地老虎危害，其危害特点及防治方法见表 4-29。

表 4-29　香椿苗期病虫害危害特点及防治方法

病虫害名称	危害特点	防治方法
立枯病	幼苗表现为芽腐、猝倒和立枯，大苗表现为叶片和根茎腐烂	（1）搞好土壤消毒，加强育苗管理，雨季及时排水，防止积水 （2）用 95% 敌克松可湿性粉剂 600 倍液或 50% 代森锌 800 倍液喷洒根茎或浇根
白粉病	主要危害香椿叶片或枝条。表现为叶面或嫩枝上出现白色粉状物，后期变成黄色或黄褐色；严重时叶片卷曲枯焦，嫩枝扭曲变形甚至枯死	（1）及时清除病枝、病叶 （2）用 25% 粉锈宁可湿性粉剂 1500～2000 倍液或 50% 多菌灵可湿性粉剂 600～700 倍液喷洒枝叶
地老虎	幼虫在地面将幼苗咬断并拖入土穴内，危害严重时会给苗木造成较大的损害	（1）诱杀或捕杀幼虫 （2）用 50% 辛硫磷乳油 1000 倍液或 90% 敌百虫 800 倍液喷洒地面，每隔 15 d 喷洒 1 次，一般喷洒 2 次就可消灭害虫

（四）苗木出圃

目前，香椿只有一年生裸根苗的苗木质量分级标准。香椿一年生裸根苗苗木质量分级标准参照《主要造林树种苗木质量等级》（DB 52/294—2007）执行，具体见表4-30。

表4-30　香椿一年生裸根苗质量等级

苗木等级	苗高 / cm	地径 / cm	根系		综合控制指标
			长度 / cm	>5 cm 长 I 级侧根数 / 条	
I 级苗	>120	>1.2	>25	—	色泽正常，充分木质化
II 级苗	60 ~ 120	0.8 ~ 1.2	20 ~ 25	—	

十六、黄连木

黄连木（*Pistacia chinensis*）为漆树科（Anacardiaceae）黄连木属（*Pistacia*）落叶乔木。黄连木原产于我国，属广布树种，在我国26个省份有分布，覆盖暖温带、亚热带、热带地区，适应性极强，北自北京房山，南至广东、广西，东到台湾，西南至四川、云南。河北省垂直分布在海拔600 m以下，河南省在海拔800 m以下，湖南省、湖北省见于海拔1000 m以下，贵州省可达海拔1500 m，云南省到海拔2700 m仍有分布。贵州全省均有分布，在花溪、荔波、独山、三都、黎平、施秉、绥阳、道真、习水、赤水、大方、关岭、普定、紫云等县（区、市）比较常见，分布地海拔400 ~ 1600 m。村庄附近常常有大树和古树，是喀斯特地区天然林中最为常见的种类，资源量比较大。

黄连木是重要的经济林树种和能源林树种，集木本食用油、生物质能源、药用、木材、蔬菜、工业原料、观赏、水土保持等多功能于一体，具有较高的开发利用价值。

（一）实生苗培育

1. 种子采集与处理

选择树龄20 ~ 40年的母树采种。9—10月果实变成铜绿色后立即采收，否则10 d后果实会自行脱落。采收的果实放入40 ~ 50 ℃的草木灰温水中浸泡2 ~ 3 d，搓烂果肉，除去蜡质，然后用清水将种子冲洗干净，捞出阴干后贮藏。

2. 种子贮藏和催芽

阴干后的种子可装入透气良好的袋子里，在阴凉、通风、干燥、常温下贮藏。贮藏时间不应超过1年。

种子播前进行催芽处理。将干藏种子用40 ~ 50 ℃的草木灰水浸泡2 ~ 3 d，或用5% ~ 10%的石灰水浸泡2 ~ 3 d，或用清水浸泡5 ~ 7 d，滤干水分后，种子和沙按1 : 2混合，在背风向阳处催芽。用200 mg/L GA₃处理可打破种子休眠，可使沙藏时间减少20 ~ 60 d。

3. 大田播种育苗

（1）苗圃地选择。选择交通便利、灌排方便、背风向阳、地势平坦、土层深厚肥沃且通透良好的地块作苗圃地。要求土壤pH值为6.5 ~ 7.5，土壤类型为沙壤土、轻壤土或中壤土。

（2）整地作床与土壤处理。冬季将土壤深翻1遍，用硫酸亚铁对土壤进行消毒后，施腐熟农家肥或猪粪 15 000 kg/hm² 作基肥。翌年春天再耕 1 遍，耙平，作床。苗床高 20 cm、宽 1.2 m，长度依地形而定，朝向最好是南北向，以利苗床充分接受光照；床面上的土块要打碎整平，以利出苗。

（3）播种。春播应适时早播，催芽处理后 20% ~ 30% 种子露白时即可播种，播种量为 150 ~ 225 kg/hm²，播种深度为 2 ~ 3 cm。播后覆土并覆草，根据土壤墒情及时浇水。

（4）苗期管理。出苗后揭除覆草。根据土壤板结程度、杂草生长状况及时中耕除草，行内松土宜浅，行间松土宜深。间苗 2 ~ 3 次，苗高达到 5 ~ 7 cm 时，进行第一次间苗，最后一次间苗在苗高 15 cm 时进行，保持株距为 7 ~ 15 cm，留苗量为 15 万 ~ 18 万株/hm²。

6 月中旬施尿素 75 ~ 120 kg/hm²；7 月中旬施氮磷复合肥 150 ~ 225 kg/hm²；8 月上中旬施含钾复合肥 150 ~ 225 kg/hm²，施肥后及时浇水。

4. 容器育苗

（1）育苗容器选择及基质配制。采用由塑料、无纺布、纸制作的容器育苗，容器直径为 8 ~ 10 cm、高 20 cm。

基质配方：①圃地表层土：腐熟圈肥：过磷酸钙 = 10：1：0.2；②熟土：河沙：泥炭土 = 1：1：3。基质按比例充分搅拌均匀后，用 5% 的硫酸亚铁溶液消毒，起堆，用塑料薄膜覆盖 2 ~ 3 d。装入育苗容器前要过筛，保证土壤细碎。装填时基质要压实，以"手提不漏、浇水不塌陷"为度。装填基质应以装至离容器上沿 2 cm 处为宜，以利播种覆土和育苗洒水。装后，顺苗床紧密排列整齐，容器与容器之间的空隙用细土填上，否则会影响苗木出土、生长和管理。

（2）播种。种子催芽后播种。播种时将种子置于育苗容器中央，不要叠放，每袋播种 2 ~ 3 粒，覆盖种子的基质厚度为 1.5 cm。播后浇足底水，浇水时注意控制水头流量，以免水流过大而冲走种子和基质。浇水后及时覆草。

（3）苗期管理。出苗量达 50% 后，可视气温情况逐步揭去覆草。在幼苗出齐 1 周后，间除过多的幼苗，每个容器内留苗 1 ~ 2 株；及时对缺株容器进行补苗，间苗和补苗后要及时浇水。

当苗高 15 cm 时，开始追肥，用浓度为 0.2% ~ 0.5% 的尿素溶液进行叶面喷施，速生期可喷 2 ~ 3 次。追肥宜在傍晚进行，切忌午间高温时施肥。

浇水要适时适量。播种或移植后立即浇透水，出苗期和幼苗成长期多次适量勤浇，以保持基质湿润；速生期少次多量，当基质达到一定的干燥程度后再浇水。

做到苗圃地无杂草，人工除草应选择在基质湿润时连根拔除，除草时注意避免苗根松动。育苗期若发现容器内基质下沉，要及时补充填满，避免根系外露。夏天应防止日灼害，若幼苗出土后因日灼导致根颈处腐烂，可在晴天中午地面温度升高前及时喷水降温，也可以搭遮阳网遮阴降温。

（二）无性繁殖育苗

1. 嫁接育苗

（1）接穗采集及制穗。从优选母树上采集生长健壮、无病虫害的一年生枝条作为接穗，春季枝接所用接穗在休眠期采集，夏季嫁接随采随用，雌、雄接穗按 8：1 分开采集。

休眠期接穗嫁接前剪成带 2 个饱满芽枝条，蜡封，上芽距剪口 1 cm；夏季采集接穗时剪去叶片，保留 0.5 cm 叶柄，用湿麻袋包裹，当天采集当天用。

（2）砧木选择。选择 1 ~ 2 年生、地径在 0.8 cm 以上的实生苗作砧木。

（3）嫁接时期和方法。春季嫁接：在砧木树液开始流动至发芽后 20 d 内进行，采用插皮枝接或嵌芽接。

夏季嫁接：在 6 月下旬至 8 月上旬进行，用方块芽接法，方块长度在 1.8 cm 以上。7 月中旬以前嫁接当年成苗，7 月底以后嫁接培育芽苗。

雌株、雄株应分开嫁接。

（4）接后管理。嫁接 15 d 后检查成活情况，及时在成活株接芽上方 1 cm 处剪砧；未成活株及时补接。剪砧后要及时除萌，40 d 后解绑，秋季及时摘心，以提高越冬抗寒能力。

2. 组织培养育苗

（1）无菌苗培养。取饱满的黄连木种子去掉外种皮，用 0.1% 的氯化汞溶液消毒 8 min，无菌水漂洗 5~6 次。将处理好的材料接种于实生苗生长培养基上。培养基配方：1/2 WPM+1.0 mg/L 6-BA。10 d 后实生苗长可至 5 cm 左右。

（2）培养条件。培养温度为（24±1）℃，光照时间为 16 h/d，光照强度为 3200~4500 lx。培养基均附加葡萄糖 15 g/L 和琼脂 6.5 g/L，调节 pH 值至 5.8~6.0。

（3）初代培养。取出无菌苗，切取子叶节，接种于初代培养基上。培养基配方：1/2 WPM+2.0 mg/L 6-BA+0.1 mg/L IBA。接种 25 d 后，形成带 4~6 个不定芽的丛生芽，丛生芽平均高 1.3 cm。

（4）增殖培养。丛生芽切取单芽在增殖培养基上增殖培养。增殖培养基配方：1/2 WPM+4.0 mg/L 6-BA+0.1 mg/L IBA。30 d 继代 1 次，平均增殖系数为 8.7。

（5）生根培养。不定芽长至 2.0 cm 左右，单株切下转接至生根培养基上进行生根培养。生根培养基配方：1/2 WPM+1.0 mg/L IBA+0.02 mg/L NAA。培养 20 d 左右，每株可长出 3~5 条黑褐色新根，根长 2.0~6.0 cm，生根率可达 100%。

（6）炼苗和移栽。培养 35 d 后根变粗变大，将生根瓶苗去掉封口膜炼苗 3 d，洗净后移栽至育苗盘中。肥沃园土、珍珠岩和蛭石按 3∶2∶1 比例混合作栽培基质。移栽前浇透水，移栽后遮阴保湿。移栽 35 d 后小苗成活率达 98% 以上。

（三）病虫害防治

黄连木苗期病虫害主要有立枯病、地老虎和木橑尺蠖，其危害特点及防治方法见表 4-31。

表 4-31　黄连木苗期病虫害危害特点及防治方法

病虫害名称	危害特点	防治方法
立枯病	主要危害幼苗茎基部或地下根部，初为椭圆形或不规则暗褐色病斑，病苗早期白天萎蔫，夜间恢复，病部逐渐凹陷、溢缩，有的渐变为黑褐色，当病斑扩大绕茎 1 周时即干枯死亡，但不倒伏	（1）每平方米用 50% 多菌灵可湿性粉剂 8~10 g，加细土 5000 g，混合均匀，撒在苗床上，做好土壤消毒 （2）用 75% 百菌清可湿性粉剂 600 倍液或 70% 甲基托布津可湿性粉剂 800 倍液喷雾，间隔 7~10 d，视病情连喷 2~3 次
地老虎	幼虫为害植物的地上部分，取食子叶、嫩叶，形成孔洞或缺刻。中老龄幼虫白天躲在浅土穴中，晚上出洞取食植物近土面的嫩茎，使植株枯死，造成缺苗断垄	（1）采用黑光灯诱杀成虫 （2）清晨在被害植株的周围找到潜伏幼虫，每天捕捉，持续 10~15 d （3）用 10% 氯氰菊酯乳油 1200 倍液，或 48% 毒死蜱乳油 2000 倍液，或 2.5% 溴氰菊酯乳油 1500 倍液喷雾
木橑尺蠖	初孵幼虫一般在叶尖取食叶肉，留下叶脉，将叶食成网状。2 龄幼虫则逐渐开始在叶缘危害，静止时多在叶尖端或叶缘用臀足攀住叶的边缘，身体向外直立伸出，如小枯枝，不易发现。3 龄以后的幼虫行动迟缓	（1）早晨人工捕杀幼虫 （2）用黑光灯诱杀成虫 （3）用苏云金杆菌、白僵菌生物制剂防治 （4）在成虫羽化期过后 23~25 d 至幼虫 2 龄前，用 25% 灭幼脲Ⅲ号 800 倍液，或 10% 氯氰菊酯乳油 1200 倍液，或 5% 吡虫啉乳油 1000 倍液喷雾防治

（四）苗木出圃

黄连木一年生裸根苗和嫁接苗苗木质量分级标准参考《黄连木育苗技术规程》（LY/T 1939—2011）执行，具体见表4-32、表4-33。

表4-32　黄连木一年生裸根苗质量等级

苗木类型	苗木等级	苗高 / cm	地径 / cm	根系		综合控制指标
				长度 / cm	>20 cm 长 I 级侧根数 / 条	
裸根苗	I 级苗	>80	>0.7	>30	>3	无病虫害，无机械损伤，主根无撕裂
	II 级苗	60～80	0.5～0.7	>20	2～3	

表4-33　黄连木一年生嫁接苗质量等级

苗木等级	抽穗长度 / cm		地径 / cm	根系		综合控制指标
	方块芽接	枝接		长度 / cm	>20 cm 长 I 级侧根数 / 条	
I 级苗	>60	>100	>1.2	>40	>5	无病虫害，无机械损伤，主根无撕裂
II 级苗	40～60	70～100	>1.0	>30	3～5	

第五章　贵州特色经济林树种育苗技术

一、山鸡椒

山鸡椒（*Litsea cubeba*）为樟科（Lauraceae）木姜子属（*Litsea*）落叶灌木或小乔木，又名山苍子、木姜子、小木姜子。主要分布于我国广东、广西、福建、台湾、浙江、江苏、安徽、湖南、湖北、江西、贵州、四川、云南、西藏，东南亚各国也有分布。垂直分布在海拔500~3200 m的向阳山地、灌丛、疏林或林中路旁、水边。在贵州省主要分布于黔东南全境，贵阳，盘州，黔南平塘、三都、荔波、罗甸，黔西南安龙、兴仁等地。垂直分布海拔为700~1600 m。野生山鸡椒纯林呈小片状分布，常常在林窗、弃荒地、采伐迹地等天然更新，形成优势群落。

山鸡椒具有生长快、结实早、经济价值高等特点，其果实、叶、花等可提取精油，且果实可提炼核仁油，是制造香料、药品、食品增香剂与防腐剂、病虫害防治剂、润滑油添加剂等的优良经济林树种。其果实和加工产品曾是我国重要的出口创汇林产品。此外，山鸡椒适应性强，保持水土性能好，在退耕还林工程中被列为经济林兼防护林树种，是一种生态效益、经济效益、社会效益高度统一的树种。

（一）实生苗培育

1. 种子采集与处理

选择7年生以上，生长健壮、结果多、种粒大、无病虫害的植株作为母树，9月上旬至9月下旬果皮变为黑色时进行采集。将采集的果实用草木灰溶液浸泡3~4 d，搓揉去果皮，漂洗除去果肉、杂质、空壳及不饱满种子等。清洗后，用0.5%高锰酸钾溶液浸泡3~5 h，清水冲洗干净后摊晾在阴凉处阴干。

2. 种子贮藏和催芽

采用混沙湿藏。细沙湿度为10%~15%，混藏时，按1层沙1层种子堆放，最后用稻草盖好，贮藏期细沙要保持一定的湿度。每月翻堆1次，翻堆时把种子筛出，捡去发霉变质的种子。

山鸡椒种子的种皮表面有蜡质，坚硬致密，透水、透气性差，休眠期长，在自然传播繁殖情形下，种子要1~2年才萌芽生长，最快也要3个月。播种前应进行催芽。用草木灰反复搓揉种子，去除种皮蜡质。用初始温度为90 ℃的热水浸泡5 min后，再用初始温度为40~50 ℃的温水浸种，12 h重复1次，重复2~6次。待种皮吸胀后，加入80%退菌特可湿性粉剂800倍液消毒20 min，滤干水分即可播种。

3. 大田播种育苗

（1）苗圃地选择。宜选择光照充足、排灌方便、疏松肥沃、交通便利、靠近水源的微酸性沙壤土地块作苗圃地。

（2）整地作床与土壤处理。苗圃地应深耕细整25 cm以上，捡净草根、树根、碎石等。若为平坦地，四周开设排水沟，沟深 40 cm，沟底宽 25 cm。深翻前施有机料 15 000 ~ 30 000 kg/hm^2 或饼肥 2250 ~ 3750 kg/hm^2 作基肥。在处理好的苗圃地上作床，苗床高 25 ~ 30 cm、宽 100 ~ 120 cm，步道宽 30 ~ 40 cm，床面中央略高。每平方米苗床用 75% 五氯硝基酸 3 g、50% 辛硫磷 2 g 拌土灭杀病虫。

（3）播种。秋播和春播均可，秋播宜在 11 月进行，春播宜在 2 月底至 3 月初进行。采用条播，播种沟宽 4 ~ 6 cm、深 2 ~ 3 cm，播种量为 17 ~ 90 kg/hm^2。播种后覆细土 1 cm，并覆草保熵，同时架设 50 cm 高的小拱棚，盖上塑料薄膜密封，以保湿保温。晴天中午，从两端或侧面掀开农用塑料膜通风换气。

（4）苗期管理。开始出苗后，首先揭掉拱棚，然后视出苗情况分次分批揭除盖草，盖草宜在阴天或傍晚揭除，揭草时应避免伤到幼苗。苗木生长过程中视杂草生长状况适时除草，并适当松土。苗高 7 ~ 10 cm 时进行一次性间苗，留苗量为 15 万 ~ 18 万株/hm^2。

视天气状况和土壤墒情及时浇水，宜少量多次，以保持土壤湿润为度。灌溉时间宜在一早一晚进行。多雨季节要及时排水，避免苗床积水。苗高 30 ~ 40 cm 时叶面喷施浓度为 0.2% ~ 0.5% 的尿素溶液，6—8 月每 20 d 喷施 1 次。

（二）无性繁殖育苗

1. 扦插育苗

（1）插穗采集及处理。4—5 月，选择健壮母树根颈部位的一年生萌条或树冠南部当年生半木质化嫩枝插穗，制成长 8 ~ 12 cm、直径为 0.3 ~ 0.4 cm 的插穗，每个插穗留 2 片半叶，顶部平切，基部靠近芽斜切，将制作好的插穗基部浸泡在清水中，暂时放在阴凉处备用；或用 3% 的过氧化氢溶液浸泡 1 ~ 2 h，去除生根抑制剂。扦插前用 1200 mg/L 的 NAA 溶液浸泡插穗基部 10 min，或用 100 mg/L 的 NAA 溶液浸泡 0.5 h，也可用 50 mg/L IBA+25 ~ 50 mg/L ABT 溶液浸泡穗条 1 h。

（2）扦插床准备。以黄心土（或椰糠）、泥炭土、珍珠岩（8 : 10 : 2）作为基质较好。扦插基质用 70% 甲基托布津 500 mg/L 或 0.5% 的高锰酸钾溶液浇透，消毒后覆盖地膜，在扦插前去除地膜，翻松基质透气 1 d，浇透水后备用。

（3）扦插。将处理后的插穗插入消毒好的基质，扦插深度为 2 ~ 3 cm。插后淋透水，并用薄膜覆盖保湿，以基质湿润、松软为度。晴天烈日时加盖 85% 遮阳网遮阴。

（4）扦插苗管理。插后每周用 50% 多菌灵可湿性粉剂或 56% 嘧菌·百菌清悬浮剂 800 ~ 1000 倍液与叶面肥混合喷施，每月 2 ~ 3 次。扦插苗生根后选择在阴雨天或气温不高的傍晚移栽。

2. 组织培养育苗

（1）外植体采集及处理。4 月初切取 5 ~ 8 年生成年植株的带芽茎段，先用洗衣粉漂洗，再用自来水冲洗干净，然后用 75% 乙醇浸泡 20 s，在 0.1% 的氯化汞溶液中消毒 10 ~ 15 min 后用无菌水冲洗 5 ~ 6 次。将处理好的材料切成长 2 ~ 3 cm 的小段供接种用。

（2）培养条件。培养温度为（25 ± 2）℃，光照时间为 12 h/d，光照强度为 2000 lx。除初代培养基蔗糖浓度为 2% 外，其余均为 3%；琼脂浓度为 0.7% ~ 0.8%；pH 值为 5.0 ~ 6.0。

（3）初代培养。将 2 ~ 3 cm 长的具芽休眠茎段直插在 MS+3.0 mg/L 6–BA+0.5 mg/L IBA 和 MS+2.0 mg/L 6–BA+0.5 mg/L IBA 培养基上进行暗培养，1 周后腋芽萌发，20 d 左右腋芽伸长 3 ~ 5 cm。

（4）增殖和继代培养。将初代培养产生的嫩梢剪下，培养在 MS+3.0 mg/L 6–BA+0.5 mg/L IBA 培养基上，要求在光照下进行培养，此时愈伤组织生长旺盛，20 d 左右便可看到分化出的丛芽，每个外植体平均分化 4.3 个芽。在新生芽长到 5 ~ 7 cm 时，取顶端 2 ~ 4 cm 左右在 MS+1.0mg/L 6–BA+1.0 mg/L KT+0.05 mg/L NAA 培养基上壮苗。

（5）生根培养与移栽。将株高 2.5 cm 左右的无根苗切割后转入生根培养基上诱导生根。生根培养基配方：1/2 MS+0.5 mg/L IBA+0.5 mg/L NAA+0.1% AC。约80%的小苗长出又直又细的白色正常根时，将生根苗移栽到珍珠岩和蛭石（1∶1）的混合基质上，移栽成活率可达66%。

（三）虫害防治

山鸡椒苗期常见红蜘蛛和卷叶蛾危害，其危害特点及防治方法见表5-1。

表5-1　山鸡椒苗期虫害危害特点及防治方法

虫害名称	危害特点	防治方法
红蜘蛛	红蜘蛛在高温干旱的气候条件下繁殖迅速，危害严重。以口器刺入叶片内吮吸汁液，使叶绿素受到破坏，叶片出现灰黄点或斑块，叶片呈橘黄色，脱落，甚至落光	在发芽前或展叶期，喷施20%三氯杀螨可湿性粉剂600倍液2次，也可喷洒蚜虱灵防治
卷叶蛾	夏、秋季幼虫吐丝缀叶成卷叶或叠叶，幼虫隐藏其中咀食叶肉，残留叶脉和上表皮，形成透明的灰褐色薄膜，后破裂成孔，称"开天窗"。其排泄物污染叶片，影响叶片质量。贵州省1年发生3～5代，老熟幼虫在树干裂缝、蛆孔等处越冬	（1）用黑光灯诱杀成虫 （2）在幼虫2龄末期尚未卷叶前喷洒80%敌敌畏乳油1000倍液、60%双效磷乳油1500倍液、90%敌百虫晶体1000倍液、25%亚胺硫磷乳油1000倍液、5%锐劲特悬浮剂1500倍液、50%辛硫磷乳油1000倍液等防治

（四）苗木出圃

山鸡椒以一年生苗出圃造林为宜。山鸡椒一年生裸根苗苗木质量分级标准参考《山苍子苗木培育技术规程》（LY/T 2942—2018）执行，见表5-2。

表5-2　山鸡椒裸根苗质量等级

苗龄/年	苗木等级	苗高/cm	地径/cm	根系长度/cm	>5 cm长Ⅰ级侧根数/条	综合控制指标
2-0	Ⅰ级苗	>100	>1.0	>25	>8	无检疫对象，根系发达完整，侧根分布均匀舒展，生长健壮，苗干直立，枝条分布均匀，顶芽饱满，无机械损伤
	Ⅱ级苗	65～100	0.6～1.0	20～25	6～8	

二、缫丝花（刺梨）

缫丝花（*Rosa roxburghii*）为蔷薇科（Rosaceae）蔷薇属（*Rosa*）多年丛生落叶小灌木，又名刺梨。广布于贵州、四川、云南、湖南、湖北、陕西、甘肃、江西、安徽、浙江、福建、西藏等省（区）。贵州全省各地皆有分布，安顺及大方、七星关、纳雍、黔西、金沙、兴义、开阳、息烽、修文、盘州等地是刺梨分布最密集、产量最高的地区，多分布于海拔1000～1600 m的山区和丘陵地带。贵州省人工种植刺梨主要分布在六盘水、黔南、毕节、安顺等市（州），其中六盘水占比在44%以上，种植面积居全省前列的有盘州、水城、贵定、龙里、七星关、黔西、六枝、平塘、大方、都匀，以上10个县（市、区）的刺梨种植面积总和占全省种植面积的80%以上。

刺梨果实味甜酸，含大量维生素，可供食用及药用，还可作为熬糖酿酒的原料；根煮水可治痢疾；

花美丽，可供观赏；枝干多刺，可作为绿篱。

（一）实生苗培育

1. 种子采集与处理

选择经过审定的省级良种采种，母树年龄以 5 ~ 10 年为宜。目前，贵州刺梨良种主要有贵农 1 号、贵农 2 号、贵农 5 号和贵农 7 号。在 9—11 月果实变为金黄色时采集果实，取出种子，洗净后进行播种或沙藏。刺梨种子千粒重为 18 ~ 21 g，控制含水量在 15% ~ 20%。

2. 种子贮藏和催芽

室外坑藏：选择在地势高、排水良好、背风阴凉处，挖 60 ~ 80 cm 深、80 ~ 100 cm 宽的沟沙藏。沙子冲洗干净，湿度以"手握成团而不滴水，松开时不散开"为宜。种子消毒清洗、捡出坏种子后，种子与沙按 1∶3 混合均匀后沙藏。沙堆上每隔 1 ~ 1.5 m 插 1 根至沟底的秫秸。

室内贮藏：选择在通风、透气、温度为 0 ~ 5 ℃ 的室内贮藏。先对室内进行消毒，然后在地上铺 10 cm 厚的湿沙，种子与沙按 1∶3 均匀混合后堆成堆，再覆 5 ~ 10 cm 厚的湿沙。种子量少时可在木箱或竹框等容器中沙藏。

3. 大田播种育苗

（1）苗圃地选择。选择交通便利、地势平缓、背风向阳、排灌良好、土质疏松肥沃的坡中下部的生荒地及无病虫害的地块作苗圃地。不宜连作。

（2）整地作床。深翻 25 cm 以上，耙细、整平，清除草根、石块等杂物。施腐熟基肥（堆肥、厩肥）15 000 ~ 22 500 kg/hm² 或施复合肥料（总养分 30% ~ 40%）2000 ~ 2250 kg/hm²，结合整地作床，均匀施入土壤。苗床宽 1.0 ~ 1.2 m、高 20 ~ 25 cm，步道宽 30 ~ 40 cm，山地应顺坡作床。海拔 1300 m 以上苗圃地床面要用地膜覆盖。

（3）播种。随采随播或春播。春播在 2—3 月，播种量为Ⅰ级种子 13.5 g/m²、Ⅱ级种子 13.5 ~ 14.5 g/m²。均匀撒播后覆盖细土 0.5 ~ 1 cm 厚，再覆草 1 ~ 2 cm 厚。

（4）苗期管理。苗木出土后，及时在傍晚或阴雨天逐步揭除全部覆盖物。幼苗长出 4 ~ 5 片真叶时开始间苗，间苗 1 ~ 2 次，间补结合，定苗量为 40 ~ 50 株/m²。

适时松土，每月人工除草 1 ~ 2 次。

幼苗出土后，根据土壤湿度于清晨或傍晚适时适量浇水。在 5—7 月，每隔 20 ~ 30 d 用 0.5% ~ 1% 的尿素溶液叶面喷施，追施 1 次；在 9 月左右用 0.2% 的磷酸二氢钾溶液叶面喷施，追施 1 次。

（二）无性繁殖育苗

1. 扦插育苗

（1）插穗采集及处理。于 10 月下旬至 12 月，从采穗圃或良种母树上剪取生长健壮、无病虫害的绿枝、硬枝或踵状枝，要求绿枝粗 0.4 cm 以上，硬枝粗 0.6 cm 以上，踵状枝粗 0.6 cm 以上。保湿带回。

将枝条剪成粗 ≥0.5 cm、长度为 8 ~ 12 cm，保留 2 ~ 3 个芽的插穗。要求上端剪平，下端剪成斜面，插穗切口平滑，无劈裂、机械损伤，注意保湿。扦插前用 50 mg/L IAA 浸泡扦插端 25 ~ 35 min。

（2）扦插床准备。与大田播种育苗相同。

（3）扦插。在 10 月下旬至 12 月进行扦插。采用直插法和开沟斜埋法。

直插法适宜于绿枝、硬枝的扦插。按株距 8 ~ 10 cm、行距 10 ~ 12 cm 在整好的苗床面上打孔（插孔深度依插穗而定），扦穗插入孔中，扦插深度为插穗长度的 1/2，插后压实，浇透水。

开沟斜埋法适用于踵状枝扦插。按行距 12 ~ 15 cm 开沟，插穗按株距 5 ~ 8 cm 以 45° 斜插在沟中，覆土埋条，上切口入土 1~2 cm。

（4）扦插苗管理。扦插后最好搭拱棚保温保湿，促进生根。

生根后揭除拱棚，适时适量灌溉，保持土壤湿润，生长后期减少水分供应，以促进苗木木质化。在 5 月中下旬至 7 月上旬用 0.5%~1.0% 的尿素溶液喷施，每隔 20~30 d 追 1 次肥；8—9 月改用 0.2% 的磷酸二氢钾溶液叶面喷施 1~2 次，促进苗木木质化。

每月适时人工除草 1~2 次。

2. 组织培养育苗

（1）外植体采集与处理。于优良母树上采集嫩茎作外植体。先用清水将嫩茎冲洗干净，去掉大叶片，再用 0.1% 的氯化汞浸泡 3~5 min；或先用乙醇浸泡 0.5 min，再用漂白粉的饱和上清液浸泡 6~10 min，无菌水冲洗 3~5 次。然后在无菌条件下剪去药液接触过的伤口，保留茎段 0.5~1.0 cm，插入装在三角瓶内、经过高压灭菌的培养基中。

（2）培养条件。培养温度为（25±3）℃，空气相对湿度为 60%~80%，光照强度为 2000~3000 lx，光照时间为（10±2）h/d。培养基加 0.9% 的琼脂，pH 值为 5.8。

（3）初代培养。将处理好的外植体接种到初代培养基上，诱导腋芽萌发。初代培养基配方：MS+1.0 mg/L 6-BA+0.1 mg/L IAA。

（4）增殖培养。将初代培养获得的丛生芽剪成单芽茎段，转接至增殖培养基上。增殖培养基配方：MS+1.0 mg/L 6-BA+0.05 mg/L IAA。

（5）生根培养。将增殖的芽苗插到生根培养基中生根。最佳生根培养基配方：1/2 MS+2.0 mg/L IAA。芽苗插到培养基中培养 18 d 左右开始生根，1 株瓶苗生的根数少则 1 条，多则 14 条，呈放射状分布。根开始为白色，如果不及时移栽，根将逐渐老化变黄、变褐，最后变为灰褐色。在根变黄以前移栽成活率最高。

（6）移栽。在瓶苗长到 1.5 cm 以上、根还没有老化变色之前进行移栽。移栽最适宜的温度是 15~25 ℃，移栽基质以富含有机质、疏松、透气、保水性好的腐殖土为好，也可用蛭石移栽。移栽后浇透水，并放到小拱棚中培养。

（三）病虫害防治

刺梨苗期病害主要有根腐病、白粉病等，虫害主要有小地老虎危害等，其危害特点及防治方法见表 5-3。

表 5-3　刺梨主要病虫害危害特点及防治方法

病虫害名称	危害特点	防治方法
根腐病	受害部位为根。表现为从根尖或根皮层开始坏死腐烂，逐渐扩展到根系腐烂。地上部分的症状为叶片萎蔫并逐渐变黄，最后落叶，根茎处明显萎缩	（1）用 40% 根腐灵 800~1000 倍液喷雾或浇灌苗木根部，连续 3 次，每次间隔 3~5 d （2）用 50% 多菌灵可湿性粉剂 1000~1200 倍液对苗圃地连续喷施 3 次，每次间隔 5~10 d
白粉病	受害部位为嫩芽和嫩叶。表现为叶片表面覆盖 1 层白粉。嫩芽受害，导致叶片未能展开；幼叶受害，可导致病叶皱缩、变黄，甚至脱落	用 25% 粉锈宁可湿性粉剂 800~1000 倍液或 70% 甲基托布津可湿性粉剂 700~1000 倍液喷洒
小地老虎	受害部位为根、茎及植株。表现为植株萎蔫枯死。当苗圃地幼虫密度较大，危害严重时，会出现大面积倒伏和枯死	（1）加强苗圃地管理，及时中耕除草 （2）可用毒饵诱杀幼虫，用糖醋或黑光灯诱杀成虫 （3）每 667 m² 用 2.5% 的敌杀死乳油 300~40 mL 兑水 75 kg，日落后喷施幼苗 （4）清晨，用小铲翻动被害苗木附近的表土，人工捕杀幼虫

（四）苗木出圃

10月后或在起苗前 15~20 d 截干，保留苗高 30~45 cm。若土壤过于干旱，应提前 1~2 d 对苗圃地灌水。起苗时注意保持根系完整，避免苗木损伤。

刺梨实生苗、扦插苗苗木质量分级标准参照《刺梨培育技术规程》（LY/T 2838—2017）执行，具体见表5-4。

表 5-4　刺梨扦插苗、实生苗质量等级

苗木类型	苗龄／年	苗木等级	质量指标			综合控制指标
			地径／cm	分枝／个	>5 cm 长Ⅰ级侧根数／条	
扦插苗	1(1)-0	Ⅰ级苗	>0.55	>3	>6	无检疫对象，苗木新鲜，色泽正常，充分木质化，无机械损伤，主枝、侧枝饱满健壮
		Ⅱ级苗	0.40~0.55	2~3	4~6	
实生苗	1-0	Ⅰ级苗	>0.25	>2	>5	
		Ⅱ级苗	0.20~0.25	1~2	4~5	

三、皂荚

皂荚（*Gleditsia sinensis*）为豆科（Fabaceae）皂荚属（*Gleditsia*）落叶乔木或小乔木，也叫皂荚树、皂角、猪牙皂、牙皂等。皂荚在我国暖温带和亚热带地区均有分布，北至河北、山西，西北至陕西、甘肃，西南至四川、贵州、云南，南至福建、广东、广西。垂直分布多在海拔 1000 m 以下，最高 2500 m。贵州省各地均有分布，主要生长在海拔 650~1300 m 的山脚、路旁、沟旁、村前屋后，是石灰岩山常见树种。

皂荚树适应性强，耐旱节水，耐瘠薄、轻度盐碱，树龄长，生长快，根系发达，可用做防护林和水土保持林；皂荚木质坚硬，油漆性能好，耐腐耐磨，是制作家具等的好材料；其荚果、种子、皂刺均可入药，具有较高药用价值；其种子内胚乳中含有丰富的半乳甘露聚糖，在石油、天然气、造纸、纺织、食品、炸药、矿业等行业得到广泛应用。皂荚具有很高的药用价值、生态价值和工业原料利用价值，是较好的经济林树种、防护林树种和园林绿化树种。

（一）实生苗培育

1. 种子采集及处理

皂荚果实成熟期在10月中上旬。选择生长健壮、树干通直、树冠圆满、无病虫害、荚大饱满的母树采种，可人工捡拾，也可用钩刀或枝剪剪取。因其果实成熟后长期宿存枝上不自然脱落，易遭虫蛀，应及时采收。

采集的果实可用剪刀剪开果荚直接取出种子；或利用日光暴晒进行种实干燥脱粒，待种子干燥后压碎去皮，风选去杂后得到纯净种子。

2. 种子贮藏和催芽

将纯净种子装入编织袋或木桶中，置于干燥、通风、低温、阴凉的仓库内进行贮藏。为预防虫蛀导致种子品质降低，可用生石灰、木炭屑等拌种，用量为种子重量的 0.1% ~ 0.3%。

由于皂荚种皮较厚，吸水困难，播种前必须进行种子处理和催芽，方法有 4 种：①播种前 7 d 温水浸种，第一次浸种水温在 60 ~ 70 ℃，以后水温在 40 ℃左右，每天浸 2 次，每次浸种完将水倒掉，共浸 7 d，当 20% ~ 30% 有种子萌发时即可取出播种；②先用碱水（碱水为种子的 4 ~ 5 倍）浸泡 48 h，再用清水浸泡 24 h，发芽率可达 80% ~ 92%；③秋末冬初，将净选的种子放入水中，待其充分吸水后，捞出混合湿沙贮藏催芽，翌年春天种子萌发后播种；④采用破皮处理吸胀法处理皂荚种子，发芽率可达 98%。

3. 大田播种育苗

（1）苗圃地选择。选择地势平坦，土壤肥沃、疏松，排灌良好（忌水涝）的中壤、沙壤土地块作苗圃地。要求土壤 pH 值为 5.5 ~ 7.5，土层厚度 ≥ 50 cm。

（2）整地作床与土壤处理。春季、秋季翻耕均可。春季在播种前 20 ~ 30 d 进行翻耕，翻耕深度为 20 ~ 25 cm；秋季选在土壤上冻前进行，翻耕深度为 25 ~ 30 cm。结合翻耕施基肥，农家肥用量为 30 000 ~ 45 000 kg/hm²，氮磷钾复合肥料用量为 600 kg/hm² 左右。耙细耙平后作床。

将硫酸铜、生石灰、水按 1 : 1 : 100 体积比配成波尔多液，再将波尔多液、赛力散（250 : 1）配成消毒液喷施苗床，用量为 2.5 kg/m²；也可用 50% 的多菌灵可湿性粉剂与细土按 1 : 20 制成毒土撒在苗床上，用量为 15 kg/m²。

（3）播种。3 月下旬至 5 月上旬播种，用种量为 225 ~ 335 kg/hm²。采用开沟条播，按行距 25 ~ 30 cm、沟深 5 ~ 8 cm 播种，种子间距为 3 ~ 5 cm，播后及时用细土均匀覆盖，覆土厚度为 3 ~ 5 cm，后稍镇压土壤，以使种子与土壤空隙减小，确保幼苗出土整齐。沙土或沙性大的地块播种要比其他土壤略深。

（4）苗期管理。皂荚出苗时间较长，应注意床面板结影响幼苗出土，要保持床面湿润，及时轻轻疏松床面表土而又不伤幼苗，达到全床整齐出苗。

及时清除苗床上的杂草，做到"除早、除小、除了"。

当苗生长到 5 ~ 6 cm 时要及时间苗，并对缺苗处进行移苗补植。全年可进行 2 次间苗，幼苗适宜株距为 10 ~ 15 cm。留苗量为 15.0 万 ~ 22.5 万株/hm²。

适时灌溉、适时施肥，撒施 1 次尿素，施用量为 150 ~ 225 kg/hm²。6—8 月，苗木进入速生期，雨量较多时可适当追施磷钾肥，加强中耕除草，促进苗木健壮生长；8 月下旬视天气情况停止浇水，以利幼苗木质化。

（二）无性繁殖育苗

1. 嫁接育苗

（1）砧木选择。选择发育良好、生长健壮的一年生或二年生播种苗作砧木。

（2）接穗。枝接穗条的采集与处理：当年冬季至翌年春季发芽前采集接穗。从皂荚采穗母株上剪取直径为 0.5 ~ 0.8 cm 的一年生发育饱满枝条，剪掉枝刺，沙藏于 0 ~ 5 ℃的环境中，沙子含水量应为饱和含水量的 60%。嫁接前，将冬季贮藏或春季现采的枝条剪成长 8 ~ 10 cm 的接穗，每段保留 3 ~ 4 个芽，进行全接穗水浴蜡封。石蜡温度为 70 ~ 90 ℃，以封蜡黏合牢固、触碰不易碎为度。

芽接穗条的采集与处理：芽接穗条应选择生长健壮、芽饱满的当年生枝条，最好随采随接。采下的穗条要立即剪去叶片，以减少水分蒸发。当天用不完的穗条，应立放在阴凉处盛有少量清水的桶内，并用湿毛巾覆盖以保湿。有条件的可以存放在恒温库内，随用随取。从采穗到嫁接不超过 5 d，否则会影响成活率。

（3）嫁接。4 月初至 5 月上旬嫁接，枝接采用劈接和插皮接，砧木较细时用劈接，砧木较粗且离皮时用插皮接。其中，劈接在4月上旬至中旬进行，插皮接在4月下旬至5月上旬进行。芽接常用"T"形芽接。嫁接好后用优质塑料薄膜绑紧、绑严。

（4）嫁接后管理。枝接苗：要及时抹除砧木萌芽，一般抹除3次以上。接穗的萌芽选留1个壮芽，其余摘除。

芽接苗：芽接后10 d左右应及时检查芽成活情况，已成活的苗木应及时去除绑缚物并剪砧。

（5）苗期管理。生长季根据苗圃地杂草情况，及时清除杂草，下雨后或灌溉后及时松土。

6—8月每隔1个月追肥1次，连续2~3次，前两次每667 m² 各追施尿素10~15 kg，第三次每667 m² 追施复合肥料15~20 kg。

（三）病虫害防治

皂荚苗期主要病害有立枯病、白粉病、炭疽病，主要虫害有蚜虫和凤蝶，其主要病虫害危害特点及防治方法见表5-5。

表5-5　皂荚苗期主要病虫害危害特点及防治方法

病虫害名称	危害特点	防治方法
立枯病	幼苗感染后根颈部变褐至枯死；成年植株受害后，从植株下部开始变黄，然后整株枯黄至死亡	（1）应实行轮作，增施磷钾肥，使幼苗健壮，增强抗病力 （2）播种前，种子用多菌灵杀菌 （3）出苗前喷波尔多液1次，出苗后喷多菌灵溶液2~3次 （4）发病后及时拔除病株，病区用石灰水消毒
白粉病	主要是为害叶片。在发病初期，叶片上会出现白色小粉斑，之后扩大成圆形或不规则形斑块。若整个植株都受害，植株会变得矮小，嫩叶扭曲畸形，严重时整个植株都会死亡	（1）在萌芽前喷洒3~4 °Bé 石硫合剂 （2）生长期发病可喷洒80%代森锌可湿性粉剂500倍液，或70%甲基托布津1000倍液，或20%粉锈宁乳油1500倍液，或50%多菌灵可湿性粉剂800倍液
炭疽病	主要为害叶片，也能为害茎。叶片上病斑圆形或近圆形，灰白色至灰褐色，边缘为红褐色，其上生有小黑点。后期病斑破碎形成穿孔。病斑可连接成不规则形，发病严重时能引起叶枯	（1）将病株残体彻底清除并集中销毁，减少侵染源 （2）加强管理，保持良好的透光、通风条件 （3）发病期间可喷施波尔多液或65%代森锌可湿性粉剂600~800倍液
蚜虫	一种体小而柔软的常见昆虫，常为害植株的顶梢、嫩叶，使植株生长不良	（1）可用水或肥皂水冲洗叶片，或摘除受害部分 （2）消灭越冬虫源，清除附近杂草，彻底清田 （3）蚜虫危害期喷洒敌敌畏1200倍液
凤蝶	其幼虫在7—9月咬食叶片和茎	人工捕杀或用90%百虫500~800倍液喷施

（四）苗木出圃

皂荚的播种苗和移植苗苗木质量分级参照《皂荚育苗技术规程》（LY/T 2435—2015）执行，其中播种苗主要参考东北、西北地区的要求执行，具体见表5-6。

表 5-6　皂荚播种苗、移植苗质量等级

苗木类型	苗龄 / 年	苗木等级	苗高 / cm	地径 / cm	根系	
					长度 / cm	>5 cm 长 I 级侧根数 / 条
播种苗	1-0	I 级苗	>80	>0.6	>20	5
		II 级苗	40～80	0.4～0.6	>15	5
移植苗	1-1	I 级苗	>200	>2.0	>25	10
		II 级苗	150～200	1.0～2.0	>25	10

四、胡桃（核桃）

胡桃（*Juglans regia*）为胡桃科（Juglandaceae）胡桃属（*Juglans*）乔木，又称核桃。世界各大洲均有核桃的自然分布或栽植，在我国主要分布区是华北区、西北区、中南区大部、华东区北部，以及四川和西藏东南部。在贵州省，除干热河谷外，全省皆有分布，以毕节市最多，占全省资源的50%以上，集中在威宁、赫章、织金、七星关、大方等县（区）；六盘水的盘州、水城，黔西南的普安、兴仁、兴义分布也较多。核桃垂直分布的高差较大，在贵州省海拔700～2500 m都有分布，但多分布在海拔1500～2000 m。

核桃是我国最重要的经济林树种之一，有2000多年的栽培历史，与扁桃、腰果、榛子并称为世界"四大坚果"，其栽培面积和产量均居首位。核桃仁既是食品、油料，也是工业原料，而果材兼用型核桃还兼具用材、防护、绿化、观赏功能。

（一）实生苗培育

1. 种子采集与处理

选择本地适应能力强、丰产稳产、壳薄、无严重病虫害、种仁饱满、容易取仁、含油量和出仁率高、生长健壮、抗逆性强的20～40年生的盛果期优良单株作为采种母树。9月核桃果皮颜色由青绿色逐渐变化为黄褐色时采集。

留种用的核桃种子采收时间比食用的核桃晚10余d。成熟度高的核桃果皮（青皮）较易脱离。果实采集后，先行堆沤去除果皮，去皮去杂后，存放在干燥通风处，避免霉变。

2. 种子贮藏及催芽

采用普通干藏法。播种前进行催芽，催芽前挑出摇动有响声的不饱满种子。可采取冷浸日晒催芽和混沙湿藏催芽。

冷浸日晒催芽：4月初，把种子装入袋中并放入冷水中浸泡，每隔3 d换水1次（或浸泡在流动的河水中），待浸泡10～15 d种子充分吸水后，捞出并控干水分。把浸泡后的种子与3～4倍量的湿沙混合，铺于向阳的地方铺进行催芽，厚30～40 cm，每隔1～2 d翻动1次，每天洒水1次，保持沙子潮湿。晚上覆盖草保温。10～15 d后播种。

混沙湿藏催芽：1月左右，选择背风、不积水处挖埋藏坑，坑深1 m、宽1 m，坑长根据种子量而定。坑底铺10 cm厚湿沙（含水率为60%），把种子用冷水浸泡3 d。先在湿沙上放1层浸泡后的种子，再铺1层2 cm厚湿沙，再放1层种子，直到距地面10 cm，接着覆盖湿沙至与地面平齐，每隔60 cm插

1束秸秆以备通气。翌年春季，播种前7d取出种子，摊晒翻动，适度喷水以保持种壳湿润，待多数种子裂嘴后即可播种。

3. 大田播种育苗

（1）苗圃地选择。尽量选取地势较为平坦，周围交通较为便利，排水良好，土层深厚、肥沃的沙壤土地块作苗圃地。沼泽地和重黏土不适宜地块作苗圃地，且不能在柳树或杨树生长过的地块育苗，以免播种后出现根腐病。

（2）整地作床与土壤处理。冬季深翻2次苗圃，开春后把土打碎耙平，用生石灰（撒施）7500 kg/hm²和1%的硫酸亚铁溶液（喷施）进行土壤消毒，二者分次施用，不要同时进行。

施用腐熟有机肥料1000~1500 kg/667 m²作底肥，混匀后开沟作床。

（3）播种。一般来说，播种最好在每年的3—4月，虽然秋季也可播种，但是相对于春季播种，秋季更容易遭受鼠害、兔害。播种量为1500~2250 kg/hm²。开沟点播，行距为20~30 cm，株距为15 cm，沟深10 cm。播种时，种子缝合线要垂直于地面，然后覆土5~7 cm厚并浇透水，再用稻草覆盖以保持土壤湿润。

（4）苗期管理。经过处理的种子，一般播后25~40 d才会陆续出苗，有的甚至需50 d。苗木出齐后要及时松土除草、灌溉、施肥和防治病虫害。

在苗木生长季节一般要进行3~4次中耕除草，使苗圃地保持表土疏松、无杂草。因核桃出苗缓慢，且持续时间长，为了不损害芽苗，第一次除草宜采取人工拔草，不宜用锄，以免将出土的幼芽锄掉。

幼苗出齐后，为加速苗木生长，应尽早追施速效氮肥，一般在6月底至7月上旬施尿素150 kg/hm²，最好结合灌溉或雨后进行。在苗木速生期，即7月下旬至8月下旬，可加施磷酸钙10 kg/hm²或适量草木灰1次，以促进苗木健壮生长和安全越冬。核桃苗扎根深，施肥应采用沟施，即在离苗5 cm左右的两侧挖3~5 cm深的沟，将肥料施于沟内，然后覆土。浇灌次数因干旱程度和灌溉条件而定，一般为2~3次。在降雨过多的地方应注意排水防涝，以免长期积水而造成烂根。

4. 容器育苗

（1）育苗容器选择及基质配制。选择口径为8~10 cm、高20~25 cm的塑料或无纺布营养袋育苗。

壤土、粪肥、炉渣按1∶0.5∶1的比例或园土、腐熟农家肥、沙按6∶3∶1的比例配制基质，混合基质充分搅拌，搅拌的同时施入微量肥料，并用高锰酸钾或蓝矾对土壤进行常规消毒处理，或用50%多菌灵可湿性粉剂30 g/m³消毒基质。将处理好的基质填入容器中，装时边装边抖动，将容器内土壤装实，填装量以不撑破容器为度。将育苗容器整齐地摆放在苗床上，容器与容器之间的间隙要用细土填实。苗床周围用土培扶，每平方米摆放100个左右育苗容器，以便播种、管理。

（2）播种。播种前采用冷浸日晒催芽或混沙湿藏催芽。观察催芽情况，待胚芽长到合适长度（不超过3 cm），将发芽的核桃取出。用挑出的发芽种子点播，点播深度为3~4 cm，芽朝下，后覆土轻压，并在表层铺1层湿锯末。5~6 d后，种子破土出芽。

（3）苗期管理。在种子萌发的初始阶段要经常喷淋以保持土壤湿度和空气相对湿度，如遇低温，需架设拱棚保持温度。同时，注意通风遮阳，以免高温灼伤幼苗。苗木进入速生期时要追肥，每隔10~15 d施1次含氮量较高的复合肥料，浓度为0.3%，施3~4次即可。苗木生长后期再喷施1~2次0.3%的磷酸二氢钾。进入5月，气温较高，天气干燥，苗木易受日灼危害，可在苗床上方搭遮阳网遮阴，透光率以50%为宜。

（二）无性繁殖育苗

1. 扦插育苗

（1）插穗采集及处理。选择健壮、带腋芽、无病虫害、髓心尚未中空的半木质化枝条，直径为0.6~

0.8 cm。取枝条上部，剪成长度为 4~6 cm 的插穗，每个插穗保留 2 个以上的腋芽。插穗下端斜剪，上端平剪，切口与芽相距大致为 1 cm。每片复叶上的小叶只保留 2~3 片，并将每片小叶剪去一半。

插穗在扦插前要进行相应的处理，用浓度为 200 mg/L ABT 生根粉溶液浸泡 2 h，或用 500~1000 mg/L IBA 溶液速蘸插穗基部 2~3 cm，或用 3000~5000 mg/L 的 IBA 和 NAA 乙醇混合液（IBA：NAA=9：1）蘸根 1 min。

（2）扦插床准备。选择交通方便、背风向阳、地势平坦、土层深厚、土壤肥沃、排灌良好、地下水位较低（≥2 m）、pH 值为 6.5~8.0 的壤土或沙壤土地块作育苗地，忌重茬。

整地作床时施足底肥，施充分沤熟的农家肥 30 000~45 000 kg/hm²，复合肥料（如尿素、磷酸二铵）600~750 kg/hm²。整地时用甲基托布津或多菌灵等喷施消毒。

温室一般采用普通插床，插床周边砌砖，顺插床方向在床底中间设 1 条宽 20 cm、深 15 cm 并有一定斜度的排水沟，沟内铺填鹅卵石，与床底平。然后自下而上分层填入 10 cm 厚碎石子（直径为 5 mm）和 10~15 cm 厚的粗沙。室外采用宽度为 1.2 m 的高床作为插床，高度根据地形进行适当调整。先在苗圃上铺粗沙，再铺腐殖土，前者的厚度控制在 10~15 cm，后者厚度以 5~6 cm 为宜。插床要在扦插前 2 d 用 0.5% 的高锰酸钾溶液浇透，并对土壤进行消毒。

（3）扦插。5—7 月扦插较好。扦插的株距和行距均以 10 cm 为宜，深度控制在 3~4 cm。插后浇透水。

（4）扦插苗管理。扦插完毕后在苗床上搭建小拱棚，并且覆盖透明塑料薄膜，同时放置温湿度计。塑料薄膜四周用土压实，形成 1 个密闭小环境，以保持适宜的温度与湿度。在小拱棚上盖遮光率为 50% 的遮阳网；烈日的中午，当小拱棚内温度高于 35 ℃时要及时喷雾降温，避免高温导致插穗灼伤而死亡；小拱棚内空气相对湿度保持在 90% 以上，低于 90% 则需及时补充水分。

正常情况下，扦插后每隔 4~5 d 掀开薄膜补充水分，同时喷施 40% 三乙膦酸铝可湿性粉剂 1000 倍液、75% 百菌清可湿性粉剂 1000 倍液、50% 甲基托布津胶悬剂 1000 倍液（交互使用）以预防病害；每隔 7~14 d 喷 1 次硫酸钾 500 倍液、高钾型高乐 500 倍液、磷酸二氢钾 500 倍液（交互使用），以补充插穗营养。

95% 插穗生根后，灌施硫酸钾复合肥 200~350 倍液或植物氨基酸 200~350 倍液或磷酸二铵 200~350 倍液（交互使用），追肥 3~4 次，隔 7 d 追施 1 次。

2. 组织培养育苗

（1）外植体采集及处理。5—6 月，从采穗圃和优良母株上采集生长健壮、无病虫害的枝条（每枝带 6~10 个芽），立即剪掉叶片，叶柄保留约 1 cm，并用湿毛巾包裹好备用。将采集回的枝条剪成 1~2 cm 长的茎段，每个茎段要带有 1 个叶芽，流水冲洗 30 min 后用 80% 的乙醇浸泡 20 s 以溶解茎段表面的蜡质和油脂，捞出茎段，放入装有 0.1% 洗洁精水的三角瓶中摇床震荡 1 h。在超净工作台上，用无菌水冲洗茎段 2~3 次，用 5% 的 84 消毒剂消毒 10 min，无菌水冲洗 2~3 次。把消毒好的茎段置于铺有无菌滤纸的培养皿中，吸干茎段表面的水分备用。

（2）培养条件。初代培养温度为（25±2）℃，增殖培养和生根培养温度为（27±2）℃；光照强度为 2000 lx；光照时间为 15 h/d。

（3）初代培养。将灭菌的茎段接种到配好的初代培养基上。培养基配方：DKW+1.2 mg/L 6-BA+0.012 mg/L IBA-K（吲哚丁酸钾）。初代培养萌芽率和存活率分别为 86% 和 96.49%。

（4）增殖培养。将经历 30 d 初代培养获得的丛生芽切成长 2 cm 左右、带 2~3 个腋芽的茎段，并接种到增殖培养基上培养。增殖培养基配方：DKW+0.6 mg/L 6-BA+0.01 mg/L IBA-K。增殖系数为 5.3。按此培养基配方进行继代培养。

（5）生根培养。继代培养 45 d 后，将长势健壮、基径较粗、高度为 4~5 cm 的组培苗接种于事先配制好的生根培养基中培养生根。接种后放入纸箱，进行 20 d 的暗培养，每天进行 1 次照光，每次 1 h。20 d 后转到普通光下培养，光照时间为 15 h/d。生根培养基配方：1/2 DKW+15 mg/L IBA–K+40 g/L 蔗糖 + 2.28 g/L 琼脂。

（6）炼苗和移栽。移栽前需要对瓶内生根组培苗进行一段时间的炼苗。首先进行为期 2 d 的闭瓶炼苗，然后将瓶盖拧松至透气状态放置 3 d，最后拿掉瓶盖使之完全接触外界环境，放到低光照的地方炼苗 1 d 后移栽。

将混合土与珍珠岩按 1∶1 比例配成移栽基质，将基质配制好后装入穴盘。混合土主要成分为天然腐殖酸和草炭、禽类粪便等有机物。

移栽时，在室内将核桃生根组培苗从瓶中取出，用清水洗净其基部黏附的培养基后，用泡沫箱子将其移至苗圃荫棚中。生根组培苗基部速蘸（5 s）500 mg/L 的 ABT 生根粉溶液后直接栽于事先准备好的穴盘中（每个穴盘网格中栽 1 株），移栽后浇透水，并用塑料薄膜搭小拱棚。移栽后每天中午浇水 1 遍，保持棚内空气相对湿度在 80% 以上，早晚温差为 10 ℃。移栽 20 d 后，白天撤掉薄膜，让苗木逐渐适应外界环境，晚间则继续加盖薄膜保温。移栽 30 d 后，观察到植株新叶逐渐变成深绿色且生长健壮时，便可撤掉小拱棚。

3. 嫁接育苗

（1）芽接砧木选择。砧木是否合格需从地径、木质化程度、生长状况 3 个方面判断。选择地径为 1.2~2.0 cm 的砧木进行芽接，太细则不方便操作，成活率低。除直径外，还要求嫁接处茎部光滑、通直。砧木木质化程度不同，其形成层的活跃程度是不一样的，而形成层的活跃程度又与嫁接成活率密切相关。芽接砧木嫁接部位完全木质化为最好，即其颜色由绿色刚转至褐色。

（2）穗条采集。选择树冠外围生长健壮、无病虫害、半木质化发育的当年生枝作穗条，随采随接。若采穗圃距离较远，穗条采后应立即去掉复叶，下部插入水桶中并置于阴凉条件下运输至苗圃待用。

（3）穗条取芽。当年生新枝半木质化时开始芽接。接芽以接穗中上部 3~5 个饱满芽为好。用双刃刀在穗条上的选定芽处横切 1 刀至木质部，使刀上刃、下刃与芽的距离相等，然后用双刃刀的单侧刃分别在芽两侧各纵割 1 刀，轻轻扭下带护芽肉的芽片，芽片长 3~5 cm、宽 1.5~2.0 cm。选取砧木距地面 30 cm 左右光滑处切取与接穗芽片相同大小的砧木皮片并撕下，砧木接口右下角处要留 1 个长 2~3 cm、宽 2~3 mm 的放水口。

（4）嫁接。将取好的芽片迅速嵌入切好的砧木接口处，并使上、下、左 3 个方向紧密相贴，然后用塑料条自下而上绑扎，松紧适度。注意接芽外露，接口右下角处放水口外露。

（5）嫁接苗管理。嫁接后 15~20 d，嫁接成活的苗木从嫁接口以上 3~5 cm 处剪砧，待接芽抽梢到 20~30 cm 时再次剪砧到适当部位，剪砧要注意抹去砧木上的萌芽；未成活的苗木及时补接。

及时进行土、肥、水管理，中耕除草，病虫害防治。

（三）病虫害防治

核桃苗期病虫害主要有黑斑病、金龟子和刺蛾类，其危害特点及防治方法见表 5–7。

表 5-7　核桃苗期主要病虫害危害特点及防治方法

病虫害名称	危害特点	防治方法
黑斑病	主要为害核桃苗的叶片和嫩枝。叶片发病初期病部为褐色小斑点，边界不清，以后逐渐扩大，成片变黑，严重时病斑侵蚀整个叶片，致使叶片变黑脱落；嫩枝受害后病斑为长条形、褐色，稍凹陷，病斑连环后可造成枝干枯死	（1）用波尔多液 [（硫酸铜∶生石灰∶水 = 1∶（0.5～1）∶200）] 或 50% 多菌灵可湿性粉剂 500 倍液喷雾 （2）一些修剪口、伤口要及时涂抹愈伤防腐膜，保护伤口，防止病菌侵入、雨水污染
金龟子	为害幼苗根颈和根系。成虫傍晚飞到树上取食叶片和幼芽，天亮后又飞回匿藏	（1）可选用 2.5% 敌百虫粉剂、1.5% 乐果粉剂、5% 氯丹粉剂等喷粉防治成虫，每 667 m² 用 1.0～1.5 kg；还可用 40% 乐果乳油 1000 倍液，或 75% 辛硫磷乳油 1500 倍液，或 90% 敌百虫 1000 倍液，喷雾防治成虫，杀虫率都在 90% 以上 （2）用 25% 乙酰甲胺磷乳油、25% 异丙磷乳油、90% 敌百虫等，兑水稀释 1000 倍，灌注根系，防治效果良好
刺蛾类	初龄幼虫取食叶片的下表皮和叶肉，仅留表皮层，叶面出现透明斑；3 龄以后幼虫食量增大，把叶片吃出很多孔洞、缺刻，影响树势和翌年结果	（1）及时摘除虫叶，并踩死幼虫（初龄幼虫） （2）在成虫盛发期，利用成虫较强的趋光性，每天 19∶00～21∶00 设置黑光灯诱杀成虫 （3）刺蛾幼虫发生严重时，可选用 90% 敌百虫 1000 倍液、25% 亚胺硫磷乳油 1500 倍液、50% 辛硫磷乳油 1500～2000 倍液、10% 氯氰菊酯乳油 5000 倍液、48% 毒死蜱乳油 1500 倍液喷杀幼虫，杀虫率达 90% 以上

（四）苗木出圃

核桃播种苗苗木质量分级标准参照《主要造林树种苗木质量分级》（GB 6000—1999）执行，具体见表 5-8。

表 5-8　核桃播种苗质量等级

苗木类型	苗龄 / 年	苗木等级	苗高 / cm	地径 / cm	根系	
					长度 / cm	>5 cm 长 I 级侧根数 / 条
播种苗	1–0	I 级苗	>68	>1.45	>40	24
		II 级苗	48～68	1.14～1.45	>35	20

五、油　茶

油茶（*Camellia oleifera*）为山茶科（Theaceae）山茶属（*Camellia*）常绿小乔木，原产于我国，是我国最重要的食用油料类经济林树种，与油橄榄、油棕和椰子并称为"世界四大木本食用油料"植物。主要分布于秦岭、淮河以南和青藏高原以东的广大地域，从海拔 100 m 以下到海拔 2200 m 以上均有分布，其中以我国东南部海拔 500 m 以下的丘陵山地分布最多、生长结实最好。油茶栽培面积以湖南、江西和广西最大，占全国油茶栽培总面积的 70% 以上，其次为贵州、广东、福建、浙江、云南、安徽、湖北、河南等，四川、陕西、台湾、江苏、海南等地亦有少量栽培。

油茶作为一种木本油料树种，主要用途是榨油。茶油中的不饱和脂肪酸含量约为 90%，其中，油酸含量约为 80%，亚油酸含量约为 8%，是一种非常优质的食用植物油，长期食用可降低血清胆固醇，有预防和治疗心血管疾病的作用。茶油除食用外，还广泛用于化工、医疗、生物柴油等领域，其榨油剩余物还可用于提取皂素和用作饲料加工。除此之外，油茶是典型的冬花植物，花形美观，是优良的园林绿化树种。

（一）实生苗培育

1. 种子采集与处理

9 月下旬至 11 月上旬，果实果皮光滑，色泽变亮，有 5% 果实自然开裂时采收。果实采收后，在通风干燥的室内堆放 3~5 d，堆放厚度约为 20 cm。待果实失水开裂后，翻动数次，使种子脱落，及时取出种子在室内晾干 3~5 d。当种子含水量约为 25% 时用风箱、风选机、筛子对种子进行过筛、风选，清除病虫粒、小粒、空粒和果壳等。

2. 种子贮藏与催芽

可采用常温层积贮藏和低温贮藏。

常温层积贮藏：将种子与过 0.8 mm 孔径筛的河沙按体积比 1:3 混合，沙子湿度以"手握成团而不出水，松手触之即散开"为度。在室内阴凉处地面先铺厚度约为 15 cm 的沙子，再 1 层种子 1 层沙子地交错层积，每层厚度约为 10 cm，层积总厚度约为 60 cm。层积时间不宜超过 6 个月。种子量大时可在室外挖坑贮藏。层积贮藏通常结合催芽进行。

低温贮藏：种子调制后用麻袋、布袋分装，置于 0~5 ℃低温库中堆放贮藏。种子含水量不宜小于 25%。低温贮藏种子在播种前 30 d 进行种子催芽。在室内或室外地面铺垫厚度约为 15 cm 的河沙，种子均匀撒在沙面上，种子间不重叠，再铺 1 层厚度约为 10 cm 的河沙，如此 1 层种子 1 层沙地铺 5~6 层，用清水浇透，盖上薄膜或稻草。期间沙床保持湿润，湿度不够时需及时喷水。

3. 大田播种育苗

（1）苗圃地选择。选地势平缓，排水良好，光照与水源充足，土层厚度 ≥50 cm，土壤疏松、透气、pH 值为 5.0~6.5 的沙壤土、壤土和轻壤土，交通方便的地方作苗圃地。

（2）整地作床与土壤处理。苗圃地应深耕细整，地平土碎，并清除石块、草根，翻土深度大于 25 cm。在灌木林地、生荒地等开辟的新苗圃，应提前 1 年烧荒开垦，秋冬季深翻越冬，翌年春季适时耕耙。基肥以有机肥为主，翻埋入耕作层，每公顷施用腐熟农家肥约 22 500 kg，或腐熟饼肥约 1500 kg，或复合肥料 1500 kg，以腐熟的菜籽饼做的基肥缺磷，应增施过磷酸钙。用生石灰 350~400 kg/hm² 进行土壤消毒。

整地后作床，苗床宽 1.0~1.2 m、高 20 cm，步道宽 30~40 cm。床面覆盖 1 层厚度为 2~3 cm 的过筛细土。在干旱、缺水地区也可在苗床上搭高 60~80 cm 的小拱棚。

（3）播种。以 2 月中旬至 3 月中旬播种为宜，沙藏种子 30% 露白时即可播种。采用条播或点播。条播按行距 10~15 cm、株距 3~5 cm 播种，播种量约为 1500 kg/hm²；点播根据单位面积产量和留苗密度确定株行距，以出苗量 70 万~120 万株/hm² 为宜。播种前苗床浇透水，播后覆土，厚度约为 3 cm。

（4）苗期管理。开始出苗后，在苗床上搭高 50~60 cm 的小拱棚，加盖遮阳网遮阴。

苗木出齐后适时间苗，使苗床上的苗木分布均匀，密度适宜，间苗最好在阴雨天进行。

及时除草。人工除草宜在土壤湿润时连根拔除。每月松土 1 次，灌溉条件差的可适当增加松土次数。

幼苗出土前适时浇水，保持土壤湿润，雨天及时排除积水。将细土和肥料拌匀，在雨后晴天或浇水后，苗床湿润但苗木枝叶干燥时每 667 m² 撒施尿素或复合肥料 8 ~ 10 kg，施后用细树枝轻扫苗木，震落肥料。苗木生长期内每 15 ~ 20 d 追肥 1 次，早晨或傍晚进行。

4. 容器育苗

（1）育苗容器选择及基质配制。根据育苗年龄及育苗基质选择容器规格，以土壤为基质育苗，一年生苗容器规格为口径 6 cm、高 12 ~ 15 cm，二年生苗容器规格为口径 8 cm、高 15 ~ 20 cm；轻基质容器育苗，一年生苗容器规格为口径 4.5 ~ 5.5 cm、高 10 ~ 12 cm，二年生苗容器规格为口径 6.0 ~ 7.5 cm、高 15 ~ 20 cm。容器材质为塑料或无纺布。

基质配方：①腐殖土、泥炭、黄心土按 1 : 2 : 3 比例配制，加钙镁磷肥 1 ~ 2 kg/m³；②泥炭、蛭石、珍珠岩按 6 : 3 : 1 比例配制，加缓释肥料 1 ~ 2 kg/m³；③泥炭、农林生产废弃材料粉碎物、蛭石按 2 : 2 : 1 比例配制，加缓释肥料 1 ~ 2 kg/m³。按选定的配方配制好基质后，将 pH 值调至 5.0 ~ 6.5。每立方米基质用硫酸亚铁 25 kg 消毒，基质翻拌均匀后用不透气的材料覆盖 24 h 以上，或翻拌均匀后装入容器，在苗圃地用塑料薄膜覆盖 7 ~ 10 d 后播种，或每立方米用 10 ~ 12 g 代森锌均匀混拌入基质灭菌。

（2）苗床准备。育苗地应选在交通方便、水源充足、排水良好、通风、光照充分的平坦地。清除育苗地杂草、石块，平整土地，周围挖排水沟，做到内水不积、外水不淹。按大田播种育苗的方式作床。将装好基质的容器整齐摆放于育苗盘后放置于苗床上，或直接将容器摆放在育苗床上。

（3）幼苗栽植。5—6 月，选用优质、无病虫害的种子播种获得的芽苗作为芽苗砧，以 10 年以上树龄优良无性系母树中上部当年生的半木质化健壮枝条为接穗，通过劈接法使接穗和砧木贴合生长，获得油茶芽苗砧嫁接苗。将嫁接小苗下胚轴完全植入容器中央，使苗根与基质紧密接触。移栽后浇透定根水，喷洒代森锰锌或甲基托布津 800 ~ 1000 倍液预防软腐病、炭疽病等，搭拱棚盖塑料薄保湿，并搭建高 1.0 ~ 2.0 m 的荫棚遮阴，透光率为 20% ~ 30%。

（4）苗期管理。定植后保持塑料薄膜密闭保湿，40 ~ 50 d 即可揭开薄膜，90 d 后逐渐增加透光率，110 d 左右即可揭去全部遮阳网进行全光照培苗。

培育期间保持基质湿润。速生期浇水应量多次少，在基质达到一定的干燥程度后再浇水；生长后期要控制浇水。揭膜炼苗 1 周后开始追肥，早期以氮肥为主，尿素 : 复合肥料 = 1 : 1，后期减少氮肥，仅施复合肥料。复合肥料以硫酸钾复合肥（氮 : 磷 : 钾 = 15 : 15 : 5）为宜。追肥结合浇水进行，肥料浓度不高于 0.5%，每 15 d 进行 1 次。根外追肥用磷酸二氢钾 1000 倍液喷施，每月 1 ~ 2 次。

从嫁接后 30 d 左右开始，及时除去砧萌和接穗花芽。

及时除草，保证容器内、床面上和步道上无杂草。

（二）无性繁殖育苗

1. 扦插育苗

（1）插穗采集及处理。每年 1—2 月、5—6 月、9—10 月上旬腋芽萌动前采集插穗。选择通过国家或省（区、市）审（认）定的油茶良种，选取树冠中上部外围芽饱满、无病虫害的半木质化或木质化的枝条制成插穗。将枝条剪成长 3.0 ~ 6.0 cm 的插穗，保留 1 ~ 2 个芽和叶片，上切口平切，距芽 0.2 ~ 0.3 cm，下切口斜切。

插穗在 200 ~ 500 mg/L NAA 溶液或 500 ~ 2 000 mg/L IBA 溶液中速蘸 20 s 备用。

（2）扦插床准备。苗圃地一般选择土壤肥沃、浇水方便、地下水位较低的酸性或微酸性沙壤土地块，最好有阴凉的小环境。苗圃地要适当施猪粪和速效氮肥、磷肥、钾肥作基肥，一般每 667 m² 施猪粪

2000 kg 或腐熟饼肥 500 kg，深翻 2～3 遍，打碎土块，清除草根和石子。

按常规作床。床面要求平整，避免插后底层透风，影响插穗成活。床面均匀地铺上 5 cm 厚的过筛黄心土，压实整平，作为扦插基质。

（3）扦插。插时先用木棍在基质上插个孔，再把插穗的 1/2～2/3 插入土中，叶柄和腋芽露出土面，注意避免损伤下切口。株行距为 5 cm×20 cm。插后用手指略压基质，浇透水，使插穗切面与基质密接。为防止洒水时土粒溅在叶面上，扦插完毕后，在床面上铺上薄薄 1 层粗沙。苗圃地要搭棚遮阳，棚高 30～50 cm，透光率以 40%～50% 为宜。

（4）扦插苗管理。温度超过 35 ℃时，喷水降温；维持空气相对湿度为 80%～90%，保持基质湿润。苗木长出 2～3 片真叶后，结合除草松土追肥，宜在一早一晚进行，施用腐熟麸饼稀薄水肥，或将化肥配制成 0.2%～0.3% 的水溶液施用。前期施肥浓度宜稀，后期浓度稍浓。每隔 10～15 d 施肥 1 次，施肥后及时用清水冲洗幼苗叶面。

2. 嫁接育苗

（1）芽苗砧准备。选择干净、平整、排水良好的场地，用砖砌成宽 1 m 左右、高 25～35 cm，长度视场地和种子量而定的催芽床。催芽床填入 15 cm 厚的湿沙，刮平后播上 1 层消过毒的油茶种子，再盖 10 cm 厚的湿沙。搭小拱棚，盖塑料薄膜，并搭高 1.5～2.0 m 的荫棚遮阴。

（2）嫁接。起砧：5 月中旬至 6 月上旬，待砧木种子萌芽展叶、接穗进入半木质化之前进行芽苗砧嫁接。起芽苗砧时，小心扒开催芽床上的沙子，用手指捏住子叶柄下方的根部，轻轻拔出砧木苗，注意不可损伤子叶柄。起苗后，用清水冲刷干净，并盖上湿布，以保证嫁接前其幼嫩的胚根不会过度失水。

削接穗：从枝条基部开始，依次向上。削取饱满芽作接穗，一穗一芽，叶片可全留，亦可剪去 1/3。在枝条腋芽下方 0.2 cm 处两侧用刀削 1 个长 1.2 cm 的双斜面（呈薄楔形），削面一定要平整光滑，最后在芽尖上方 0.3 cm 处斜切 1 刀，切断接穗。每穗保留 1 个健壮的芽。

削砧苗：在芽苗砧种子上部约 2 cm 处切断叶柄，丢弃顶端。离切口约 1.5 cm 处用刀片在砧苗胚茎正中顺着茎生长方向拉切 1 刀，使胚茎对半分开。切口长度依接穗面长边的长短而定，以略短于接穗面长度为好。

嫁接：在嫁接前先把铝箔剪成宽约 1 cm、长 3～4 cm 的小条。先将铝箔卷成筒状（也可直接包扎），然后将其套在切开的芽砧上，再把削好的接穗轻轻插入，对准一边形成层，最后将铝箔捏紧。

绑扎：绑扎紧密与否同嫁接成活、嫁接苗生长关系极为密切。绑扎好后，用手指轻提接穗，不会脱落即为绑扎紧密。

（3）嫁接苗栽植。芽苗砧嫁接苗可以直接栽入苗床，也可以栽入容器中。容器移栽同容器育苗。

苗床在移栽前要灌底水，保持土壤湿润。按株行距为（6～7）cm×10 cm 移栽。先用竹签插 1 个深 10 cm 的小穴，将嫁接好的苗舒展地放入穴内，子叶入土，一只手压住苗，另一只手在距苗 4 cm 处将竹签插入土中，再向苗方向回土。移栽后浇透水并及时盖塑料薄膜，晴天移栽时边栽边洒水盖薄膜；雨天移栽时要用塑料膜盖住苗床，防止土壤湿度太大。移栽结束后搭棚遮阴。

（4）苗期管理。栽植后做到"四防"。一防农用塑料薄膜破烂或被风吹起；二防遮阴不严实；三防苗田积水；四防地老虎危害，若发现有地老虎危害，应在一早一晚打开薄膜喷甲氰菊酯，喷后再盖上。嫁接苗在膜内的时间一般为 35 d，以 10% 抽梢为准，选择阴雨天气或傍晚揭膜。

7—10 月，要加强水肥管理。每月喷施 1 次 0.4%～0.5% 的复合肥料、尿素混合液，每次用量为复合肥料、尿素各 75 kg/hm^2。

其他管理同大田播种育苗。

3. 组织培养育苗

（1）外植体采集及处理。2月下旬至3月中旬，剪取优良单株上带饱满侧芽的嫩枝，用消毒好的剪刀剪去叶片，用洗洁精水清洗后再用无菌水反复冲洗。将处理好的材料置于消毒过的培养皿中，在超净工作台上切成长 1.5～2.0 cm 的茎段，每段带 1～2 个侧芽，用 0.05% 的氯化汞溶液消毒 6 min，用无菌水冲洗后，再用 0.05% 的氯化汞溶液消毒 1 次。

（2）培养条件。培养温度为 25～27 ℃，光照强度为 1500 lx，光照时间为 12 h/d。以 MS 培养基为基本培养基，附加蔗糖 30 g/L、卡拉胶 6.5 g/L，调节 pH 值至 5.8～6.2。

（3）初代培养。将处理好的茎段接种到诱导培养基中诱导丛生芽。培养基配方：MS+1.5 mg/L 6-BA+2.0 mg/L IAA+1.0 mg/L GA$_3$。诱导率为 90%。

（4）增殖和继代培养。选择长 1～2 cm 的不定芽，切下接种到增殖培养基上培养。培养基配方：MS+2.0 mg/L 6-BA+1.0 mg/L IAA+1.0 mg/L GA$_3$。增殖系数为 3.96。

（5）生根培养。选择生长健壮、高度为 3.0～4.0 cm 的丛生芽接到生根培养基上培养生根。培养基配方：1/2 MS+1.0 mg/L IBA+2.0 mg/L NAA。

（6）炼苗和移栽。生根后的瓶苗打开其瓶盖，于室内放置 3 d，将其从培养瓶中取出，去掉苗上附着的培养基，移栽到泥炭土：珍珠岩：黄心土 = 2：1：1 的混合基质中，其上覆盖 1 层薄膜并喷水保湿，置于空气相对湿度为 70%～80% 的温室中培养，2 周后将成活的瓶苗移栽到室外培养。

（三）病虫害防治

油茶苗期病害主要有油茶白绢病、油茶炭疽病和油茶软腐病，虫害主要有东方蝼蛄、小地老虎和蛴螬。虫害防治方法参照其他树种，主要危害特点及防治方法见表 5-9。

表 5-9　油茶苗期主要病害特点及防治方法

病害名称	危害特点	防治方法
油茶白绢病	病害多发生于接近地表的苗木茎基部或根颈部。初期皮层出现暗褐色斑点，随后扩大呈块状腐烂病斑，不久即在其表面产生白色绢丝状菌丝体。天气潮湿时可蔓延至地面，并沿土表延伸。最后在病株根茎部及附近的浅土中出现油茶籽状小菌核，初呈白色，后变淡红色、黄褐色，终至茶褐色。苗木被害后，水分和养分输送受阻，致生长不良，叶片逐渐变黄、凋萎，最后全株直立枯死	（1）整地时深翻土壤，将病株残体及其表面的菌核埋入土中，可使病菌死亡。播种前每 667 m² 用 80% 克菌丹可湿性粉剂 1 kg 加细土 15 kg 混匀后，撒在播种沟内，或结合整地翻入土壤里，进行消毒。如用多菌灵及福美双混合药粉，更加有效 （2）发病初期，用 1% 的硫酸铜溶液浇灌苗根，防止病害继续蔓延，或用 10 mg/L 萎锈灵溶液或 25 mg/L 氧化萎锈灵溶液抑制病菌生长。在菌核形成前拔除病株，并仔细掘取其周围的病土，添加新土 （3）在发病苗圃地里，每 667 m² 施生石灰 50 kg，可减轻翌年病害发生
油茶炭疽病	主要表现为叶片出现褐斑。叶上病斑常沿叶缘发生，多呈半圆形、黑褐色，边缘紫红色，后期病斑中心灰白色，内轮生小黑点。嫩梢病斑呈椭圆形或梭形，初为黑褐色，后转为黑色，感染部位以上枯死。最突出的特点就是危害期特别长，可以达到 4～11 个月，发病高峰期为 7—9 月	（1）选用抗病品种。新造林应选用抗炭疽病的高产油茶品种 （2）加强苗圃管理。密度合理，保证苗圃地内通风透光；及时清理死株和病叶 （3）化学防治。选用 1% 的波尔多液加 2% 的茶枯水喷雾，或用 50% 多菌灵可湿性粉剂 500 倍液、50% 退菌特可湿性粉剂 800～1000 倍液喷雾防治

病害名称	危害特点	防治方法
油茶软腐病	叶上病斑多从叶缘或叶尖开始，也可在叶片任何部位发生。叶片侵染点1个到多个，几个小病斑可扩大联合成不规则形大病斑。侵染后如遇连续阴雨天气，病斑扩展迅速，边缘不明显，叶肉腐烂，呈淡黄褐色，形成"软腐型"病斑。病害能侵染未木质化的嫩梢和幼芽，受害芽或梢初呈淡黄褐色，后呈棕褐色并很快凋萎直至枯死。病菌可留树上越冬	（1）加强苗圃管理。苗木密度合理，保证苗圃地内通风透光；及时清理死株和病叶，消灭越冬病原 （2）发病严重时，选用1%的波尔多液，或50%退菌特可湿性粉剂800～1000倍液，或50%多菌灵可湿性粉剂300～500倍液喷雾防治

（四）苗木出圃

《主要造林树种苗木质量分级》（GB 6000—1999）规定了油茶播种苗苗木质量分级标准，具体见表5-10。油茶扦插苗、嫁接苗苗木质量分级可参考其他省（区、市）的地方标准，本文不作叙述。

表5-10　油茶播种苗质量等级

苗木类型	苗龄/年	苗木等级	苗高/cm	地径/cm	根系	
					长度/cm	>5 cm长Ⅰ级侧根数/条
播种苗	1-0	Ⅰ级苗	>40	>0.5	>20	>8
		Ⅱ级苗	30～40	0.35～0.5	>20	6～8

六、花　椒

花椒（*Zanthoxylum bungeanum*）为芸香科（Rutaceae）花椒属（*Zanthoxylum*）落叶灌木。花椒是原产于我国的重要的特色经济林树种，作为闻名于世的调味品和中药材，在我国已有2000多年的栽培和利用历史。花椒在我国分布范围很广，除东北一些省份和内蒙古等少数地区外，全国各地均有广泛分布。其中，西北、华北、西南分布较多，集中在河北的涉县，山西的芮城，陕西的凤县、韩城，四川的汉源、金阳、冕宁、茂县，重庆的江津，甘肃的武都、秦安，贵州的水城，云南的昭通等县（市、区），成为当地重要的经济林树种。花椒的垂直分布海拔为200～2600 m。

花椒用途广泛，其种皮是我们最常用的调料之一；其种子、根、茎可入药；早春的花椒嫩芽还可以作为蔬菜食用，可以说花椒浑身是宝。花椒对土壤要求不高，繁殖容易，栽培简便，具有生长快、结果早、收效大、适应性强、耐瘠薄、耐干旱等特点，在温暖湿润山区及干旱、半干旱山区和丘陵地区均可栽植。

（一）实生苗培育

1. 种子采集与处理

选择当地生长优良、树龄在10～20年的花椒母树采种。9月上旬至10上旬果实外种皮色泽加深，皮上的油囊突起呈半透明状，种子颜色全部呈深黑色、有光亮，有3%～5%的果皮开裂时采收，选择晴天采摘。果实采收后，摊放在通风、干燥的室内阴干。当果皮自然裂口时，轻轻用木棍敲击使其种子脱落，除去杂物收集净种。

2. 种子贮藏与催芽

花椒种子壳坚硬、油脂多、不透水，发芽比较困难。因此，播种前需要进行脱脂处理。

秋播时，将当年采收的净种先用清水浸泡选种，去除水面空壳与不饱满的种子，留取下沉种子制种。将获得的合格种子先用1%的碱水或洗衣粉水浸泡2 d，用手搓洗掉种皮表面油脂，再用清水冲洗2~3次，捞出放置于阴凉通风处，晾干备用。

春播时，为保持种子发芽率及防止种子过早发芽，需先进行贮藏，可以采用沙藏法或牛粪混合法处理。若采取沙藏法，用3份沙加1份种子拌匀，在背阴处挖1个地窖，按1层种子1层沙贮藏，层积时间以80~90 d为宜，春季播种时把沙土和种子一起撒在地里。若采用牛粪混合法，将种子拌入鲜牛粪中并加入少量草木灰，捏成拳头大的团块，粘在背阴墙壁上，到第二年春天取下打碎便可播种。

3. 大田播种育苗

（1）苗圃地选择。选择地势平坦、背风向阳、排水方便、交通便利、土层深厚（≥40 cm）、疏松肥沃、土壤pH值为6.5~8.0、2年内无重茬或未繁育过苗木的沙壤土或中壤土地块作苗圃地。

（2）整地作床与土壤处理。深翻、耙平后作床，苗床宽1.0~1.2 m、高20~30 cm，步道宽30 cm。结合整地，每667 m² 施腐熟的农家肥2000~3000 kg、草木灰50 kg作底肥。用90%敌百虫或甲氰菊酯兑水喷洒，杀死地下害虫。

（3）播种。秋播与春播皆可，播种量为375~450 kg/hm²。一般秋播在11月，把处理过的种子直接播种在准备好的苗床上；春播一般3月贮藏的种子露胚根后开始播种。播种时株行距一般为（3~5）cm×（30~40）cm。因花椒种子较小，为保证出苗率，要求浅播，播种深度为2~3 cm。播种后覆1层细土，采用覆盖物覆盖保墒，出苗后撤除，也可1~2 d浇1次水，以利保墒、防板结及种苗破土。

（4）苗期管理。幼苗出土期，需保持苗圃地土壤疏松、湿润，当幼苗出土1/3后陆续揭除覆盖物。

在苗高4~5 cm时进行间苗，留苗量以75万~80万株/hm²为宜。

苗圃地内的杂草需及时除去，做到"除早、除小、除了"。施肥结合松土除草进行。进入苗木生长旺盛期，要进行1~2次追肥，一般6月和7月各施尿素1次，用量为150~225 kg/hm²。适时浇水以保持床面湿润，雨季要及时排水防涝。

幼苗长到10~15 cm时，选择阴雨天气进行苗床移栽，以促发分枝和根系生长，栽后灌水。每667 m²排栽2.5万~3.0万株，有条件的地方可以进行基质容器栽植。苗高40 cm时进行短截摘心，以促发分枝，每株留分枝3~4枝。树高在60~70 cm时再进行短截，以促发主、侧枝生长，树干木质化，培育良好树形。

4. 容器育苗

（1）小苗培育。按照大田播种育苗的方式在苗床上培育小苗。采用撒播，播后浇透水，覆盖稻草，搭拱棚并覆盖塑料薄膜。播种后每3 d检查1次，主要检查盖膜严实度、盖种厚度及出苗情况。发现覆盖稻草发白过度时需补浇水。出苗80%时，需在晴天中午揭开厢面一边薄膜后，再清除覆盖的稻草和杂草。当晴天气温高于30 ℃时，揭开苗床两头薄膜进行通风降温。花椒苗高5 cm左右时需揭膜炼苗。结合补水，每667 m²用磷酸二氢钾200 g加70%敌克松200 g兑水60 kg喷施，以预防苗期病害发生。

（2）育苗容器选择及基质配制。选择容器时要考虑苗木的转运和搬运上山造林时的牢固性，采用口径8~10 cm、高10~12 cm塑料容器或无纺布容器育苗。

基质配方：①按菜园土∶森林腐殖土∶稻壳＝10∶5∶1进行备料，同时按1000 kg基质加猪牛羊厩肥200 kg、过磷酸钙10 kg、尿素5 kg，用熟石灰调节pH值至7左右，堆制备用；②在1 m³苗圃地土壤中加入过磷酸钙15 kg、饼肥10 kg、复合肥料3 kg，充分混拌均匀。基质配制好后装入育苗容器，需在植苗前10~15 d准备好。装基质时要求下紧上松，育苗容器底部紧贴厢底，容器之间不留缝隙，厢面四周用土填实。

（3）移栽。苗高7~10 cm时即可进行移栽，应选择阴天或阴雨天气进行。用竹签在装好基质的育苗容器中心插1个深3~5 cm的小孔，然后将小苗置于穴内，用手指轻压并扶直苗体，移栽后浇足定根水。

（4）苗期管理。幼苗移栽成活率可达95%左右。但为了节约容器，提高出苗率，幼苗移栽后5~7 d应进行检查，发现移栽幼苗死亡时要及时补植。补植用的小苗应比移栽时的苗木稍大（即多2~4片真叶），补植后要对补植的容器浇透水，以充分保证整批苗木整齐，出苗率高，方便管理。

容器苗的水分管理根据苗木的生长时期和气候变化来调节。幼苗移栽成活后，虽然苗木较小，水分消耗也较少，但因其抗旱能力弱，故浇水要以"少量多次"为原则。幼苗移栽成活20 d后，苗木开始进入速生期，气温也逐渐升高，这时浇水量要大、要透，但是次数可相对减少。在苗木成活20 d后进行第一次追肥，第40 d再追施1次，追肥浓度为0.2%~0.3%，氮、磷、钾的比例为3∶2∶1。第一次追肥用喷雾器喷雾，第二次追肥用洒水壶浇灌即可。

杂草会与苗木争夺水分、养分和光照，对苗木危害极大，必须及时消灭，要做到"除早、除小、除了"。步道可用草甘膦30 kg/hm²兑水900 kg/hm²喷雾，注意要在无风的晴天中午用药。

（二）无性繁殖育苗

1. 扦插育苗

（1）插穗采集及处理。选择生长健壮、芽眼饱满、无损伤的萌芽条作种条。将种条截成长10 cm左右的插穗，上剪口距芽1 cm，呈圆形，下剪口马耳形。在扦插前插穗要进行化学药剂处理，即将其置于200 mg/L NAA溶液中浸泡5~10 min。

（2）扦插床准备。育苗地要选择肥力中等以上、地势平坦、灌溉条件好的地块，深翻30~50 cm，并施足底肥，使土壤疏松肥沃。深翻整地，捡出杂物，按常规作床。要求土壤细碎，床面平整，然后用透明塑料薄膜覆盖，覆盖时要紧贴床面，拉紧覆平，做到薄膜平展无皱，地面之间不留空隙，用土将四周压紧，增温保墒，并要经常检查，发现有破损的地方及时用土压紧，防止大风揭膜。

（3）扦插。以2月上旬至3月上旬为宜，在覆膜后的床上按行距10 cm、株距7 cm扦插，扦插时芽眼向上地垂直插入土中，使插穗上切口与地面平齐，插后在每根插穗上端用湿土封小堆。

（4）扦插苗管理。插后1个月左右破土引苗，将插穗上部的小土堆扒掉，并重新用湿土将幼苗四周压严，防止从破膜处漏气而损伤幼苗。破膜引苗后马上浇水1次，以后视干湿情况酌情浇水。进入6月中下旬，膜下土温与裸地土温已无明显差异，可将地膜揭除，并清理干净。随即在苗木基部培土5~7 cm，促进新茎生根，扩大吸收面积，促进苗木生长。其他管理同大田播种育苗。

2. 嫁接育苗

（1）砧木培育及嫁接前准备。按照大田播种育苗的方式培育砧木，幼苗长到5~10 cm时进行间苗、定苗，株距为15~20 cm。

嫁接前7 d，苗圃地浇透水，并进行中耕除草。嫁接前2~3 d，选取粗0.5 cm以上的砧木剪砧，留桩10 cm左右，清除枯枝落叶，去掉砧木皮刺。

（2）接穗采集。春季，在落叶后发芽前采集品种纯正、生长健壮、芽体充实、无病虫害、粗0.6 cm左右的一年生枝条，剪成5~7 cm长的接穗。夏季，在5—6月采集健壮充实的芽块嫁接。

（3）嫁接。春季和夏季均可嫁接，春季在萌芽前后进行，采取枝接；夏季在新梢半木质化时进行，采取芽接。嫁接前先去除接穗上的皮刺。

（4）嫁接后管理。及时抹除砧木上萌芽，抹芽时切忌触动接穗及其萌芽。嫁接45~60 d接口愈合后及时解绑。及时中耕除草，中耕深度为2~4 cm。5月下旬至6月下旬追肥1~2次，以速效氮肥为主，追肥量为 150 kg/hm²。春夏季注意灌溉或排水，秋季控水促进苗木充实，入冬后灌 1 次封冻水。

3. 组织培养育苗

（1）外植体采集及处理。春季，采取刚抽出的嫩叶为外植体，采样植株树龄为 5~6 年。外植体用 0.1% 的氯化汞溶液消毒 4 min，无菌水冲洗 5 次，备用。

（2）培养条件。培养温度为（25±1）℃，光照时间为 14 h/d，光照强度为 1500~2000 lx。培养基中附加 3% 的蔗糖、7% 的琼脂，调节 pH 值至 5.7~5.9。

（3）初代培养。接种时，将叶片剪去边缘，沿主脉剪成 0.5 cm² 的小片，接种到培养基上。培养基配方：MS+0.5 mg/L 2,4-D（2,4-二氯苯氧乙酸）+0.5 mg/L 6-BA。将生长良好的愈伤组织切成约 0.5 cm² 的薄片，接种到 MS+0.03 mg/L TDZ+0.1 mg/L 6-BA 培养基上，诱导愈伤组织再分化成丛生芽。

（4）增殖培养。芽增殖的适宜培养基配方：MS+0.4 mg/L 6-BA+0.3 mg/L IBA。增殖系数为 20。

（5）生根培养。将健壮、带顶芽的茎段切成 2 cm 长的小段，接种到 1/4 MS+0.4 mg/L IBA 生根培养基上培养生根，生根率在 90% 以上。

（6）炼苗及移栽。当根长 2 cm 时，打开瓶口炼苗，3 d 后移栽到室内已填装基质的花盆中，基质为沙子：珍珠岩：腐殖土 = 1:2:1，接着覆盖保鲜膜或地膜保湿，3 d 后逐渐延长透气时间，并移至自然光下。

（三）病虫害防治

花椒苗期病害主要有紫纹羽病、花椒锈病，虫害主要有木橑尺蠖、蚜虫和蚧壳虫，其危害特点及防治方法见表 5-11。

表 5-11 花椒苗期主要病虫害危害特点及防治方法

病虫害名称	危害特点	防治方法
紫纹羽病	主要为害根系。高温高湿季节为高发期，苗木会突然萎蔫、黄化而死。表面形成紫黑色绒状菌丝层，并长出暗色菌索。3 月中下旬到 11 月发病，6—9 月为发病盛期	（1）避免在老果园、旧林地建苗圃 （2）在病株周围，用 70% 五氯硝基苯粉剂配成 1:（50~100）的药土均匀撒施 （3）用 70% 甲基托布津或 50% 多菌灵 500 倍液灌根 （4）尽早挖除、烧毁已经发病的苗木
花椒锈病	主要为害叶片。染病叶背面出现黄色、裸露的夏孢子堆，直径为 0.2~0.4 mm，圆形至椭圆形，包被破裂后变为橙黄色，后又褪为浅黄色，在与夏孢子堆对应的叶正面出现红褐色斑块，秋后又形成冬孢子堆，圆形，直径为 0.2~0.7 mm，橙黄色至暗黄色，严重时孢子堆扩展至全叶	（1）5—7 月降雨前后，结合防治花椒蚜虫混喷杀菌药剂，提前预防 （2）发病后，最好在症状出现的当天喷施三唑类杀菌剂。嫩叶发现病斑时，交替用 25% 吡唑醚菌酯 2000 倍液和 25% 富泉腈菌唑 3000 倍液喷洒叶片，正面、背面均要喷到，每 10 d 喷 1 次，连喷 2~3 次
木橑尺蠖	幼虫主要为害叶片和嫩梢。将叶片吃成缺刻与孔洞，甚或被吃光	（1）用黑光灯或杀虫灯诱杀成虫 （2）用 50% 氯氰菊酯 1000 倍液、48% 的乐斯本乳油 1000 倍液喷雾
蚜虫	4—8 月为害叶片和嫩梢，引起煤污病，影响生长发育	（1）保护好瓢虫等天敌 （2）用 10% 吡虫啉 4000 倍液、20% 灭扫利乳油 2500~3000 倍液喷雾
蚧壳虫	4—8 月为害叶片、枝干，造成叶片发黄、枝梢枯萎，生长衰退	用 45% 石硫合剂 150~200 倍液或 20% 杀灭菊酯 3000 倍液喷雾

130

（四）苗木出圃

《花椒栽培技术规程》（LY/T 2914—2017）规定了花椒实生苗和嫁接苗苗木质量分级标准，具体见表5-12。

表5-12　花椒实生苗、嫁接苗质量等级

苗木类型	苗龄/年	苗木等级	苗高/cm	地径/cm	根系	
					长度/cm	>5 cm长Ⅰ级侧根数/条
实生苗（红花椒）	1-0	Ⅰ级苗	>70	>0.7	>20	>6
		Ⅱ级苗	50~70	0.5~0.7	15~20	3~6
实生苗（青花椒）	1-0	Ⅰ级苗	>80	>0.8	>20	>9
		Ⅱ级苗	50~80	0.5~0.8	15~20	6~9
嫁接苗	1(2)-0	Ⅰ级苗	>100	>1	>20	>7
		Ⅱ级苗	80~100	0.7~1.0	15~20	4~7

七、棕榈

棕榈（*Trachycarpus fortunei*）为棕榈科（Arecaceae）棕榈属（*Trachycarpus*）常绿乔木。棕榈是以采剥棕片为主的特有经济林树种，具有很高的生态价值及经济价值，主要分布在南方各省（区、市），北方大部分地区有引种栽培。棕榈原产于我国，主要分布在秦岭以南长江中下游温暖、湿润、多雨地区，垂直分布在海拔300~1500 m，在云南、四川西部海拔可达2700 m。贵州全省都有棕榈分布，以习水、赤水、桐梓、绥阳、正安、务川、仁怀、湄潭、凤冈、德江、思南、沿河、印江、镇远、安龙、兴义、兴仁等地分布最多。

棕榈全身是宝，其棕片纤维具有质地坚韧、牵引力大、耐湿抗腐的特性，可制作绳索、蓑衣、床垫、毛刷等物，以及沙发、马鞍等的填充物；棕夹板可加工成棕丝，是制作棕床垫的优良材料；棕叶可制作各种手工艺品；棕干材质坚硬、耐腐、耐湿，可作小型建筑和手工艺品用材；花序、种子、根系均可入药。棕榈植株直立挺拔，枝叶优美，是优良的园林绿化树种；其根系发达，固土能力强，是山区重要的水土保持树种。目前，云南省红河县种植棕榈18 000 hm²，形成了以棕片纤维加工为龙头的产业链，带动了整个县的经济发展。

（一）实生苗培育

1. 种子采集与处理

选择10~15年生，生长健壮、棕片长、无病虫害、结实多的母树采种。在10—12月果实变成紫黑色、果皮略带白粉时采种。用枝剪将果穗采下，捋下果实，将采集到的果实用10%洗衣粉水或草木灰等碱性溶液浸泡2~3 d，除去果皮，淘洗出种子，阴干后筛去杂质。种子含水量控制在20%~25%。

2. 种子贮藏与催芽

采用混沙湿藏。12月，选择干燥通风、阳光照射不到的室内贮藏。先在地面铺1层厚10 cm的湿沙，然后将种子与湿沙按1∶3比例分层交互堆积，堆至40 cm高，上面再覆盖厚10 cm的湿沙，沙堆上插几根带孔竹筒或秸秆以透气。沙的湿度以"手握成团，松开有几条大裂缝"为度。贮藏期间沙的湿度始终维持在 20% ~ 25%。

如果棕榈种子不多，也可将种子和湿沙混合装入带孔的木箱和木筐中贮藏，冬季经常检查，以防沙过湿而导致种子霉烂。待 20% ~ 40% 种子露白时即可播种。

3. 大田播种育苗

（1）苗圃地选择。选择地势平坦、土壤肥沃、交通及水源方便的地段育苗，土壤以 pH 值为 5.5 ~ 7.0 的沙质壤土或壤土为宜。在耕作前将苗圃地上的树根、砖块、杂草等杂物清理干净。

（2）整地作床与土壤处理。在头一年秋末或冬初对苗圃地进行 1 次深翻，翻土深度为 20 ~ 25 cm，结合翻地施有机肥，施厩肥 15 000 ~ 22 500 kg/hm^2，或腐熟的饼肥 750 ~ 1125 kg/hm^2，或复合肥（总养分含量 ≥ 40%）200 ~ 450 kg/hm^2（可在作床后施用）。将肥料混拌均匀后作床，苗床高 20 ~ 30 cm、宽 1.0 ~ 1.2 m，苗床长度依地形而定；步道宽 30 ~ 40 cm。

用 50% 多菌灵或甲基硫菌灵可湿性粉剂拌土，用量为 9 kg/hm^2；或用代森锌 5 kg 与 12 kg 细土拌匀后撒于床面上。以辛硫磷（原液浓度为 40%）1000 倍液喷洒床面杀虫。

（3）播种。春季筛出催芽露白的种子播种，播种量为 210 ~ 270 kg/hm^2。播前在苗床上开沟，沟间距为 20 cm，沟深 5 ~ 7 cm、宽 8 ~ 10 cm。播种后覆土，厚度为 2 ~ 3 cm，并用稻草等材料覆盖，厚度以不见土面为宜。播后浇透水。

（4）苗期管理。棕榈出苗 50% 后在阴天或傍晚揭除覆盖物，随即在苗床上搭高 50 ~ 60 cm 的拱棚，用透光率为 75% ~ 80% 的遮阳网遮阴，9 月揭除遮阳网。

及时清除苗圃地中的杂草。播种当年土壤板结时松土，翌年结合施肥松土。

待长出 2 片披针形叶时间苗，保留幼苗量为 60 ~ 70 株/m^2，并对缺苗的地方进行补苗。间苗和补苗后浇透水。

经常保持土壤湿润，雨季及时疏通排水沟。播种当年 9 月喷施 1 次 0.2% 的磷酸二氢钾溶液；翌年 5—8 月，每月在行间开沟追肥，每次施磷肥（P$_2$O$_5$ ≥ 12%）120 ~ 150 kg/hm^2，尿素 225 ~ 270 kg/hm^2；翌年 9 月追施氯化钾 60 ~ 75 kg/hm^2。

4. 容器育苗

（1）育苗地准备。育苗场地要整平，无杂草、石块；采用苗床育苗，苗床应高出地面 10 ~ 15 cm，步道宽 30 ~ 40 cm，排水通畅。

在苗床或地面上铺防草布，将配制好的基质装入育苗容器中，压实，整齐摆放在苗床上，四周培土，防止容器歪倒。

（2）育苗容器选择及基质配制。选择规格为（8 ~ 12）cm ×（12 ~ 15）cm 的无纺布容器或塑料容器。

适宜的基质配方：①腐殖质土∶泥炭∶棕丝粉∶锯末 = 1∶2∶4∶1；②泥炭∶蛭石 = 6∶1；③腐殖质土∶黄心土 = 1∶1。根据选定的基质配方，按比例均匀混合，同时用 0.3% 的高锰酸钾溶液喷洒消毒，或用 40% 多菌灵可湿性超微粉剂 500 倍液进行消毒。

（3）播种。春播，沙藏种子露白即可播种。在容器中央插孔播种，每个容器播种 1 粒，播后用基质覆盖，浇透水。随即在苗床上搭高 50 ~ 60 cm 的拱棚，用透光率为 75% ~ 80% 的遮阳网遮阴，当年 9 月揭除遮阳网。

（4）苗期管理。及时除去容器中及步道上的杂草。

适时浇水保持基质湿润，当基质下沉时应适当补充基质。

棕榈长出 2 片披针形叶后至 8 月底，每个月喷施 1 次尿素，浓度从 0.1% 起，逐渐增大，最多不能超过 0.3%；9 月喷施 0.1% 的磷酸二氢钾 1 次。翌年 4 月初喷施 1 次 0.2% 的磷酸二氢钾溶液；5—8 月，每个月喷施 0.2% 的尿素溶液 1 次；9 月喷施 0.2% 的磷酸二氢钾 1 次。

（二）病虫害防治

棕榈苗期主要病虫害有叶斑病、黑斑病和蚂蚁，总体上危害不严重，其危害特点和防治方法见表 5-13。

表 5-13　棕榈苗期主要病虫害危害特点及防治方法

病虫害名称	危害特点	防治方法
黑斑病	病叶初现黑褐色小圆点病斑，后扩大成圆形或不规则形大病斑。夏秋高温季节发病严重	发病前用 1% 的波尔多液，发病后用 65% 代森锌可湿性粉剂 500 倍液防治
叶斑病	叶片感染病菌后，刚开始时为黄褐色小斑，而后慢慢扩展形成条斑，最后汇合成坏死的不规则形大斑。叶尖及叶缘最容易感染病菌。发病严重时，叶片会变得干枯、卷缩，似火烧状	（1）为了减少病害的发生，可以在还没发病时喷洒 1% 的波尔多液 （2）发病时，用 75% 百菌清可湿性粉剂 700 倍液或 50% 甲基托布津 500 倍液喷洒，每 7 d 喷 1 次，连续喷 3~4 次
蚂蚁	蚂蚁在棕榈苗根际土壤打洞，形成蚁窝，导致苗根部裸露在空气中，渐渐干枯。植物根部受损，容易造成缺水，生长不良	用 5% 吡虫啉乳油 2000~3000 倍液或 10% 吡虫啉乳油 4000~6000 倍液喷雾防治

（三）苗木出圃

棕榈以二年生苗出圃造林为宜。《棕榈育苗技术规程》（DB52/T 1519—2020）规定了二年生棕榈裸根苗和容器苗苗木质量分级标准，具体见表 5-14。

表 5-14　棕榈裸根苗和容器苗质量等级

苗木类型	苗龄 / 年	苗木等级	质量指标			综合质量指标
			苗高 / cm	地径 / cm	>5 cm 长 I 级侧根数 / 条	
裸根苗	2-0	I 级苗	>45	>0.9	>10	叶片色泽正常，棕芽完好，生长健壮，无病虫害
		II 级苗	30~45	0.5~0.9	7~10	
容器苗	2-0	—	≥30	≥0.5	—	叶片色泽正常，棕芽完好，生长健壮，无病虫害；根团完整、不散坨，根系不卷曲

八、毛竹

毛竹（*Phyllostachys edulis*）为禾本科（Poaceae）刚竹属（*Phyllostachys*）单轴散生型常绿乔木状竹类植物，又名楠竹。毛竹是我国分布最广、栽培面积最大、开发利用最好的经济与生态竹种，具有生长快、产量高、材质好、用途广等特点。毛竹广泛分布于南方 27 省（区、市），自然分布东起台湾，西至云南东北部，南自广东和广西中部，北至安徽北部、河南南部，分布区内有大面积人工纯林，也有与杉木、马尾松或其他阔叶树组成的混交林。福建、江西、浙江、湖南、四川、广东、广西、安徽等省（区）是毛竹资源最丰富的地区，约占全国毛竹林总面积的 90%，竹林培育和产业开发也较为发达。垂直分布从海拔几米到1000 m，生长较好的毛竹一般都分布在海拔800 m以下的山地。在贵州省，毛竹主要分布在赤水河流域的赤水、习水，仁怀也有小面积分布，黔东南的黎平、天柱、锦屏、榕江、雷山、剑河，铜仁的江口、松桃、印江、碧江等地亦有分布，垂直分布海拔300~400 m。

目前，毛竹制品已经形成竹笋、竹板材、竹炭、手工艺品等十二大类近万种产品，广泛应用于生活中的方方面面，同时毛竹林在水源涵养、水土保持、固碳增汇和改善环境等方面也发挥着巨大的生态效益，在国家生态建设与国土安全维持等方面发挥着重大作用。

（一）实生苗培育

1. 种子采集

种子8—10月成熟，熟后自然脱落，多数情况下都是在9—10月种子自然脱落后立即采收。不同年龄竹株上的种子发芽率存在差异，以2~3年生竹株结的种子发芽率高，随着母竹年龄增加，种子发芽率下降；同一竹株的不同部位所结种子，以竹秆上部的种子发芽率高。应于清晨露水未干之前、花穗和苞片处于湿润状态时砍倒母竹，此时种子不易被震落；砍倒竹株后，立即剪下果枝，稍晒干后将种子打出，去掉空粒和杂质。

2. 种子贮藏与催芽

毛竹种子没有后熟过程，成熟的种子只要有适宜的温湿度条件就可发芽。毛竹种子一般不耐贮藏，如果在常温下贮藏过久，发芽率会明显降低，贮藏8个月以后，发芽能力几乎完全丧失。因此，毛竹种子最好随采随播。秋季采收的种子，如需翌年春季播种，应将种子装入布袋或麻袋中，在低温、干燥、通风的条件下贮藏。在5 ℃冷藏条件下贮藏，毛竹种子至少能保存半年，而且发芽率不会显著降低。也可采用超低温贮藏。

采用细沙拌种法催芽。种子先用清水洗净，再用0.3%的高锰酸钾浸种消毒2~3 h。最好在箩筐内催芽。在框底垫1层5 cm左右厚的细沙，将细沙和种子按2∶1的比例混合均匀后放在箩筐内，细沙的含水量以为"捏之成团，松之即散"度。箩筐外用塑料薄膜包好，保持一定温度、湿度，7~8 d后种子开始露白时即可播种。

3. 大田播种育苗

（1）苗圃地选择。苗圃地应选择在坡度平缓、排灌良好、交通方便的地块，土壤以肥沃、疏松的沙质壤土为好，最好是生荒地。山地育苗宜选择日照较短的山谷和阴坡。

（2）整地作床与土壤处理。苗圃地要精耕细作，拣净草根、石块，施农家肥22 500~30 000 kg/hm²，或者复合肥料1500 kg/hm²作为基肥。用生石灰750 kg/hm²撒播、翻耕进行土壤消毒，每平方米苗床用波尔多液（硫酸铜∶生石灰∶水=1∶1∶200）2.5 kg喷洒。消毒和施肥可结合深翻进行。耙细耙平后作床，苗床高15~20 cm、宽1.0~1.2 m，步道宽30~40 cm，周围开好排水沟。

（3）播种。毛竹种子在秋季成熟，随采随播具有较高的发芽率。春播宜在3—4月，播种量为30~45 kg/hm²。以点播或条播为好，方便造林时出圃起苗。播种要均匀，播后用过筛的草木灰或细土覆盖，厚度以不见种子为度。播后盖草，淋透水。

有些地方采用二段式育苗。二段式育苗一般在秋季播种，用种量为500 kg/hm²，将种子集中播于1处苗床，待幼苗展叶3~5片、分蘖前起竹苗，移栽大田定植培育。播种后浇透水。

（4）苗期管理。秋播苗管理：幼苗初霜前要搭上"弓"形架，覆盖塑料薄膜以防寒。翌年春季回暖后，白天揭膜，夜晚盖膜，10余d后撤去薄膜。种子播后一般20余d后幼苗开始出上，50 d左右全部出齐时要分批揭草。幼苗出土后，有的会枯黄，有的竹叶会出现黄色、白色花斑，应及时防治。每隔半个月左右，可轮换喷洒波尔多液（硫酸铜∶生石灰∶水=1∶1∶200）、0.2%~0.5%的硫酸亚铁溶液4~6

次，能收到较好治疗效果。

春播苗管理：播种后 30 d 左右，幼苗开始陆续出土，一般持续 20 d 左右。大部分幼苗出土后，就要及时揭草，以免嫩弱的幼苗穿不出覆盖而黄化烂死。揭草后及时搭高 80 ~ 100 cm 的荫棚，透光率为 40% ~ 50%，秋后天气凉爽即可揭掉荫棚。除草应"除早、除小、除了"，每个月 1 ~ 2 次，松土可结合施肥进行。

由于毛竹种子发芽率低，入土种子又容易被虫食或出土后受病虫害，易出现缺窝断行现象。宜选择雨天将过密的竹苗带土移植到缺窝处，竹苗留苗量为 60 ~ 65 株/m²。移苗后浇足定根水，以促进幼苗成活和生长。如采取二段式育苗，春季进行幼苗移栽，移栽后浇透水，同时搭棚遮阴。

苗期需加强土壤的水肥管理，根据天气、土壤情况，适时浇水和排水。毛竹幼苗在 1 年内分蘖 4 ~ 6 次，要经常苗床湿润、疏松。幼苗出土约 15 d 后开始追肥，以后隔 1 个月需追肥 1 次。小苗宜施较稀的粪水或尿素（浓度为 0.2% ~ 0.3%），随着竹苗的生长，肥料浓度可适当增加。对于二段式育苗的大田苗圃育苗，竹苗移栽后 2 ~ 3 d 即可根据存活情况，及时进行补植。移栽 7 d 后应施 1 次清粪水或 0.3% 的尿素溶液以定根提苗。在第二代分蘖前每 10 ~ 15 d 施 1 次清粪水，直到 5 月上中旬第二代分蘖苗长成。以后需在前一代分蘖苗长成、后一代分蘖苗产生前追肥（人粪尿 50 kg 加尿素 150 g 或复合肥料 500 g，浇灌），当第四代分蘖苗长成后，无须再追肥。

4. 容器育苗

（1）育苗地准备。选择坡向东或东南、避风向阳、交通方便、地势平坦，特别是易于排灌之地为宜。苗木装袋作床前要架设荫棚，一般要求棚高 180 ~ 200 cm，透光率为 70% 左右，以防止雨水直接冲刷和太阳直晒幼苗。

（2）育苗容器选择及基质配制。选择规格为 14 cm × 12 cm 或 8 cm × 12 cm 的无纺布育苗袋育苗。基质用过筛的沙壤土（菜园土）与腐熟后的饼肥按 7 : 3 比例配制，也可将黏土、沙壤土、锯末与腐熟农家肥按 3 : 3 : 3 : 1 比例配制，或菌渣、鸡粪、草炭土、黄心土按 1 : 2 : 1 : 2 比例配制，同时用 0.3% 的高锰酸钾溶液喷洒消毒，或用 40% 多菌灵可湿性超微粉剂 500 倍液进行消毒。

（3）芽苗移栽。采用苗床密播培育芽苗。春季栽种，边装袋边栽种。首先在无纺布育苗袋中装入 50% 配好的基质，将苗木植入容器中后再装满基质，并将苗木轻轻上提，使根与基质充分接触而不窝根。装好袋后整齐摆放，四周培土，并搭棚遮阴。

（4）苗期管理。苗木栽植初期，如果不是阴雨天气，中午叶片有焦卷现象是正常的，早、中、晚要进行喷水保湿，5 d 之后这种现象便会自然消失。50 d 后开始进行除草等工作，并喷 50% 多菌灵可湿性粉剂 1000 倍液进行杀菌消毒。

早期可用 10% ~ 15% 的腐熟清粪水提苗。进入分蘖期后，可用 5% 左右的沤熟饼肥汁、20% ~ 30% 的粪尿或 0.2% ~ 0.3% 的尿素追施"分蘖肥"。有机肥料和无机肥料交替施用，N、P、K 相结合效果更佳。追肥后要用清水冲洗苗叶以免肥伤。适时适量浇水，保持基质湿润，9 月撤除荫棚。

（二）无性繁殖育苗

1. 实生苗分株育苗

利用毛竹实生苗分蘖丛生的特性，可以连续进行分株育苗。在春季，将一年生竹苗整丛挖起，根据竹丛大小和生长情况，用剪子从竹苗基部切开，分为 2 ~ 3 株/丛，尽量少伤分蘖芽和根系，剪去竹苗枝叶的 1/2，按 30 ~ 35 cm 的株行距在苗圃地打浆栽植，浇水壅土，成活率可达 90% 以上。

1 年后分株苗每丛可分蘖 10 株以上，平均高 0.5 ~ 1.0 m，抽鞭数根。第二年大竹苗出圃造林，小竹苗同法分株移植，连续 4 ~ 5 年，竹苗仍保持良好分蘖性能，每年可以不断生产大量优质竹苗。

2. 埋鞭育苗

毛竹具有横走地下的竹鞭，鞭节上的休眠芽是繁殖的重要器官。利用鞭段育苗造林是比较成熟和传统的方法，也是解决竹林母竹来源不足及远距离引种不便的重要手段，在生产上经常采用。

（1）育苗季节选择。毛竹一般在春季发笋成竹，而鞭上的笋芽在上一年的秋季即已萌动，竹株和竹鞭开始吸收、储藏大量养分，供翌年竹笋的出土成竹。因此，选择 2—3 月挖鞭和埋鞭，不仅能使鞭节上拥有较多养分，促进笋芽出土成竹，而且埋鞭后短期内休眠芽就可萌动出土，避免离体竹鞭长期埋于土内，造成干枯、失活。

（2）鞭段选取。埋鞭育苗靠的是竹鞭上的休眠芽萌发成新竹，所以要想提高成竹苗的质量和数量，必须十分注意鞭的质量。应选择芽壮根多的 2~3 年生、呈鲜黄色的竹鞭。鞭段长度一般 >60 cm。挖鞭要多带根，否则无法从已木质化的鞭节处再生新根。

（3）埋鞭及管理。在整好的苗床上按约 30 cm 的行距开沟，埋下竹鞭，让鞭根舒展，芽尖向上，芽分列两侧，覆土 10 cm，并盖草、浇透水，以保持苗床土壤湿润。可采用塑料薄膜覆盖技术以提高苗床的温度，促进笋芽萌发和出土整齐。

一般情况下，毛竹埋鞭约 1 个月开始萌笋出土。6 月结合松土除草可施入稀薄的人粪尿或尿素，每 3~5 kg 尿素加水 50 kg 浇于行间。夏季高温、日照太强的苗圃地应设置荫棚，并经常灌溉，以达到施肥、抗旱、保苗的目的。

（三）病虫害防治

毛竹苗期病虫害主要有猝倒病、金针虫、蝼蛄和蚜虫，其危害特点及防治方法见表 5-15。

表 5-15　毛竹主要病虫害危害特点及防治方法

病虫害名称	危害特点	防治方法
猝倒病	主要为害幼苗茎基部或地下根部。初为椭圆形或不规则形暗褐色病斑。病苗早期白天萎蔫，夜间恢复，病部逐渐凹陷、溢缩，有的渐变为黑褐色，当病斑扩大并绕茎 1 周时即干枯死亡，但不倒伏	预防猝倒病可用波尔多液（等量式）、50% 多菌灵可湿性粉剂 500 倍液、70% 甲基托布津可湿性粉剂 500 倍液喷雾。交替使用效果较好
金针虫	其成虫啃食嫩叶、嫩梢及小叶皮层，严重的可使嫩梢枯萎。被害株率达 80% 以上，严重被害株有虫 50 多头。3 月底到 6 月均有成虫出现，4 月中下旬为盛发期	可用 40% 氧乐果乳油 800 倍液或 40% 辛硫磷乳油 1500 倍液灌根
蝼蛄	直接危害是成虫和若虫咬食植物幼苗的根和嫩茎；间接危害是成虫和若虫在土下活动，开掘隧道，使幼根和土壤分离，造成幼苗干枯死亡，致使苗床缺苗断垄	（1）用黑光灯、频振诱虫灯、太阳能诱虫灯诱杀成虫 （2）在苗圃步道间，每隔 20 m 左右挖 1 个小坑，规格为（30~40）cm×（20~6）cm，然后将马粪和切成 3~4 cm、带水的鲜草放入坑内诱集，加上毒饵效果更好 （3）用 2.5% 敌杀死乳油、50% 辛硫磷乳油、90% 敌百虫原液 0.5 kg，加水 5 kg，拌饵料 50 kg（饵料可选豆饼、麦麸、米糠等，煮至半熟或炒至七分熟），傍晚均匀撒于苗床上
蚜虫	1 年发生 10~20 代。全年发生高峰在 4—5 月及 9—10 月。春天虫卵孵化，产生无翅或有翅孤雌胎生雌虫，继续孤雌胎生繁殖，或由第一寄主飞至第二寄主继续孤雌胎生繁殖，到秋天或夏末产生有性雄虫，雄虫与雌虫交配后产卵，以卵越冬	用 50% 辟蚜雾可湿性粉剂 2000~3000 倍液喷嫩梢、嫩叶和茎干

（四）苗木出圃

《毛竹种子育苗技术规程》（DB 45/T 1372—2016）规定了一年生、二年生毛竹裸根苗苗木质量分级标准，可作为贵州培育毛竹的出圃参考，具体见表5-16。

表5-16 毛竹裸根苗质量等级

苗龄/年	竹苗等级	质量指标		综合质量指标
		苗高/cm	地径/cm	
1–0	I级苗	每丛60%以上单株高≥50	每丛60%以上单株地径≥3.0	苗发育充实，枝叶饱满，无冻害，无机械损伤及病虫害
	II级苗	每丛75%以上单株高达到40~49	每丛75%以上单株地径达到2.0~2.9	
2–0	I级苗	每丛60%以上单株高≥80	每丛60%以上单株地径≥3.0	
	II级苗	每丛75%以上单株高达到60~79	每丛75%以上单株地径达到3.0~4.9	

九、金佛山方竹

金佛山方竹（*Chimonobambusa utilis*）为禾本科寒竹属（*Chimonobambusa*）植物，是我国独有的优质笋用竹。金佛山方竹自然分布于我国西南地区的贵州北部、重庆南部、四川东南部和云南东北部，生于海拔1000 m以上的温凉、湿润、多雾山地。黔北大娄山系是我国金佛山方竹林集中分布面积最大的区域，主要包括桐梓、绥阳、正安、习水和道真等县。

金佛山方竹笋体方正，笋肉肥厚、鲜嫩味美，营养丰富，纤维含量适中，是优质笋用竹资源，具有较高的食用价值和保健价值，号称"世界一绝，中国独有"，是食用笋中不可多得的纯天然食品，在国内外市场上享有极高的声誉。

（一）实生苗培育

1. 种子采集与处理

种子成熟脱落前及时采集。金佛山方竹种子一般在4月下旬至5月上旬成熟，成熟种子种皮较厚、光亮，呈黄绿色，种仁饱满，呈白色。种子发芽率>75%，千粒重为240~310 g，净度>90%。净种后用0.3%的高锰酸钾溶液浸种消毒3~4 h即可播种。

2. 种子贮藏与催芽

如春季播种，种子可以冷藏。

播种前采用细沙混拌法催芽。先用清水洗净种子，再用0.3%的高锰酸钾浸种消毒2~3 h。然后按1层种子1层沙的方式放置于箩筐内催芽，沙和种子的比例为2:1，沙的含水量以为"捏之成团，松之即散"为度。箩筐外用塑料薄膜包好，保持一定温度、湿度，经7~8 d种子开始露白时即可播种。

3. 大田播种育苗

（1）苗圃地选择。选择海拔200~1300 m，交通方便，降水充沛，排灌良好，土层深厚、肥沃、湿润的壤土地块作苗圃地。土壤pH值为5~7。

（2）整地作床与土壤处理。精细整地，结合整地施用有机肥，施饼肥2000~3000 kg/hm² 或厩肥

20 000～30 000 kg/hm²。用生石灰 750 kg/hm² 撒播、翻耕进行土壤消毒，每平方米苗床用等量式波尔多液（配比为硫酸铜∶生石灰∶水＝1∶1∶200）2.5 kg 喷洒。消毒和施肥可结合深翻进行。耙细耙平后作床，苗床高 15～20 cm、宽 1.0～1.2 m，步道宽 30～40 cm，周围开好排水沟。

（3）播种。随采随播。春播宜在 3—4 月进行，播种量为 200～250 kg/hm²。采用穴播，按株行距 15 cm×20 cm 播种，每穴播种 3～4 粒，播种后覆土 1.0～1.5 cm，然后再盖草或盖膜，最后浇透水。

（4）移栽。播种当年 10—11 月或翌年早春移栽幼苗，按 25 cm×30 cm 的株行距移栽幼苗。

（5）苗期管理。播种后 10 d 左右幼芽逐渐出土，幼苗大部出土约需 30 d。此期间应适时保持苗床湿润，注意虫、鸟窃食种子。

从出真叶至分蘖前约 50 d。要适当遮阴，遮光率控制在 40%～50%。幼苗刚出土时，宜手除杂草，做到"除早、除小、除了"。保持苗圃无草，土壤疏松、湿润。

金佛山方竹苗分蘖期主要以施氮肥为主，分蘖苗出土 10～15 d 追肥，以后每隔半个月到 1 个月追肥 1 次。苗小时宜施较稀的粪水或尿素（浓度为 0.2%～0.3%），随着竹苗的长大，肥料的浓度可适当增加。立秋前后施复合肥料 150 kg/hm²，促进竹苗木质化，以防止深秋徒长，利于竹苗越冬。

（二）无性繁殖育苗

金佛山方竹实生苗具有较强的分蘖丛生特性，可在春季将二年生实生苗整株挖起，根据竹丛大小和长势，用剪刀从竹苗基部切开，分为 2～3 株／丛，按株行距 25 cm×30 cm 栽植。

分株时不能直接用手撕，要尽量避免少伤分蘖芽和根系。移栽时，可用根系蘸 ABT 3 号生根粉溶液，浓度为 500 mg/L，以提高造林成活率。栽植深度稍深于原根际即可，不宜栽植过深。栽紧压实，浇足定根水。

分蘖苗生长 1 年后，每丛又可以分蘖栽植。大苗出圃后，小苗又可以用同样的方法继续分植移栽，连续 4～5 年，方竹仍可保持较好的分蘖性能，育苗面积不断扩大，培育出大量优质竹苗。

（三）病虫害防治

金佛山方竹苗期病虫害主要有立枯病、猝倒病、蛴螬、地老虎、蝼蛄、蚜虫、红蜘蛛和蚧壳虫，其危害特点及防治方法见表 5-17。

表 5-17　金佛山方竹主要病虫害危害特点及防治方法

病虫害名称	危害特点	防治方法
立枯病、猝倒病	发生在幼苗根颈部，竹苗出土后至分蘖前，苗株根部呈黑色，须根皮层腐烂，地上部分枯萎、倒伏	（1）及时挖除病株并焚烧 （2）用 1% 的波尔多液每周喷洒 1 次，连续 2～3 次 （3）用 50% 多菌灵可湿性粉剂 1000 倍液喷洒 2～3 次，间隔 10 d 喷施 1 次
蛴螬、地老虎、蝼蛄	咬食竹苗嫩茎，并在土中挖掘隧道，咬断苗根，导致竹苗死亡	（1）用 50% 敌百虫可湿性粉剂 500 倍液喷雾 （2）用 50% 敌百虫可湿性粉剂按 1∶100 与麦麸或米糠混合，制成毒饵后撒于苗床诱杀害虫 （3）用 50% 辛硫磷乳油制成毒土，撒施于土壤中，表面覆土
蚜虫、红蜘蛛、蚧壳虫	咬食竹苗嫩叶，影响竹苗生长	（1）用松脂合剂 10～25 倍液喷雾 （2）用 50% 马拉硫磷乳油 500～1000 倍液喷雾 （3）用 50% 辛硫磷乳油 800～1000 倍液在傍晚喷雾

（四）苗木出圃

金佛山方竹一般以二年生苗出圃造林，二年生苗上山造林成活率可达85%。金佛山方竹二年生苗以分蘖3苗以上，平均高40 cm以上，根系完整、健壮、无病虫害的苗株为合格苗。起苗后50株为1捆，根部蘸泥浆，尽早上山栽植。金佛山方竹二年生裸根苗苗木的质量分级标准，具体见表5-18。

表5-18　金佛山方竹裸根苗质量等级

苗龄／年	竹苗等级	质量指标		综合质量指标
		苗高／cm	地径／cm	
2-0	I 级苗	>60	>0.7	苗木粗壮，充分木质化，根系发达，无病虫害及机械损伤，>5 cm长 I 级侧根数≥15 条
	II 级苗	50～60	0.6～0.7	

第六章　贵州特色乡土园林绿化树种育苗技术

一、红花木莲

红花木莲（*Manglietia insignis*）为木兰科（Magnoliaceae）木莲属（*Manglietia*）树种，别名红花玉兰（雷公山）。主要分布在西藏东南部、云南南部、湖南西南部，贵州及广西等省（区）亦有分布，印度东北部、尼泊尔、缅甸北部也有分布，垂直分布海拔 600～2000 m。在贵州省，主要分布于从江、台江、麻江、三都、施秉、荔波、榕江、印江、惠水、绥阳、赤水等县（市），雷公山国家级自然保护区、梵净山国家级自然保护区、习水国家级自然保护区等均有分布，垂直分布海拔 600～1800 m，零星散生或小群生长，其中又以海拔 1000～1500 m 分布较多。

红花木莲树形高大挺拔，树干通直圆满，其木材边材、心材区分明晰，边材淡灰黄褐色，心材绿黄褐色，材质轻软，纹理直，结构细，剖面光滑，是优良的家具、建筑、细木工用材；其花大、芳香、呈淡玫瑰红色，艳丽喜人，而其叶深绿色，四季常青，是庭园绿化的理想树种，可作为行道树和园林绿化树种。

（一）实生苗培育

1. 种子采集与处理

红花木莲 5—6 月开花，9 月上中旬果熟。蓇葖果呈深红色并有部分微开裂时即可采收。

果实采集后置于室内通风处阴干，当蓇葖果开裂后筛出种子，并堆于室内 1～2 d。待红色假种皮软化并变为紫黑色后，置于清水中搓去假种皮，淘洗干净，薄摊于室内晾干 1～2 d，然后贮藏。红花木莲种子千粒重为 24～43 g，多数为 30 g 左右，优良度为 39%～49%。

2. 种子贮藏与催芽

采用混沙湿藏催芽。先用 0.3% 的高锰酸钾溶液对细沙进行消毒，再按种子∶沙＝1∶3 均匀混合，然后放入箩筐或其他容器中贮藏，并覆盖薄膜保温。如种子数量多，也可在室外挖坑贮藏，并搭拱棚、盖薄膜。注意沙子不能太湿，只能是微湿润，每 15 d 翻动 1 次种子，从而达到良好的贮藏效果。沙藏期间若发现种子有霉烂情况，可用微量多菌灵 1000 倍液喷洒杀菌。期间，适当揭开塑料膜让种子透气，当 20% 左右的种子外皮裂开时即可播种。

3. 大田播种育苗

（1）苗圃地选择。选择地势平坦、水源方便、排水良好的东坡、北坡或东北坡，土壤肥沃、疏松的弱酸性壤土地块作苗圃地，也可选用生荒地作为苗圃地。

（2）整地作床与土壤处理。于前一年冬季进行深翻，深度为 30 cm，并清除杂草、石块。经过一冬，土壤中部分病菌、害虫因寒冷而死亡。春季，深翻并敲碎土块（呈粉粒状），同时施有机肥料，以厩肥和堆肥为最好。

用敌杀死 1500～2000 倍液喷洒苗圃地，对其进行消毒，以防止小地老虎、蛴螬和根腐病、立枯病等的发生。

（3）播种。3—4 月播种。播种量为 37.5 kg/hm²。以条播为主，在苗床上开沟，沟距为 10～15 cm，沟宽 5 cm 左右、深 4 cm 左右。将处理好的种子均匀条播于沟内，用筛子筛细土覆盖，直至不见种子。播后淋透水使土壤充分湿润，并用松针或草覆盖苗床。

（4）苗期管理。红花木莲播种 40 d 左右出苗，于阴天或傍晚分次分批撤除覆盖物。红花木莲幼苗期耐阴，忌高温和阳光直射，必须搭盖荫棚，这是红花木莲育苗成败的关键。一般在 5 月中下旬用透光率为 50% 的遮阳网搭盖荫棚，10 月上旬拆除。

播后及出苗期都应及时除草，并适时松土。施肥结合松土除草进行。6—7 月，每个月撒施尿素 45～75 kg/hm²；8—9 月，苗木基干木质化后，用 0.2～0.3% 的磷酸二氢钾溶液叶面喷施 1 次。

适时灌溉以保持土壤湿润，雨水较多季节要注意排除积水，以防苗木根腐病发生。

当幼苗长出 2～3 片真叶时间苗，坚持"间密留稀，间弱留强，密度合理，分布均匀"原则，多余的苗可以移栽到容器中或其他苗床上培养，保留量以 23 万～30 万株/hm² 为宜。

4. 容器育苗

（1）育苗容器选择及基质配制。一年生容器苗可选口径 10～12 cm、高 14～15 cm 的无纺布育苗容器或塑料容器育苗，二年生苗可选规格为 25 cm×25 cm 的育苗容器。

基质配方：①苇末：珍珠岩：黄心土：有机肥料 = 4:1:4:1；②泥炭：珍珠岩：黄心土：有机肥料 = 4:1:4:1；③树皮：珍珠岩 = 9:1。这些配方不仅生产成本较为低廉，而且对红花木莲前期苗高和根系生长有利。基质配制好后用 40% 的甲醛溶液喷洒灭菌，并用薄膜覆盖，6～7 d 后装袋。

（2）播种或芽苗移栽。可用催过芽的种子直接播种，或用苗床培育的芽苗移栽。当芽苗子叶展开，出现 1 片真叶时移栽。起苗后剪去过长的主根，保留主根长度 6 cm。用竹签插入容器中央，形成深 8 cm、口径为 4 cm 的孔，将芽苗根部轻轻插入孔中，深度为 7 cm，用四周基质将孔填实后立即浇透水，使基质与根系紧密接触。将容器整齐地放在苗床上，并在上方架设遮阳网，遮阳网透光率同大田播种育苗。

（3）苗期管理。及时松土除草，适时浇水保持基质湿润，9 月拆除遮阳网。在适时适量浇水的同时，适时适量追肥，5—8 月用 0.2% 的尿素或复合肥溶液进行叶面喷施，10～15 d 喷施 1 次；9 月喷施 1～2 次 0.3% 的磷酸二氢钾溶液，促进苗木木质化。

（二）无性繁殖育苗

1. 扦插育苗

（1）插穗采集及处理。选择生长健壮、无病虫害的植株，剪取当年生木质化枝条作插穗。插穗基部切口采用单削面，一般留 2～3 片半叶，插穗长度为 10～20 cm。剪好的插穗用橡皮筋每 50 根扎成 1 捆。

插穗用 50% 多菌灵可湿性粉剂 800 倍液浸泡 8 min 进行消毒灭菌，其基部蘸 600 mg/L IBA 溶液 10 s。

（2）扦插床准备。选择晴天将苗圃地范围内所有的杂草、灌木锄净，将锄下的所有杂草、灌木晒干，然后将晒干的杂草、灌木进行堆烧。深翻苗圃地，将苗圃地耙细耙平后作床，并苗床上铺上 1 层约 5 cm 厚、过筛的黄心土。在苗圃地及周边喷施 70% 敌克松可湿性粉剂 400 倍液进行全面消毒灭菌，要求苗圃地范围内喷药深度在 2 cm 以上。

（3）扦插。采用直插法。扦插深度为插穗长度的 1/3，扦插时应使插穗与土壤紧密接触。扦插后浇透水，并在苗床上用塑料薄膜搭建小拱棚，同时放置温湿度计。塑料薄膜四周用土压实，形成一个密闭小环境，以保持插床适宜的温度与湿度。

（4）扦插苗管理。晴天 10:00～13:00 在小拱棚上覆盖遮光率为 50% 的遮阳网。烈日的中午，当小拱棚内温度高于 35 ℃时及时喷雾降温，避免因高温导致插穗灼伤而死亡。小拱棚内空气相对湿度保持在 90% 以上，低于 90% 需及时补充水分。

正常情况下，扦插后每隔 4～7 d 掀开薄膜补充水分 1 次，同时交互喷施 40% 三乙膦酸铝可湿性粉剂 1000 倍液、75% 百菌清可湿性粉剂 1000 倍液、50% 甲基托布津胶悬剂 1000 倍液以预防病害；每隔 7～14 d 交互喷 1 次硫酸钾 500 倍液、高钾型"高乐"叶面肥 500 倍液、磷酸二氢钾 500 倍液，以补充插穗营养。

95% 插穗生根后，交互灌施硫酸钾复合肥料 200～350 倍液，追肥 3～4 次，每隔 7 d 施 1 次。插穗平均生根率达到 85% 左右，生根数为 8～10 条。

（三）病虫害防治

红花木莲苗期病虫害主要有根腐病、茎腐病、白绢病和小地老虎，其危害特点及防治方法见表 6-1。

表 6-1　红花木莲苗期主要病虫害危害特点及其防治方法

病虫害名称	危害特点	防治方法
根腐病	病菌先从须根、侧根侵入，逐步传染至主根，根皮逐渐腐烂萎缩，地上部出现叶片萎蔫，苗茎干缩，甚至整株死亡	（1）应以预防为主，苗木出土后减少浇水频率及水量，可抑制根腐病的发生 （2）对于已染根腐病的植株，应立即带土挖出丢弃，并用 50% 苯菌灵可湿性粉剂溶液对病株周围土壤进行消毒
茎腐病	苗木发病初期，茎基部变成褐色，叶片失绿而发黄，稍下垂，顶梢和叶片逐渐枯萎，以后病斑包围茎基部并迅速向上扩展，直至全株枯死；叶片下垂，但不脱落	（1）科学合理地进行水肥管理 （2）在雨季和高温季节喷 70% 甲基托布津 800～100 倍液防治 （3）高温季节（7—8 月），在苗床上搭棚遮阴，以降低苗床温度，减轻苗木灼伤程度，起到防病效果
白绢病	又称菌核性根腐病和菌核性苗枯病，为害苗木和幼树的根茎部。感染病根茎部皮层逐渐变成褐色并坏死，严重时皮层腐烂。苗木受害后，影响水分和养分的吸收，以致生长不良，地上部叶片变小、变黄，枝梢节间缩短，严重时枝叶凋萎，当病斑环茎 1 周后全株枯死。在潮湿条件下，受害的根茎表面或近地面土表覆有白色绢丝状菌丝体	（1）选择土质较好、容易排水的苗圃地育苗，雨季要开好排水沟，床面要防止积水 （2）发病时，应及时拔除病苗烧毁，并用 10% 硫酸铜溶液浇灌
小地老虎	幼虫从地面将幼苗咬断，拖入土穴内。严重时，会给幼苗造成较大的损害	（1）在幼虫发生期可进行诱杀或捕杀 （2）用 50% 辛硫磷乳油 1000 倍液或 90% 敌百虫 800 倍液进行地面喷撒 （3）利用每天晚上 20:00～22:00 幼虫出土时逐床查捉，或在清晨掘洞捕杀

（四）苗木出圃

红花木莲一年生苗生长较慢，因管理水平不同，平均苗高为 25~30 cm，地径为 0.3~0.5 cm。无论是容器育苗还是大田育苗，当年生苗都不宜出圃，二年生苗出圃造林效果较好。园林绿化苗则需多年培育才能起到绿化效果。

二、玉 兰

玉兰（*Yulania denudata*）为木兰科玉兰属（*Yulania*）植物，又称木兰、白玉兰。玉兰是中国有名的观赏树种，有 2500 多年的栽培历史，原产于江苏、安徽、浙江、湖南、湖北、贵州、广东、山西等地，在北京及以南地区也广为栽培，生于海拔 500~1870 m 的树林中。玉兰在贵州省广泛栽培，毕节七星关的灵峰寺及石阡有玉兰古树存在。

玉兰生长迅速，木材材质上等，花白色、素雅、清香，叶大而美观；其树皮、叶和花中含挥发油、生物碱、维生素 A 等多种物质，具有较高药用价值；其花具有祛风散寒、宣肺通窍的功效，花蕾入药可治头痛、鼻窦炎等，并有降血压的功效，是优良的庭园观赏和药用树种。由于玉兰与木兰科诸多树种有广泛的亲和力，以玉兰作为载体可以培育和改良多种木兰科树种的优良性状，提高园林观赏价值。

（一）实生苗培育

1. 种子采集与处理

采种母树宜选择 20 年以上、干形通直圆满、生长健康、无病虫害、结实多的中壮年树。8月下旬至9月中旬玉兰蓇葖果由黄绿色转为红褐色或黄褐色，并有少量开裂、露出红色假种皮时采收。果实采集后应摊晒 4~6 d，待果皮自行开裂时种子即可脱出。

将已经脱出的种子浸入水中，籽粒饱满的种子沉入水底，空瘪粒及混杂物则会浮在水面，将空瘪粒及混杂物清除，取出饱满种子。浸种的时间一般为 1~2 d（不可超过 2 d），期间应经常翻动种子。在浸种期间加入 3%~5% 的氢氧化钠，有助于加速假种皮的软化，方便清洗。种脐部位如有明显的白点，则说明种子未洗干净，将来容易引起霉变，需重新清洗。

2. 种子贮藏与催芽

贮藏种子的含水量应保持在 20% 左右，可放入编织袋中，置于 1~5 ℃冷库中贮藏，也可以混沙湿藏结合催芽。

混沙湿藏催芽前，先将河沙清洗干净，并用 0.2% 的高锰酸钾消毒备用，沙子湿度以"一捏成团，一搓即散"为宜。按 1 层沙子 1 层种子堆放于室内，每层沙子的厚度为 2~3 cm。期间每隔 1~2 周翻动1 次，使之通气，中途应检查沙子的湿度，拣出种皮上黏着较多沙子并已经腐烂的种子。种皮开裂、种子露白时播种。种子量大时可于室外挖坑贮藏。

3. 大田播种育苗

（1）苗圃地选择。玉兰根系属肉质根，怕水涝，应选择地势较高、排灌条件良好的壤土或沙质壤土地块作苗圃地。

（2）整地作床与土壤处理。播种前做到三犁三耙，并施足基肥，施腐熟饼肥 3000 kg/hm²、复合肥料 750 kg/hm²。用 70% 退菌特可湿性粉剂 1000 倍液或 50% 多菌灵可湿性粉剂 1000 倍液进行土壤消毒。作高床，床面平整，床面上覆盖厚约 10 cm 的黄心土。

（3）播种。秋播在 11 月上旬至 11 月中旬进行，春播在 3 月底至 4 月初进行。采用条播，条距为 25 cm，沟深 3~5 cm，播种量为 60 kg/hm²。播后覆盖 0.2 cm 厚的锯末或火烧灰土，并喷透水，盖上稻草或搭盖遮阳网，保持床面湿润。

（4）苗期管理。土壤板结会妨碍幼苗出土，应及时用小铁丝破土扒苗，同时浅松板结土面，以利于通气保墒，否则易发生芽苗腐烂。随着苗木生长，松土要由浅渐深，并勤松土。苗木速生期也是杂草旺长期，应及时深锄松土、除灭杂草。

幼苗出土后，待长出 2~3 片真叶时间苗和定苗。间苗时应做到"去劣留壮"。一般按株距 10 cm 定株留苗。玉兰幼苗生长缓慢、抗性差，易发生黄化，故管理的重点是保苗促根。防治黄化的主要措施是适当控水。

白玉兰喜肥，应结合浇水及时追肥。生长季及时追施氮肥，施肥应少量多次，一般 5 月末每 667 m² 约施尿素 5 kg，6 月中下旬每 667 m² 约施尿素 10 kg，7 月下旬每 667 m² 约施尿素 15 kg。8 月中旬施适量磷钾肥，提高幼苗木质化程度。

（二）无性繁殖育苗

1. 扦插育苗

（1）扦插床准备。床宽 1 m、长 5 m、高 40 cm。床底垫 10 cm 厚粗煤渣或粗砾石，再铺 25 cm 厚经消毒的蛭石作扦插基质，保持床面平整、不积水。

（2）插穗采集及处理。6 月上旬，从 3~15 年生的玉兰母株上选取上部粗壮、发育充实、无病虫害、腋芽饱满的当年生枝条制成插穗。插穗长 10~15 cm（新梢短的可截成 2 段），基部叶片去掉，上部留 2~3 片，并将每片叶剪去一半。插前将插穗基部用 5000 mg/L IAA 溶液速蘸 10 s。

（3）扦插。将处理好的插穗插入事先准备好的插床上，扦插深度为 2 cm，株行距以插穗叶片不重叠为度。为了避免插穗下剪口皮层在扦插时受损，最好先用木棍在基质上打孔，然后再插入玉兰插穗，并将插穗周围基质按紧、压实。

（4）扦插苗管理。插后浇透水，用塑料薄膜罩在插床上，保持膜内空气相对湿度为 80% 左右，晴天每天 9:00~17:00 时要进行遮阴，注意经常检查基质，适时喷水，控制湿度，也可采用全光喷雾装置控制水分。

2. 嫁接育苗

（1）砧木选择。选择 1~2 年生的玉兰实生苗或紫玉兰、醉香含笑实生苗作为砧木。

（2）接穗采集。选择性状优良、生长健壮、无病虫害的玉兰树冠中部、上部外围阳面的一年生枝条作接穗。以随采随接为佳，如需贮藏，可用湿沙贮藏，时间不应超过 12 h。

（3）嫁接。采用切接法。

切削砧木：在砧木离地面 15~20 cm 处剪断主干，选择树皮平滑的一面向上斜切 1 刀，使削口成 45° 斜面，在斜面一边稍带木质部垂直向下切 1 刀，切口长 2.5~3.0 cm。

削接穗：嫁接时把每个接穗截成 2.5~3.0 cm 长，每个接穗留芽 2~3 个，接穗下端削成 45° 斜面，然后在反面平削 1 刀深入木质部，切出比砧木切口稍短且平滑的切面。

接合：把削好的接穗切面向内插入砧木切口，砧穗之间两边的形成层相互对准，如砧木和接穗大小不同，砧穗至少一边的形成层应对准。

绑扎：用熟料薄膜由下向上呈叠瓦状把砧木和接穗牢牢绷紧，绑扎时接穗有露芽、不露芽两种缚扎方法。在雨天时，露芽绑扎的嫁接苗应加盖防雨罩。

（4）嫁接苗管理。嫁接 24~49 d 后，检查嫁接苗是否成活。若未成活，及时补接。嫁接后，应检查芽萌动情况。芽萌发后，有防雨罩的应去除防雨罩；采用不露芽绑扎法的，塑料薄膜通常较厚，宜在芽萌动时刺穿薄膜，以便芽长出。当嫁接苗有 2~3 片叶长出并充分老熟后，应及时解除薄膜。嫁接苗成活后，应将萌发的砧芽剪除。

施肥以腐熟有机肥料为主，勤施薄肥，先淡后浓。嫁接苗长到 6~8 cm 高时，开始追肥，宜选用 20% 的腐熟有机肥料加 1% 尿素淋施，每 15 d 追施 1 次，随后每萌发 1 次新梢施肥 2 次。天气干旱时，及时浇水以保持土壤湿润，雨天及时排水。

3. 组织培养育苗

（1）外植体采集及处理。入冬后从 4 年生实生大苗上剪取休眠顶芽，在流水中将芽上密被的长绢毛用刀片轻轻刮干净，并冲洗 30 min 以上，然后用洗衣粉水振荡冲洗 10 min。取出顶芽置于超净工作台上，用无菌水冲洗 5~6 次，放入 75% 乙醇中消毒 30 s，无菌水冲洗 2~3 次，再用 0.1% 的氯化汞溶液浸泡 15 min，无菌水冲洗 6~8 次。

（2）培养条件。培养温度为 20~28 ℃，光照时间为 9~11 h/d，光照强度为 1500~2500 lx。所有培养基附加 0.7% 的琼脂、肌醇 100 mg/L，蔗糖的用量除生根培养基为 20 g/L，其余均为 30 g/L，调节培养基 pH 值至 5.8。

（3）初代培养。切去灭菌外植体顶芽基部伤口部分，剥掉外层鳞片，然后将 1 cm 左右的顶芽接种到诱导培养基上，培养基配方：MS+0.5 mg/L 6-BA+0.05 mg/L NAA。接种 3~4 d 后，剥掉外层鳞片的顶芽开始萌动生长；30 d 后最外层叶片恢复正常，且膨大生长。

（4）增殖和继代培养。挑选经初代培养长势良好的顶芽，转接到培养基上进行增殖培养，培养基配方：MS+0.5 mg/L 6-BA+0.05 mg/L NAA。每枚顶芽产生 4~6 个新芽。

（5）生根培养。将增殖培养基上生长到 3 cm 以上的健壮芽苗转接到的培养基上进行生根培养，培养基配方：1/2 MS+0.2 g/L IBA。30 d 左右，生根率达 80% 以上，平均单株生根 3~4 条，且根较粗壮，根长 1~2 cm。

（6）炼苗和移栽。生根 40 d 左右，移到自然光下炼苗 3 d 左右。移栽时洗净根部培养基，栽到装有腐殖土：细河沙 = 3：1 混合基质的小花盆内，每天喷水 5~6 次，从 10 d 开始逐渐降低湿度到自然状态，成活率可达 90%。

（三）病虫害防治

玉兰苗期病虫害较少，主要病害有立枯病，虫害有蛴螬和非洲蝼蛄。立枯病主要防治方法：播种时进行土壤消毒；加强水肥管理，增施磷钾肥，增强苗木抗病力；发病时喷洒波尔多液、甲基托布津或用 75% 多菌灵 800 倍液防治，每隔 10~15 d 喷洒 1 次，连喷 2~3 次。蛴螬和非洲蝼蛄可采取人工捕捉或用 40% 氧化乐果乳油 800 倍液灌根等方式进行防治。

（四）苗木出圃

嫁接苗接穗高 ≥30 cm、地径 ≥0.6 cm，生长健壮，叶片整齐，色泽浓绿，顶芽完好，根系发达，无病虫害的苗木可以出圃造林。园林绿化大苗需留床或移栽培育。《白玉兰培育技术规程》（DB 34/T 3037—2017）规定了玉兰一年生实生苗苗木质量分级标准，贵州可以参照执行，具体见表 6-2。

表 6-2 玉兰实生苗质量等级

苗木类型	苗龄 / 年	苗木等级			
		I 级苗		II 级苗	
		苗高 / cm	地径 / cm	苗高 / cm	地径 / cm
实生苗	1–0	>100	>1.0	80~100	0.8~1.0

三、乐昌含笑

乐昌含笑（*Michelia chapensis*）为木兰科含笑属（*Michelia*）植物，为我国亚热带常绿阔叶林主要组成树种之一。自然分布于江西、湖南、广东、广西、贵州，越南也有分布，生于海拔 600~1500 m 的山地林中，喜温暖湿润的气候，能耐 41 ℃ 的高温，但也能耐寒。在贵州省，主要分布于黎平太平山州级自然保护区、从江月亮山州级自然保护区、榕江、台江、剑河、都匀斗篷山、雷公山国家级自然保护区等地，生长在海拔 500~1500 m 的山地阔叶林中，常常生长于沟谷地带。

乐昌含笑树干挺拔，树冠开展，较速生，适应性强，花芳香，是优良的园林观赏树种。根据分布区自然条件，乐昌含笑在我国中亚热带北部地区可以栽培，靠近长江南岸地区可以试种，在庭园绿化方面更有发展前途，可作为木本花卉、风景树及行道树推广应用。乐昌含笑树干通直，木材纹理直、密度小、结构均匀、干缩差异小，具有易干燥、不翘曲、不弯裂等优点，也是营造纸浆材和胶合板材的优良速生树种。

（一）实生苗培育

1. 种子采集与处理

选择 25~40 年生的健壮母树，10 月中旬当聚合果由绿色变为红褐色时，用采种刀或枝剪将果实采下，薄摊在阴凉通风的室内，待果壳自然开裂后，取出种子。将带假种皮的种子放入容器中，用水浸泡 1~2 d 捞出，搓去假种皮，反复淘洗去除杂质，将沉水的种子捞出阴干，种子忌在阳光下晒干。乐昌含笑种子较大，千粒重为 140~200 g。

2. 种子贮藏及催芽

种子处理后需立即进行湿沙层积贮藏，贮藏 2.5~3 个月种子即可萌发。贮藏期间要严防老鼠等啃食种子，经常检查，发现有霉烂变质的种子应立即翻沙消毒。20~40% 种子露白时即可播种。

3. 大田播种育苗

（1）苗圃地选择。选择排灌条件较好、深厚肥沃的沙质壤土地块作苗圃地。

（2）整地作床与土壤处理。播种前细致整地，结合整地施腐熟鸡粪肥或其他有机肥料 9000 kg/hm² 作基肥。按常规整地作床。用 1% 的硫酸亚铁溶液或 0.5% 的硫酸铜溶液消毒土壤。

（3）播种。9—10 月随采随播，或春季沙藏的种子有 20% 左右露白时即可播种，播种量为 60~90 kg/hm²。采用条播，播种间距为 15~20 cm，沟深 1.0~2.0 cm，播种后覆土 0.5~1.0 cm。播种后浇透水，及时覆盖塑料薄膜或稻草等以保温、保湿。

（4）苗期管理。幼苗出土后及时揭除覆盖物，并在苗床上搭棚遮阴，棚高度为 80~100 cm，遮阳网透光率为 50%。幼苗长出 2~4 片真叶时开始间苗，间苗 2~3 次，要求间密留稀，间弱留强，分次实施，间补结合，分布均匀，留苗量为 40~50 株/m²。

幼苗长出 2 片真叶时开始追肥，用 0.2%~0.3% 的尿素溶液喷施，间隔 15~20 d 喷施 1 次。6—7 月，每个月撒施尿素 45~75 kg/hm²；8—9 月，苗木基干木质化后，用 0.2%~0.3% 的磷酸二氢钾溶液喷施叶面 1 次，用量为 23~45 kg/hm²。适时灌溉以保持土壤湿润，雨水较多季节要注意排除积水，以防苗木发生根腐病。

在苗木生长季节，要及时松土除草，保持土壤疏松。

4. 容器育苗

（1）育苗容器选择及基质配制。选用直径为 6~10 cm、高 10~15 cm 的塑料育苗袋或无纺布育苗袋、纸袋等容器育苗。

乐昌含笑容器育苗基质配方：①黄心土：腐殖土＝1：2；②腐殖土：珍珠岩＝7：3；③直接用疏松的森林土或苗圃土等作为基质。配制时，在基质中加入复合肥料25 kg/m³ 及浓度为1000 mg/L 的敌克松，混合均匀，覆盖塑料薄膜自然发酵15～30 d 后装袋。将育苗袋整齐摆放在苗床上，四周培土或用石块、砖块等围住，以防育苗袋歪倒。

（2）芽苗培育。在整理好的播种床上覆盖2 cm 厚的黄心土，将已消毒过的种子均匀地撒播于黄心土上，播种量为0.5 kg/m²。播后覆盖厚度约为1 cm 的火烧土或黄心土，并覆盖芒草或稻草等保温保湿。播后40 d 左右种子即发芽出土，适当薄施1 次经充分沤熟的有机肥料。

（3）移栽。当苗长出3～5 片叶、高4～5 cm 时，将小苗移入育苗袋育苗，每袋栽植1 株；也可直接用催芽的种子上袋，每袋1～2 粒。在每个营养袋内用小木棍插出2 cm 左右深的孔，将种子或芽苗植入孔内，用0.5～1.0 cm 厚的细土覆盖种子或压实芽苗。

（4）苗期管理。乐昌含笑喜光、喜温湿，光照条件充足与否直接影响其营养物质的积累。但幼苗上袋后要及时搭棚遮阴，确保幼苗正常生长。在小苗阶段要注意遮阴、喷水，使其能在较长的时间内保持长势旺盛。

乐昌含笑苗越冬要防寒。5—10 月底苗木生长过程中应确保育苗地湿润，梅雨季节要注意排水，从10 月底开始要控制苗床浇水次数或喷水量，以促进新梢充分木质化，有利其安全过冬。当气温骤降时，可在苗床上覆盖塑料薄膜。

乐昌含笑苗在苗高10 cm 以前需肥量不大；进入5—6 月以后，可每15 d 浇施1 次肥水，从7 月初起，每隔7 d 增施0.1%～0.3% 的尿素溶液1 次，连施8 次；9 月初至10 月中旬，每隔7 d 喷施磷酸二氢钾溶液1 次；10 月中旬至12 月是旬，每隔7 d 喷施0.1%～0.3% 的硼酸溶液1 次，以增加苗木抗寒性。

（二）无性繁殖育苗

1. 扦插育苗

（1）插穗采集及处理。采集2～4 年生幼年母株上的当年生半木质化枝条修剪成插穗。插穗一般留2～3 片半叶，长10～20 cm，剪好后按50 枝1 捆捆好。用300 mg/L 的IBA 溶液浸泡插穗下端2～4 cm，时间为2 h；或用100 mg/L ABT 2 号生根粉浸泡插穗下端2～4 cm，时间为2 h。

（2）扦插床准备。应选择离水源较近或可以使用喷灌设施的地方。扦插基质以疏松透气及保水性能好的材料为最佳。实践证明，用河沙、珍珠岩、蛭石为基质，保水性较差，湿度难以控制，有时扦插成活率较低；采用沙质土、黄心土为基质，扦插效果较好，生根率较高，且便于管理，适合大田大面积扦插繁殖。

（3）扦插。乐昌含笑母树一般1 年可采3 次插条，春季（2—3 月）、夏季（5—6 月）、秋季（9—10月）均可扦插。秋插、夏插、春插插穗生根率分别为77.0%、80.3% 和90.2%，以秋梢春插效果最好。扦插时要特别注意扦插深度，过深基部易霉烂，深度一般以3 cm 为宜。扦插行距为6～8 cm，株距为3～4 cm，插后立即浇水淋透。

（4）扦插后管理。在插穗尚未愈合生根之前，插床的管理最为重要，主要是控温保湿。每次扦插完后，插床随即用塑料薄膜全封闭，夏秋气温过高，光照过强，需搭棚遮阴。插后要始终保持基质湿润，每周1 次定期检查，基质太干时要适量浇水。

一般扦插2 个月左右扦插苗愈合生根。扦插苗生根后要加强水肥管理，以促进苗木健壮生长，同时可去除塑料薄膜。

扦插苗在插床保留1 年之后，在春季即可移植，扦插苗一般根系少，初期生长较慢，因此要加强松土施肥。此外，扦插苗最初几年最为普遍的现象是幼苗侧枝呈羽叶状排列，个别还出现偏冠，因此，要及时修剪，使之进入正常生长的状态。

2. 组织培养育苗

（1）外植体采集及处理。采集乐昌含笑的幼茎和嫩叶作为外植体。外植体在用自来水冲洗 4~5 h 后，再用 20% 的洗洁精水浸泡 30~40 min，无菌水冲洗 3 次，然后用 70% 乙醇消毒 30~40 s，无菌水冲洗 3 次，最后用 0.1% 的氯化汞溶液消毒 5~10 min，无菌水冲洗 6 次。

（2）初代培养。将已消毒的材料接种于诱导培养基上，培养基配方：MS+2.5 mg/L 6-BA+0.1 mg/L TDZ+0.25 mg/L IAA。

（3）增殖和继代培养。待不定芽萌发至 1~2 cm 长时转入增殖培养基，增殖培养基配方：MS+2.0 mg/L 6-BA+0.05 mg/L TDZ+0.25 mg/L IAA 每隔 35 d 继代 1 次，连续转接 13 代后转入生根培养基。

（4）生根培养。生根基本培养基配方：1/2 MS+0.40 mg/L 6-BA+0.60 mg/L IBA+0.80 mg/L NAA。

（5）炼苗和移栽。生根 40 d 左右，将苗移到自然光下炼苗 3~4 d。炼苗后及时移栽。选用直径 6~10 cm、高 10~15 cm 的塑料育苗袋、无纺布育苗袋或纸袋等容器移栽，移栽基质以腐殖土：珍珠岩 = 7：3 较好。

移栽后管理同容器育苗。

（三）病虫害防治

乐昌含笑苗期主要病虫害为立枯病、根腐病、茎腐病和蚧壳虫，其危害特点和防治方法见表 6-3。

表 6-3　乐昌含笑主要病虫害危害特点及其防治方法

病虫害名称	危害特点	防治方法
立枯病	幼苗根茎部软腐，木质部外露，叶片变黄、脱落，整株萎蔫，苗不倒伏。春夏发病，周期短，蔓延快，幼苗可连续多次发病	（1）加强土壤消毒，水肥管理适当，切忌苗圃积水 （2）及时挖出病株，发病时用 70% 甲基托布津可湿性粉剂 500~800 倍液或 70% 百菌清可湿性粉剂 500~800 倍液浇灌，间隔 5~7 d 施 1 次
根腐病	在根部和木质部间常有白色或褐色菌丝体，木质部干腐，剖面呈蜂窝状褐纹；病株叶片变黄，凋萎的叶片附在植株上且长时间不脱落	（1）选择排水良好的地块育苗。播种前用 70% 甲基托布津 1000 倍液或 15% 粉锈宁可湿性粉剂 1000 倍液进行土壤消毒 （2）冬季挖出病死根及时烧毁 （3）及时拔出病苗，并用 70% 甲基托布津可湿性粉剂 1000 倍液或 15% 粉锈宁可湿性粉剂 1000 倍液喷雾
茎腐病	苗木发病初期，茎基部变为褐色，叶片失绿而发黄，稍下垂，顶梢和叶片逐渐枯萎，以后病斑包围茎基部并迅速向上扩展，直至全株枯死。叶片下垂，但不脱落	（1）科学合理地进行水肥管理 （2）在雨季和高温季节喷 70% 甲基托布津可湿性粉剂 800~100 倍液防治 （3）7—8 月高温季节，在苗床上搭棚遮阴，降低苗床温度，减轻苗木灼伤程度，起到防病效果
蚧壳虫	常群集于枝叶上，吸取枝叶汁液，严重时造成植株枝叶凋萎，甚至全株死亡	在蚧壳虫孵化盛期的 6—7 月喷药防治，每隔 7 d 用 40% 氧化乐果乳油喷洒，连续 3~4 次

（四）苗木出圃

乐昌含笑当年生苗高为 40~50 cm，地径为 0.5~1.0 cm，产苗量为 20 万~25 万株/hm^2；二年生苗高为 110~160 cm，地径为 1.5~2.5 cm。一般造林苗一年生即可出圃造林，园林绿化则可留床或移植培育大苗。

四、黄心夜合

黄心夜合（*Michelia martini*）为木兰科含笑属常绿乔木，别名夜合花。主要分布于我国河南南部、湖北西部，四川中部、南部，贵州，云南东北部，生长在海拔 1000~2000 m 的林间。在贵州省，黄心夜合分布于百里杜鹃省级自然保护区、麻江老蛇冲州级自然保护区、黎平太平山州级自然保护区、台江南宫州级自然保护区、湄潭百面水国家级自然保护区、绥阳宽阔水国家级自然保护区、石阡佛顶山国家级自然保护区、雷公山国家级自然保护区、从江月亮山州级自然保护区、梵净山国家级自然保护区、习水国家级自然保护区等，以及道真、息烽、沿河、平坝、望谟、盘州、开阳、三都、惠水等县（市、区），主要为零星分布，海拔 800~1600 m。

黄心夜合主干通直，枝叶繁茂，树冠丰满，树形美丽，四季常青；叶厚革质，深绿色，叶面光滑，在阳光照耀下，光泽闪亮；春天新发嫩叶，油光发亮，花开时芳香沁人；秋季果熟，红艳夺目，是极优良的庭园绿化观赏树种。其木材纹理通直，结构细致，刨面光滑，易加工，又是优良用材树种，在城市生态园林建设中具有良好的开发利用前景。

（一）实生苗培育

1. 采种及种子处理

选择 20 年以上，生长健壮、无病虫害、冠形良好的植株采种。9 月下旬至 10 月下旬果皮由青绿色转变为黄褐色，聚合蓇葖果有 5%~10% 果皮开裂、露出鲜红色假种皮时即可采收。果实采回后薄摊在阴凉通风处阴干 5~7 d，待 80% 果皮开裂后，将带假种皮的种子取出并放入容器中，用水浸泡 1~2 d 捞出，搓去假种皮，反复淘洗，除去杂质与漂浮的空瘪种子后，将沉水的饱满种子捞出，摊于阴凉处晾干。

2. 种子贮藏及催芽

采用混沙湿藏催芽。湿沙与种子按 3∶1 分层贮藏，贮藏期间保持沙子湿润。春季适当加大沙的湿度以促进种子萌发，当 20%~40% 种子露白时即可筛出播种。

3. 大田播种育苗

（1）苗圃地选择。宜选择阳光直射少，土壤肥沃、排水良好的微酸性沙质壤土的沟谷地或平地作苗圃地。

（2）整地作床与土壤处理。整地要求细致平整，碎土均匀，不含杂草和石块。播种前对苗圃地进行翻耕，翻耕的同时撒入呋喃丹进行土壤消毒，用量为 30~60 kg/hm²。作床，床宽以 1.0~1.2 m 为宜，待苗床整细整平后铺平 1 层 6~7 cm 厚的细黄土，然后喷洒 50% 多菌灵可湿性粉剂或 70% 甲基托布津可湿性粉剂 1000 倍液，用塑料薄膜封盖 3~5 d，揭开薄膜即可播种。

（3）播种。播种时间一般在 2—3 月，播种量为 105~120 kg/hm²。采用开沟条播，播种间距为 15~20 cm，沟深 1.0~2.0 cm，播种后覆土 1~2 cm，以不见种子为度。浇透水后及时用稻草或其他草覆盖，起到抑制杂草生长、保湿保温的作用，也有利于种子发芽和幼苗生长。播种后应经常检查，保持土壤湿润。

（4）苗期管理。子叶出土 10%~15% 时，及时除去覆盖物。在苗床上搭架子，覆盖透光率为 50% 的遮阳网遮阴，10 月拆除遮阳网。

幼苗长出 2~4 对真叶时，间苗 2~3 次，间补结合，留苗量为 40~50 株/m²。

苗木生长期间，杂草生长很快，要按照"除早、除少、除了"的原则进行除草。苗木生长前期每

10 d 或 15 d 除草 1 次。有些杂草根系比较发达，这类杂草要用手按住其基部拔除，以免触伤幼苗的根部，造成幼苗死亡。

适时浇水以保持土壤湿润，雨季及时疏通排水沟排水。待幼苗长出 2 片真叶时，用 0.1% ~ 0.2% 的尿素溶液喷施 2 ~ 3 次，每次间隔 15 ~ 20 d；6—7 月，每个月撒施尿素 45 ~ 75 kg/hm²；8—9 月，每个月撒施复合肥料 75 ~ 150 kg/hm²；10 月，用 0.3% ~ 0.5% 的磷酸二氢钾溶液叶面喷施 1 次。

4. 容器育苗

（1）育苗容器选择及基质配制。采用直径为 6 ~ 15 cm、高 10 ~ 20 cm 的塑料育苗袋、无纺布育苗袋或纸袋等容器育苗。

适宜的基质配方：①黄心土：腐殖土 = 1：2；②腐殖土：珍珠岩 = 7：3；③东北草炭：砻糠灰：珍珠岩 = 7：1.5：1.5；④用疏松的森林土或苗圃土等微酸性土壤等作为基质。按照选定的基质配方，将基质均匀混合，装袋前在基质中加入复合肥料 25 kg/m³，并用浓度为 1000 mg/L 的多菌灵溶液喷洒消毒，混拌均匀后用塑料薄膜覆盖 7 ~ 10 d，使其自然发酵。

（2）芽苗培育。1—2 月，在整理好的苗床上铺 1 层 5 ~ 10 cm 厚的沙壤土、腐殖土、珍珠岩、腐熟树皮等单一基质或混合基质。催芽前 3 ~ 5 d，用浓度为 0.1% 的多菌灵、百菌清、代森锰锌等溶液对催芽床进行喷洒消毒。

2 月初，将沙藏的种子用 0.1% 的多菌灵溶液浸种 10 ~ 30 min，然后用清水清洗并滤干水分，将处理好的种子撒播在催芽床上，以种子不重叠为宜；均匀撒播后覆 1 ~ 2 cm 厚的基质，并浇透水；苗床上搭高 50 cm 的拱棚，并覆盖塑料薄膜。

（3）芽苗移栽。当催芽床上的种子萌芽后，用"2 叶 1 心"子叶张开转青后的芽苗上袋，每袋移栽 1 株。每个营养袋内插出深 2 cm 左右的孔，将种子或芽苗植入孔内，压实种子或芽苗。

移栽后浇透水并搭棚遮阴，透光率为 40% ~ 50%。

（4）苗期管理。为防止小苗遭受病虫害，定植后要重点做好防治根腐病和茎腐病的工作。一般每 7 ~ 10 d 喷 70% 敌克松可湿性粉剂 500 ~ 1000 倍液、50% 多菌灵可湿性粉剂 1000 倍液等 1 次，交替使用，以免产生抗药性。根据基质干湿情况和苗木生长情况，适时浇水以保持基质湿润。

因容器内基质养分较少，平衡能力差，移植后每间隔 7 ~ 10 d 喷施 1 次 0.1% ~ 0.3% 的尿素溶液，生长后期喷施 1 ~ 2 次 0.3% 的磷酸二氢钾溶液。

冬季要做好苗木的防冻工作。

（二）无性繁殖育苗

1. 扦插育苗

（1）插穗采集及处理。选择生长健壮、发育正常、无病虫害、节间长度中等的半木质化嫩梢枝条作插穗。清晨露水未干时剪取，将剪下的插穗摊放于阴凉处，并洒水保鲜。将插穗剪成长 5 ~ 6 cm 的枝段，要求剪口平滑，顶端剪口稍高于腋芽，下端剪口与叶片生长方向平行。摘去插穗下端叶片，按要求保留上端的 1 ~ 2 片叶片及腋芽。将剪好的插穗捆成捆，全部浸入 50% 代森锰锌可湿性粉剂 800 ~ 1000 倍液中消毒保鲜。

扦插前进行插穗基部处理。用 200 mg/L GGR 溶液浸泡 5 min，或用 8 g/L IBA-K 溶液速蘸 15 s，或用 400 mg/L IBA-K 溶液浸泡 2 h。

（2）扦插床准备。选择地势高、排灌方便，较肥沃、疏松、呈微酸性的壤土地块作育苗地。选好的育苗地应于扦插实施前 1 个月深耕、耙平、整细，除去杂物，结合整地施硫酸亚铁 225 kg/hm² 进行土壤消毒（碾成粉撒在地面）。按常规作床。

（3）扦插。按株行距 5 cm×10 cm 扦插，插入深度为插穗长度的 1/2。插后浇透水，使插穗与土壤密接，并搭小拱棚、覆盖薄膜。搭棚遮阴，棚高 1.5 m 左右，遮阳网透光率为 40%～50%，以减少日照直射，避免基质表面温度过高。

（4）扦插苗管理。插后经常检查苗床干湿度，发现苗床表土变干时，应及时补水。浇水应在清晨或傍晚进行。浇水前先揭开苗床一侧薄膜，浇水后用 70% 甲基托布津可湿性粉剂和 70% 代森锰锌可湿性粉剂 800 倍混合液喷洒 1 次，然后再覆盖薄膜密封。同时注意巡查，及时修补苗床盖膜上的破洞。

生根后及时将苗木移栽，并按大田育苗方式进行管理。

（三）病虫害防治

黄心夜合苗期病害主要为立枯病，可用波尔多液（硫酸铜：生石灰：水 = 1：1：100）或 0.3% 的福尔马林溶液喷雾防治，一般每隔 10～15 d 喷 1 次；或用 50% 托布津可湿性粉剂 700～1000 倍液防治。为了避免交叉感染，最好实行轮作。

黄心夜合苗期虫害较少，主要是小地老虎危害，可在 3 月下旬至 5 月下旬用敌杀死 1500～2000 倍液进行苗床喷雾，每隔 7～10 d 喷施 1 次。

（四）苗木出圃

如管理得好，黄心夜合一年生苗平均苗高可达 70 cm，苗最高可达 1.2 m 以上；地径可达 0.7 cm。如作为园林绿化苗，可以多次移栽培育大苗。

五、醉香含笑

醉香含笑（*Michelia macclurei*）为木兰科含笑属常绿乔木，是我国南方一个重要的珍贵乡土阔叶树种，适宜培育大径材和园林绿化大苗。醉香含笑自然分布于贵州、广东、广西、湖南、云南，生于海拔 200～1500 m 的密林中，印度、泰国、越南也有分布。在贵州省，分布于雷山、从江、黎平、安龙，海拔 820～1400 m。

其木材为高档家具和建筑用材；假种皮和种子等富含植物油，在香料、医药、日用化工等方面有着重要用途；树体高大通直，树冠整齐宽广，枝簇紧凑优美，枝繁叶茂，花色洁白，花期长，花多而密且清香，有较高的观赏价值，是良好的园林风景树。此外，醉香含笑还能吸收空中的有毒气体，且鲜叶含水量高，对氟化物气体的抗性特别强，是公路、街道和休闲观光区的优良绿化树种。

（一）实生苗培育

1. 种子采收及处理

选择干形通直圆满、生长旺盛、无病虫害的 18～30 年生母树采种。醉香含笑种子于 10 月下旬至 12 月上旬成熟，成熟时果皮呈淡黄色或红褐色。果实采收后置于阴凉、干燥、通风处摊晾 1～2 d，果壳开裂后充分翻动，去除果壳，取出种子。将种子用水浸泡 12～24 h，掺入河沙，搓去假种皮，然后用清水冲洗，去除杂质即可获得纯净种子。将纯净种子置于室内通风处，晾干表面水分，忌暴晒失水影响种子发芽率。种子千粒重为 110～170 g。

2. 种子贮藏及催芽

醉香含笑可随采随播，亦可将种子与干净、湿润河沙以 1：3 的体积比分层贮藏至翌年播种，但随着贮藏时间的延长，种子发芽率会逐渐降低。

3. 大田播种育苗

（1）苗圃地选择。宜选择交通方便、阳光充足、排灌良好的沙壤土地块作苗圃地，忌选择低洼积水及前作病虫害严重的地方。

（2）整地作床与土壤处理。深翻土地，耙细耙平后作床，结合整地施 9000 kg/hm² 腐熟鸡粪或其他有机肥料作为基肥。床宽 1 m 左右、高 20 cm，床间距以 30 cm 为宜。苗床整理好后，可用 1% ~ 3% 的硫酸亚铁水溶液和 40% 辛硫磷乳油 1000 倍液对进行土壤消毒。

（3）播种。播种宜选在早春，以 3 月中旬前播种较为适宜，播种量以 100 g/m² 左右为宜。采用条播，条距为 20 ~ 25 cm，种子间距为 12 cm；也可采用撒播，将种子均匀播于苗床上。播种后覆土 1.0 ~ 1.5 cm，以不见种子为度。淋透水后覆稻草或加盖透光率 50% 左右的遮阳网，此举可显著提高苗木质量。

（4）苗期管理。天气晴朗时，每隔 1 ~ 2 d 要浇 1 次水，以保持土壤湿润。播种 1 个月后种子发芽出土，应注意揭开稻草、淋水、除草、防涝保湿。及时浇水。中耕除草、松土 3 ~ 4 次。

醉香含笑苗期无须施肥。进入 6 月份以后，可每 15 d 施 1 次肥水或 0.3% 的尿素溶液；9 月初停施氮肥，追施 1 ~ 2 次 0.3% 的磷酸二氢钾溶液，促使植株嫩梢木质化，增强其抗寒性。

注意，醉香含笑当年生苗不能出圃，需留床继续培养 1 年，苗高达 40 cm 以上才可出圃栽种。

4. 容器育苗

（1）育苗容器选择及基质配制。育苗容器规格为 14 cm × 16 cm，塑料容器和无纺布容器皆可。

育苗基质由黄心土、火烧土、塘泥、过磷酸钙按 6 : 2 : 1.5 : 0.5 比例充分混匀后碾碎而成。基质装袋后整齐排列在苗床上，周围培土。

（2）芽苗培育。参照大田播种育苗的方式培育芽苗。将种子密播在苗床上，播后浇透水，搭拱棚，盖塑料薄膜，待芽苗出土后上袋。

（3）芽苗移栽。移苗上袋前 1 ~ 2 d 将育苗袋淋透水，芽苗长出 2 ~ 3 片真叶时移栽。主根过长的芽苗可以适当剪去根尖后移栽。宜在阴天移栽。幼苗上袋后要淋足水，盖上遮阳网，遮光率为 40% ~ 50%，防止阳光灼伤幼苗。

（4）苗期管理。幼苗移植后应加强苗木的水肥管理，及时除草，做好病虫害防治。

施肥参照大田播种育苗。

培育 1 年，苗高 40 ~ 50 cm 时即可出圃。

（二）无性繁殖育苗

1. 扦插育苗

醉香含笑属扦插较难生根的树种，生根速度较慢。选用约一年生半木质化枝条作为插穗，直径 0.15 ~ 0.35 cm 为宜。用 500 ~ 1000 mg/L 的 IBA、IAA、NAA 或 ABT 1 号生根粉等溶液处理插穗基部 15 ~ 60 s 后，扦插于泥炭土或含有泥炭土的混合基质中，并保持适宜湿度和温度。春夏季扦插 2 ~ 3 个月后可生根，生根率最高可达 55%。

2. 组织培养育苗

（1）外植体选择与处理。从植株上采集幼嫩枝，小心去除枝条及芽上的平伏绒毛，用自来水冲洗 30 min 后，剪成长约 2 cm 的茎段。茎段用无菌水清洗 3 次后，用无菌滤纸吸干水分。吸干水分的茎段用 70% 乙醇消毒 10 ~ 15 s 后立即转入 0.15% 的氯化汞（每升加吐温-20 滴）溶液中消毒 10 ~ 12 min，无菌水冲洗 6 次，将其分割成 0.5 ~ 1.0 cm 长的小段备用，每段需带节。

（2）培养条件。培养温度为（26 ± 1）℃，光照时间为 12 h/d，诱导培养时光照强度为 4800 lx 左右，其他时期为 4000 lx 左右。除生根培养基加浓度为 1.5% 的蔗糖外，其余加浓度为 2.5% 的蔗糖，pH 值为 5.8。

（3）初代培养。将茎段接种在初代培养基中，培养基配方：1/3 MS+0.2 mg/L 6-BA+0.02 mg/L NAA。培养 3 d 后，茎段、茎尖基部有大量的褐色物质产生，茎尖褐化程度更严重，需及时转代于同样培养基中，否则材料会因褐化而死亡；再培养 10 d 后，顶芽开始萌动、伸长；30 d 后，茎段隐芽开始萌动；80 d 时，茎段上的隐芽长至 0.5 ~ 1.0 cm，茎尖顶芽可长到 1.0 ~ 1.5 cm。

（4）增殖和继代培养。将分化出芽接种到增殖培养基上，增殖培养基配方：1/3 MS+0.3 mg/L 6-BA+ 0.2 mg/L NAA，40 d 转代 1 次。前 3 代每个芽长 1 ~ 2 个新芽，第四代后新芽可达到 3 ~ 7 个。每次继代，小芽切成 2 ~ 3 个芽丛效果更好，因为单芽太小，在增殖过程中易褐化死亡。通过在增殖培养基中不断继代，很快便会获得大量的芽苗。

（5）壮苗与生根培养。因增殖芽矮小，应将芽苗移栽到壮苗培养基上培养，壮苗培养基配方：1/3 MS+ 0.3% AC，培养 30 ~ 35 d，小芽会长成健壮的、高度为 2.5 ~ 4.0 cm 的枝条，基部微膨大，叶色由淡绿色转为深绿色，叶片展开数量增加 3 ~ 6 片。经壮苗培养的小枝条再转入生根培养基上培养，培养基配方：1/4 MS+2.0 mg/L IBA+3.0 mg/L NAA，15 d 后开始生根，35 d 后从原来的小枝条基部长出浅褐色的根 1 ~ 4 条，最后形成完整的小植株。

（6）炼苗与移栽。将生根的苗放置到室外炼苗，在温度 25 ~ 30 ℃、光照强度 8000 ~ 12 800 lx 下炼苗 3 ~ 5 d 后取出小苗，洗去根部培养基，移栽到沙子、椰糠和泥炭土（2:2:1）的混合基质中。期间注意保湿，移栽 20 d 后可施 0.025% 花多多 1 号溶液，50 d 后成活率可达 97.6%。

（三）病虫害防治

醉香含笑苗期病虫害主要有叶斑病、煤污病、叶枯病和甲壳虫，其危害特点及防治方法见表 6-4。

表 6-4 醉香含笑苗期主要病虫害危害特点及防治方法

病虫害名称	危害特点	防治方法
叶斑病	病斑呈灰褐色或黑褐色，位于叶缘，呈半圆形或近似半圆形，个别病斑位于主脉与叶缘之间的叶肉组织，形成类似马蹄形的病斑	（1）苗期可喷洒波尔多液预防 （2）发病初期，及时摘去病叶烧毁，增施磷肥、钾肥，以增强植株抗病能力；或在 80% 炭疽福美可湿性粉剂 800 倍液、50% 退菌特可湿性粉剂 800 倍液、50% 多菌灵可湿性粉剂 600 倍液中选择其中 1 种喷雾，每隔 10 d 喷 1 次，连续喷 2 ~ 3 次
叶枯病	叶枯病多从叶缘、叶尖侵染；病斑由小到大呈不规则状，红褐色至灰褐色；病斑连片成大枯斑，干枯面积达叶片的 1/3 ~ 1/2；病斑边缘有 1 条较病斑深的带，病、健界限明显。该病在 7—10 月均可发生。植株下部叶片发病重	（1）用浓度为 3% 的石硫合剂，以 15 d 为 1 个周期，对苗木进行喷洒，可有效防疫叶枯病对醉香含笑苗木的影响 （2）苗木发病期，可选择 65% 代森锌可湿性粉剂溶液对苗木进行喷洒
煤污病	在叶面、枝梢上形成黑色小霉斑，后扩大连片，使整个叶面、嫩梢上布满黑霉层	（1）在发病初期，用清水洗刷苗木 （2）如果发病情况较为严重，用 50% 退菌特可湿性粉剂溶液喷洒治疗，以 10 d 为 1 个周期，对苗木喷洒 2 ~ 3 次即可取得一定的治疗效果
甲壳虫	甲壳虫会吸取植株汁液，使植株受到严重的破坏。如果苗木种植密度过密，苗木之间通风不良，极易发生甲壳虫危害	（1）针对过密的枝条进行修剪，使苗木之间保持良好的通风 （2）在甲壳虫发生初期，可用刷子对甲壳虫进行清除。如果是在甲壳虫孵化期，选择 40% 氧化乐果乳油溶液对其喷洒治疗

（四）苗木出圃

醉香含笑生长较慢，一年生苗不能出圃，需要培养 2 年及以上方能出圃栽植。园林绿化用苗可通过留床或移植培育大苗。

六、紫花含笑

紫花含笑（*Michelia crassipes*）为木兰科含笑属树种，天然分布在广东北部、湖南南部、广西东北部、贵州南部和东南部，海拔 300 ~ 1000 m。在贵州省，主要分布在雷山、独山、黎平、榕江、锦屏、荔波、凯里、从江、剑河、台江等地，海拔 550 ~ 1200 m。

紫花含笑木材纹理直，结构细，质轻软，可供板材、家具、细木工等用材。其花极芳香，气味似甜酒，闻之使人心情舒畅，且可提取香精。紫花含笑的树形美观，冠形丰满，叶浓密而呈深绿色，花紫色而极香，应用在园林中潜力很好，可植于林下、庭园，是难觅的园林木本植物，可丛植、列植或孤植，很适合作为盆栽。

（一）实生苗培育

1. 种子采集及处理

选择 8 年以上，生长健壮、无病虫害的植株作为采种母树。9—10 月，果皮由青绿色转变为黄褐色，聚合蓇葖果有 5% ~ 10% 的果皮裂开，露出鲜红色假种皮，种子完全变为黑褐色时即可采收。

果实采回后薄摊在阴凉通风处阴干 3 ~ 4 d，待 80% 果皮裂开后，将带假种皮的种子取出放入容器中，用水浸泡 1 ~ 2 d 捞出，搓去假种皮，反复淘洗去除杂质与漂浮的种子后，将沉水的种子捞出摊于阴凉处晾干。

2. 种子贮藏及催芽

采用混沙湿藏催芽，湿沙与种子按 3∶1 的比例分层摊放贮藏。种子贮藏 2.5 ~ 3 个月即可萌发，当 20% 左右种子露白时即可播种。

3. 大田播种育苗

（1）苗圃地选择。宜选择地势平坦、排灌良好、交通方便、地下水位高的沙质壤土。

（2）整地作床与土壤处理。整地要做到深耕细作、地平土碎，作成宽 1 m、高 20 ~ 25 cm 的苗床。苗床面应做成龟背形，中间略高，利于排水；东西走向。整地时施腐熟鸡粪肥或有机肥料 9000 ~ 12 000 kg/hm²，用 0.5% 的高锰酸钾溶液或 1% 的硫酸亚铁溶液和 40% 辛硫磷可湿性粉剂 1000 倍液对土壤进行消毒。

（3）播种。2—3 月播种，播种量为 75 ~ 105 kg/hm²。条播，播种间距为 15 ~ 20 cm，沟深 1.0 ~ 2.0 cm，播种后覆土 0.5 ~ 1.0 cm，以不见种子为度。浇透水后及时覆盖稻草等覆盖物。

（4）苗期管理。幼苗出土 10% ~ 15% 时，及时除去覆盖物，在苗床上搭设高 50 ~ 80 cm 的拱棚并覆盖遮阳网，透光率为 50%，10 月撤除遮阳网。

苗木出齐后，及时松土除草。

在幼苗长出 2 ~ 4 对真叶时，间苗 2 ~ 3 次，间补结合，留苗量为 50 ~ 60 株/m²。

加强水肥管理，适时浇水以保持土壤湿润。待幼苗长出 2 片真叶时，用 0.1% ~ 0.2% 的尿素溶液喷施 2 ~ 3 次，间隔 15 ~ 20 d；6—7 月，每月撒施尿素 45 ~ 75 kg/hm²；8—9 月，每月撒施复合肥料 75 ~ 150 kg/hm²；10 月，用 0.3% ~ 0.5% 的磷酸二氢钾溶液叶面喷施 1 次。

4. 容器育苗

（1）育苗容器选择及基质配制。选用直径为 6~10 cm、高 6~10 cm 的无纺布育苗袋或塑料容器育苗。

育苗基质配方：①草炭∶蛭石∶珍珠岩 = 50∶2∶5；②腐殖土∶黄心土 = 2∶1；③腐殖土∶珍珠岩 = 7∶3；④椰糠∶珍珠岩 = 8∶2。按照选择的配方配制基质，并在基质中加入磷肥 25 kg/m³，混合均匀用 50% 多菌灵可湿性粉剂 1000 倍或 75% 百菌清可湿性粉剂 1000 倍液喷施消毒，用塑料薄膜覆盖 3~5 d 后装袋。

（2）芽苗培育。1—2月，在整理好的苗床上铺 1 层 5~10 cm 厚的沙壤土、腐殖土、腐熟树皮等单一基质或混合基质；催芽前 3~5 d，用百菌清或代森锰锌 1000 倍液对苗床进行喷洒消毒。

2月初，取出沙藏的种子，用 0.1% 的高锰酸钾溶液或多菌灵可湿性粉剂 1000 倍液浸种 10~30 min，然后用清水清洗并滤干水分，撒播在催芽床上，密度以种子不重叠为宜。撒播后覆 1~2 cm 厚的基质，浇透水。床上搭高 50 cm 的拱棚，并覆盖塑料薄膜。

（3）播种或芽苗移栽。可用经催芽露白的种子上袋，1~2 粒/袋；或用芽苗移栽，用子叶张开、转青后的芽苗上袋，1 株/袋。在每个育苗袋内插出深 2 cm 左右的孔，将种子或芽苗植入孔内，压实种子或芽苗。浇透水后立即搭棚遮阴。

（4）容器苗管理。加强水肥管理，适时浇水以保持基质湿润。5—6月，用 0.1%~0.2% 的尿素溶液喷施 2~3 次；7—8月，在雨后撒施尿素 2~3 次，用量为 5~10 g/m²，撒施后及时洗苗；9—10月，用 0.1%~0.2% 的磷酸二氢钾溶液喷施叶面 1~2 次，施肥间隔期为 15~20 d。

（二）无性繁殖育苗

1. 扦插育苗

（1）插穗采集及处理。从采穗母树上剪取树冠外围腋芽饱满、无病虫害、生长健壮的当年生半木质化枝条。将枝条剪切成长 5~10 cm、有 3~4 个芽的插穗，插穗顶端保留 1~2 片半叶。

为保持插穗水分，以 50 支为 1 捆，将插穗基部 2~4 cm 用 50~200 mg/L ABT 1 号生根粉或 NAA 溶液浸泡 1~2 h，或用 500~1000 mg/L 的 NAA、IAA、IBA 溶液速蘸基部 2~3 s。

（2）扦插床准备。在大棚或大田苗床上铺 1 层 10~15 cm 厚的黄心土、珍珠岩、河沙、椰糠、腐殖土、经腐熟的马尾松树皮等单一基质或混合基质，也可用草炭∶蛭石∶珍珠岩 = 50∶2∶5 的混合基质扦插。用多菌灵、百菌清、代森锰锌 1000~2000 倍液喷洒基质消毒后，搭建高 80~100 cm 的拱棚，并覆膜 3~5 d。

（3）扦插。夏季扦插时间为 6—7月，秋季扦插时间为 9—10月。按插穗的直径在基质中打孔后，再按株行距（3~5）cm×（3~5）cm 扦插，插穗 2/3 入土，压实。

（4）扦插后管理。扦插后，立即浇透水，在拱棚上覆膜，保持基质湿度为 70%~80%；扦插后 10 d，用多菌灵、百菌清或甲基托布津 1000 倍液喷施 2~3 次，每次间隔 7~10 d；插穗长出不定根后，用 0.1%~0.2% 的尿素溶液喷施 2~3 次，间隔期为 15~20 d。

插后 3 个月左右，插穗根系长达 3~5 cm 时即可分床移植。移植前必须整好移植地，移植的株距和行距一般为 20~30 cm。移栽后管理同大田播种育苗。

2. 组织培养育苗

（1）外植体采集及处理。于晴天上午 10∶00~11∶00 剪取紫花含笑带芽茎段作外植体。先用自来水将外植体表面冲洗干净，剪去老枝及叶片，用洗涤剂溶液浸泡 5 min，再用棉球蘸洗涤剂溶液仔细地、轻轻地擦洗腋芽及茎段，之后将其按芽自然生长方向置于烧杯中，基部用灭菌湿润滤纸包裹，套上保鲜袋，放入 4 ℃冰箱中冷藏。冷藏 5~7 d 后取出外植体，在超净工作台上进行表面灭菌。在每个无菌三角瓶中放置 10~20 个带芽茎段，加入 75% 乙醇浸泡 30~60 s，用无菌水冲洗 1 次，之后用 0.1% 的氯化汞溶液灭菌 3~15 min，然后立即用无菌水冲洗 5~8 次。冲洗后将带芽茎段置于培养皿中，切除茎段两端受伤部位。

（2）培养条件。培养温度为（25±2）℃，光照时间为 12 h/d，光照强度为 1000 lx。培养基用 0.7% 卡拉胶固化，以 3% 蔗糖为碳源，并调节 pH 值至 5.8。

（3）初代培养。将带芽茎段接种于灭菌后的诱导培养基上，每瓶接种 1 个。

（4）增殖和继代培养。待诱导培养基上接种的外植体萌发出的不定芽长至 1~2 cm 时，切下不定芽转移至继代培养基上，每瓶接种 1 个小单芽。增殖培养基配方：0.5 mg/L 6-BA+0.1 mg/L IBA，继代周期以 25 d 为宜。增殖系数可达 3.5 以上。

（5）生根培养。将继代苗转入生根培养基中培养 20 d 左右，培养基配方：1/2 MS+0.05 mg/L IBA。选择长度大于 3 cm 的不定芽进行生根培养。

（6）炼苗及移栽。生根后将培养瓶移到室外荫棚或温室中进行强光闭瓶练苗 5~10 d 左右，透光率 30%~50%。然后将培养瓶的盖子打开，在自然光下进行开瓶练苗 3~7 d，正午时要注意采取遮阳措施，避免灼伤小苗。

生根后将瓶苗栽栽于混合基质（泥炭∶珍珠岩∶砻糠灰 =3∶2∶1）中，移栽成活率可达 85%。

3. 嫁接育苗

采取单芽枝切接法嫁接。

（1）砧木选择。以一年生深山含笑、乐昌含笑或紫花含笑本砧作为砧木。砧木苗株行距为 10 cm × 20 cm。

（2）接穗采集。选取树冠外围中上部腋芽饱满、无病虫害的一年生健壮枝条作接穗。接穗长约 4 cm，剥去花蕾，留 1 芽，摘叶梢，留叶柄。

（3）削接穗。在接穗芽的背面 1 cm 处斜切 1 刀，削掉 1/3 的木质部，削面长 2 cm 左右；再在削面的背面斜削出 1 个小削面，稍削去一些木质部，小削面长 0.8~1.0 cm。

（4）切砧木。在离地面 5~10 cm 处剪除砧干，选砧皮厚、光滑、纹理顺的方位，把砧木截面略削少许，在皮层内略带木质部垂直切入 2 cm 左右。

（5）嫁接。将接穗插入砧木的切口中，使接穗的长削面至少一边的形成层和砧木切口的形成层对准、靠紧，并用塑料薄膜带绑缚。

（6）管理。接后 1 周内，避免雨水侵蚀。注意及时除去砧木干的萌芽。等嫁接苗高达 30~40 cm 时，将塑料薄膜绑带解除。

（三）病虫害防治

紫花含笑病虫害种类与乐昌含笑相同，危害特点及防治方法参见"乐昌含笑"。

（四）苗木出圃

紫花含笑生长较慢，一年生苗苗高为 10~15 cm，地径为 0.2~0.4 cm，主根长 5~10 cm，不能出圃，一般以 2~3 年生苗出圃。园林绿化大苗需留床或移植培育大苗。

七、珙 桐

珙桐（*Davidia involucrata*）为蓝果树科（Nyssaceae）珙桐属（*Davidia*）落叶乔木。珙桐为我国特有

的单属种植物，系第三纪古热带植物区系的孑遗树种，有"植物活化石"之称，为国家一级保护野生植物和世界著名观赏树种，被列入《中国植物红皮书》《中国珍稀濒危保护植物名录》。珙桐的自然分布区域呈不连续块状，东起湖北宜昌，西迄四川盆地西缘山地，北至陕西镇坪，南达贵州纳雍，在我国甘肃、陕西、湖北、湖南、四川、贵州、云南7个省40多个县（市、区）有星散分布，以四川中西部和湘鄂西部分布较为集中。珙桐林的垂直分布范围较大，在其分布区的东部多见于海拔600~2400 m的范围内，西部多见于海拔1400~3200 m（高黎贡山）的垂直带中，现已作为观赏树种在欧洲和北美很多地区广泛种植。贵州省属分布区东区，在梵净山的分布较广，沿梵净山四周约有10个以上的分布点，江口坝溪金盏坪的花间沟、大河晏、大沟、沙湾、小黑湾、青龙洞、关门山，松桃的冷家坝牛角沿、阳雀村，印江的烂茶坪护国禅寺、甘沟等地分布较多，在小黑湾和烂茶坪，分布面积在14 hm²以上；在贵州纳雍珙桐省级自然保护区自然分布大量光叶珙桐，面积达7120 hm²，近100万株，集中区平均约有50株/hm²，树龄长者超过100年，是目前世界上光叶珙桐自然分布面积最大、资源储量最丰富的地区，在国内尚属罕见；在绥阳宽阔水国家级自然保护区，数量少，多散生，仅钢厂沟分布较为集中，800 m²的样地内有珙桐18株。

珙桐两性花与雄花同株，其雄花基部有1对白色的大苞片，酷似展翅飞翔的白鸽，因而珙桐被西方植物学家命名为"中国鸽子树"，是世界著名的观赏植物。此外，珙桐还有很高的经济价值，其种子和果皮可榨取食用油或工业油，味道清香；树皮和果皮可提取栲胶或制成活性炭，内果皮还可以提炼香精；果核中蛋白质含量很高，可提取营养蛋白质。珙桐材质沉重，是建筑的上等用材，可作为家具、建筑和工艺美术的优质原料。

（一）实生苗培育

1. 种子采集与处理

选择生长健壮、无病虫害、果实饱满的壮龄树为采种母树。10月下旬坚果外果皮由青绿色转为黄褐色或紫褐色时即可采收，可从地面直接捡拾掉落的果实，或敲打击落于地面收集。采集的果实堆沤5~7 d，待中果皮变软后捣破果肉，用水漂去果皮与果肉，即可得到纯净的种子。

2. 种子贮藏及催芽

宜选择在背风向阳处混沙湿藏，按1层湿沙1层种子堆放，以5~6层为宜。堆放好后覆盖草帘或麻袋以保湿，每隔6~8 d喷水加湿1次，使沙子湿度保持在70%~85%。翌年2月初，取出沙藏种子再处理，改为只堆1层种子并覆膜提温，加速软化珙桐种壳，增强透性，解除种子萌发的机械阻力。珙桐种子经沙藏处理后，4月初就可播种。

3. 大田播种育苗

（1）苗圃地选择。选择排水良好，土壤湿润、肥沃、透气性良好的地块作苗圃地，切忌在黏土中播种。育苗前一年冬季深翻，以冻杀土中害虫。春季播种前再把苗床深翻18~20 cm，破除大土块，清理杂物，撒施充分腐熟的农家肥，施肥量为15 000~20 000 kg/hm²，并增施森林腐殖土和有机肥料，作床后暴晒6~7 d。之后再用0.1%的高锰酸钾溶液或用福尔马林配成浓度为1%的溶液喷洒进行苗床消毒，用高锰酸钾消毒2 d过后就可播种，用福尔马林消毒则需6~7 d。

（2）播种。3月，土层土壤温度稳定在10~15 ℃以上时即可播种。条播，按行距40~50 cm、深4~6 cm开播种沟，种子点播间距为10~15 cm，播种深度为4~6 cm。播种后覆4~5 cm厚细土，然后盖上草席，浇透水。

（3）苗期管理。播种后根据天气情况，每5~8 d左右浇1次透水。种子在出芽时需要增加浇水次数，要始终保持土壤湿润，防止土壤板结，否则不利种子萌发。珙桐幼苗出土后，抵抗强光的能力较弱，应搭盖遮阳网遮阴，遮阳网一般距离地面 2 m 左右，透光率为 50%。等幼苗长出 5~7 片真叶时拆除遮阳网。

在珙桐出苗期和幼苗期要加强中耕除草，见草就除，一般在浇过水之后即对育苗区进行除草。苗木稍大时可在除草的同时适当松土，尤其是雨后和灌水后，以免土壤板结。

珙桐幼苗刚出土时不耐旱涝，湿度过大会造成苗木因感染立枯病、猝倒病等而腐烂死亡，死亡率极高，如遇阴雨天气应及时做好排水工作。珙桐幼苗的浇水和追肥可同时进行，春季和秋季珙桐通常各抽 1 次梢，因此在早春施肥最好。幼苗长出 3 对真叶后，适当喷施 0.5% 的碳酸氢铵溶液等；也可在夏季酌情施 2~3 次复合肥料，施肥量为 45~75 kg/hm²，在秋季施 1 次人粪尿。

4. 容器育苗

（1）育苗容器选择及基质配制。珙桐育苗容器可选用规格为（12~14）cm×（14~16）cm 的塑料杯或无纺布育苗容器。

目前适宜的育苗基质配方：泥炭∶珍珠∶岩沙 = 3∶1∶1。

（2）芽苗移栽。采用贮藏催芽的芽苗或播种的芽苗进行移栽。每个容器移栽 1 株，移栽后浇透水。珙桐移栽初期应放置在透光率为 40% 的遮阳网下缓苗，9 月去除遮阳网。

（3）苗期管理。缓苗期只浇水，不施用营养液，缓苗 15 d 后开始施用营养液。营养液配方：590 mg/L 硝酸铵 + 253 mg/L 硝酸钾 + 68 mg/L 磷酸二氢钾 + 346 mg/L 硫酸镁。

（二）无性繁殖育苗

1. 扦插育苗

（1）插穗采集及处理。采用嫩枝扦插。以野生珙桐或人工栽培珙桐为母树，树龄以 5~6 年为宜。

春季扦插：冬季采集一年生半木质化枝条，剪成长 8~11 cm、直径 0.3 cm 以上，至少带 2 个芽的插穗，切口平滑不伤皮。100 枝插穗为 1 捆，置于荫棚下，用湿沙分层埋，各捆间保持 1~2 cm 距离，上覆细沙 1 cm。翌年 2 月取出插穗，再在 20~25 ℃下继续沙埋 20~30 d；3 月取出，放入浓度为 50 mg/L 的 IBA 溶液内浸泡 24 h。

夏季扦插：剪取当年生半木质化、无病虫害、无机械损伤的枝条制穗，枝条直径在 0.3 cm 以上。将枝条自顶部往下剪成 10~12 cm 长段，切口平整，用枝剪或锋利的小刀将插穗下部 1/2 的叶片除去，保留上部的叶片或顶梢。在扦插前将处理好的插穗放入浓度为 50 mg/L 的 IBA 溶液内浸泡 5~8 h。

（2）扦插床准备。在扦插前一周准备扦插床。扦插床应设置于高 1.8 m 的荫棚内，床长 5 m、宽 1 m，四周单砖砌墙，长底边留排水孔 4 个，高边高 60 cm，低边高 40 cm。床内填入物分下、中、上 3 层，下层为 10 cm 厚的粗沙，中层为 10 cm 厚的黄土，上层是厚 5 cm 的细河沙。

（3）扦插。春季和夏季扦插均可，在 5—7 月最适宜。插穗直插（切勿倒插），扦插深度为插穗长度的 2/3，插后要踏实，使插穗和土壤密切接触。株行距为 10 cm×10 cm，插后立即淋水，搭拱棚并盖塑料薄膜。以后每隔 1~2 d 淋透水 1 次，插穗生根后可减少淋水次数。

（4）扦插苗管理。生根后采用 0.2%~0.3% 的尿素溶液叶面喷施，每半个月施肥 1 次。生长后期以磷肥、钾肥为主，施 1 次浓度为 0.3% 的磷酸二氢钾液肥，施后 1 h 用清水喷淋苗 1 次。

2. 组织培养育苗

（1）外植体采集与处理。采集一年生枝条剪去叶片，切割成带腋芽的茎段和带顶芽的茎尖，放入洗涤剂中浸泡 5 min，自来水冲洗 3~4 h，将腋芽和顶芽清洗干净。将处理好的茎段滤干后置于超净工作台，采用二步灭菌法：先用 75% 乙醇浸泡 15 s，无菌水润洗 2~3 遍，再用 0.1% 氯化汞溶液浸泡 15 min 消毒，消毒过程中加入 1~2 滴吐温-80，消毒 3 次，每次消毒后均用无菌水清洗 4~5 次，最后用无菌滤纸吸干水分后备用。

（2）培养条件。培养温度为（25±2）℃，光照时间为 14 h/d，光照强度为 1500～2000 lx。各培养基均附加蔗糖 30 g/L、琼脂 9 g/L、活性炭 2 g/L，调节 pH 值至 5.8～6.0。

（3）初代培养。植物组织培养宜采用低盐培养基（WPM 培养基）。用消毒过的镊子剥去芽外层鳞片，茎段的下端剪成斜切口，接种于 WPM+0.05 mg/L NAA+1.0 mg/L 6–BA+2.0 mg/L GA$_3$ 培养基中，每个培养瓶接种 3 个外植体。

（4）增殖和继代培养。增殖培养基配方：WPM+2.0 mg/L 6–BA+0.5 mg/L ZT+0.5mg/L GA$_3$，增殖系数为 3.3。

（5）生根培养。从生根率和生根质量综合考虑，最适培养基配方：WPM+1.0 mg/L NAA+0.5g/L AC，生根率可达 86.7%。将生根苗转入 WPM 无激素培养基进行壮苗培养，有利于提高移栽成活率。

（6）炼苗及移栽。当苗在生根培养基中根长至约 3 cm 时，在温室内打开瓶盖炼苗 6 d，光照以散射光为宜。

洗净瓶苗根部琼脂后将其移栽至灭过菌的混合基质（泥炭：珍珠岩＝2:1 或草炭：珍珠岩：蛭石＝2:1:1）中并浇足水，然后用薄膜覆盖保湿保温。保持室内空气相对湿度在 90% 以上，温度控制在 24～26 ℃。2 周后揭膜，期间注意遮阴和通风，每 5 d 喷 1 次霍格兰营养液。移栽 15 d 后叶片明显伸展，30 d 后成活率可达 70%～80%。

（三）病虫害防治

珙桐苗期病害以丝核菌引起的立枯病为主，虫害以黄刺蛾、叶螨、金龟子等为主，其危害特点及防治方法见表6-5。

表 6-5 珙桐苗期主要病虫害危害特点及防治方法

病虫害名称	危害特点	防治方法
立枯病	幼苗根茎部软腐，木质部外露，叶片变黄、脱落，整株萎蔫，苗不倒伏。春夏发病，周期短，蔓延快，幼苗可连续多次发病	（1）用福尔马林进行土壤消毒。每平方米用 40% 福尔马林 50 mL 兑水 6～10 kg，在播种前 10 d 浇在土壤上，并用草席覆盖，播种前 3～4 d 揭去覆盖物 （2）幼苗出土后，用 50% 托布津 800 倍液、70% 敌克松（晶体）1200 倍液交替喷雾 1 次，可预防病害发生 （3）如果病害发生，可将 40% 多菌灵可湿性粉剂、代森锰锌按 1:1 混合后，稀释为 500 倍液喷施，每 10～20 d 喷 1 次
黄刺蛾	幼龄幼虫多群集取食，被害叶显现白色或半透明斑块；4 龄时取食叶片形成孔洞；5 龄、6 龄幼虫能将全叶吃光，仅留叶脉	（1）清除越冬虫茧 （2）在成虫羽化期于 19:00～21:00 用黑光灯诱杀，或喷洒 90% 敌百虫原药 2000 倍液和 1.8% 齐螨素（阿维菌素）5000 倍液防治
金龟子	其幼虫蛴螬常将植物的幼苗咬断，导致珙桐枯黄死亡；成虫取食嫩芽和幼叶	（1）严格进行土壤消毒，杀灭蛴螬 （2）可用 40% 氧化乐果乳剂 200 倍液喷洒在苗行间，或用 50% 杀螟松乳油 800～1000 倍液喷雾
叶螨	其幼虫靠吃叶片的叶肉细胞为生，导致叶面上出现斑斑点点或弯弯曲曲的痕迹。被雌成虫用产卵器刺伤的叶片的光合作用减弱，导致幼小的植株死亡。另外，这些伤口也为各类病害敞开了大门	（1）要避免过度施肥，尤其是氮肥。氮肥施用过量时，植物会变得更易受到叶螨侵害 （2）在叶螨化蛹前去除已受害植株，这是减少叶螨数量的重要措施。另外，除掉正在孵卵的雌虫也是减轻危害的方法 （3）使用拟除虫菊酯杀虫剂，如苄氯菊酯、甲氰菊酯对治虫很有效，可以配成适宜浓度进行喷杀

（四）苗木出圃

珙桐一年生播种苗高通常为 30 ~ 50 cm，第二年一般可达到 120 ~ 150 cm。在 9—10 月或翌年春季 3 月前起苗出圃。目前尚无珙桐的实生苗质量分级标准，四川省制定的《珙桐扦插育苗技术规程》（DB 51/T 2630—2019）规定了扦插苗质量分级标准，贵州可参照执行，具体见表 6-6。

表 6-6　珙桐扦插苗质量等级

苗龄 / 年	质量指标			
	Ⅰ 级苗		Ⅱ 级苗	
	苗高 / cm	地径 / cm	苗高 / cm	地径 / cm
1 (1) -0	>80	>1.0	50 ~ 80	0.6 ~ 1.0

八、野鸦椿

野鸦椿（*Euscaphis japonica*）为省沽油科（Staphyleaceae）野鸦椿属（*Euscaphis*）植物，别名鸟腥花、鸡眼椒。野鸦椿属植物有野鸦椿和福建鸦椿之分，二者均是优良的观果类园林绿化树种。在中国，除西北各省（区）外，全国均产，主产江南各省（市），日本、朝鲜也有分布。贵州大部分地区均有分布，生于海拔 570 ~ 2200 m 的山谷疏林中、路旁、河边和沟边杂木林中。

野鸦椿树姿优美，秋日霜后叶色泛红、红果满树，挂果时间可长达半年，是良好的观叶、观果树种和园林绿化树种。野鸦椿还有抗菌、抗炎、抗氧化、抗肝纤维化等作用。

（一）实生苗培育

1. 种子采集与处理

选择 10 ~ 30 年生的生长健壮、冠形匀称、结实多、果实鲜红艳丽、挂果期长的优良母树采种。最佳采种期为 11 月，果皮转为红色，开裂露出黑色种子时即可采种。用采种钩或高枝剪剪下果枝，收集果实。果实采回后装入竹筐内，搓掉果皮，筛出种子。种子净度一般为 90% ~ 95%，优良度为 90%，千粒重约为 48 g。

2. 种子贮藏与催芽

野鸦椿种子有深休眠特征，需贮藏 1 ~ 2 年后再播种。可采用室内贮藏或露天坑藏。

室内贮藏宜选择阴凉通风的地方，在地面先垫 5 cm 厚沙子，按种子:沙 = 1:3 分层或混合堆放，堆放高度不宜超过 50 cm，最上层覆盖 3 ~ 5 cm 厚沙子。贮藏期间沙子湿度保持在 65% ~ 75% 之间，太干种子失水严重，太湿种子易霉烂。

露天坑藏宜选择在地势高燥、排水良好的地方挖坑，宽度为 1 m，深度为 80 cm，长度视种子多少而定。坑底垫 10 cm 厚的小鹅卵石，再垫 20 cm 厚沙子，然后将种子:沙 = 1:3 混合或分层堆放，堆到离地表 20 cm 后盖 10 cm 厚沙子，最上层用黄心土堆成馒头形，并用草覆盖。

种了贮藏期间每隔 1 ~ 2 个月检查 1 次，如发现种子有霉变，要及时筛出，进行消毒处理后再贮藏。贮藏至翌年的 1—2 月取出播种。

3. 大田播种育苗

（1）苗圃地选择。野鸦椿幼苗怕涝、怕旱，喜肥沃、湿润，应选择排水良好、灌溉方便、土层深厚肥沃的壤土或沙壤土地块作苗圃地。过于黏重的土壤或排水不良的地方，其幼苗易患猝倒病、根腐病，造成幼苗大量死亡。

（2）整地作床与土壤处理。深耕细整，耕地深度在 25 cm 以上。苗圃地要清除草根，细碎土壤。耕地时每 667 m² 撒生石灰 30 ~ 40 kg、3% 敌百虫颗粒剂 3 ~ 4 kg 进行土壤消毒；施厩肥 2500 ~ 3000 kg，均匀翻入耕作层中。最后一次耙地时，每 667 m² 施菜枯饼 120 kg、过磷酸钙 50 kg，耙入浅耕作层。播种前 10 ~ 15 d 作床，床面比步道高出 20 cm，床宽 1 m。

（3）播种。1 月或 2 月至 3 月上旬播种，播种量为 75 ~ 90 kg/hm²。采用条播，播种行距为 20 cm，沟深为 2 ~ 3 cm，播种沟内播种 20 ~ 25 粒/m。播种后用黄心土或火烧土覆盖，厚度为 1.5 cm，然后覆膜，期间保持适宜的温度与湿度。

（4）苗期管理。当种子发芽出土达 60% 时，可逐步揭膜通风炼苗，揭膜后立即搭棚遮阴，用透光率为 40% 的遮阳网遮阴，9 月中旬拆除。当幼苗高达 3 ~ 5 cm 时进行间苗、补苗，做到间密补稀，使苗木分布均匀，留苗量为 50 ~ 55 株/m²。

苗圃地应根据杂草生长和土壤板结情况，及时中耕除草，保持土壤疏松、无杂草。6 月下旬以后要加强水肥管理，可施用复合肥料，少量多次，勤施薄施。5—6 月，每隔 15 ~ 20 d 追施尿素 1 次，施用量为 23 ~ 30 kg/hm²；7—9 月，每隔 20 ~ 30 d 追施尿素 1 次，施用量为 60 ~ 90 kg/hm²；9 月下旬追施 1 次氯化钾，每 667 m² 施用量为 6 ~ 8 kg。灌溉要适时适量。

（二）无性繁殖育苗

1. 扦插育苗

（1）插穗采集及处理。2 月下旬至 3 月上旬，从野鸦椿植株的中部、下部剪取一年生健壮的木质化枝条，将枝条制成长 10 ~ 15 cm 的插穗。插穗上切口平切，离下端芽 0.5 cm，保留半叶；下切口斜切，去掉插穗下部叶片。将插穗下端 2 ~ 4 cm 浸泡在 100 mg/L GGR 6 号生根粉或 NAA 溶液中 3 ~ 4 h。

嫩枝扦插采条最佳时期为 5—6 月。扦插前插穗用 500 mg/L IBA 或 ABT 6 号生根粉溶液浸泡 0.5 h。

（2）扦插床准备。野鸦椿扦插在大田进行，扦插床宜选在土层深厚、排水良好、土壤疏松肥沃地块。提前 30 d 作床，床长 4 ~ 6 m、宽 1.0 ~ 1.3 m、高 25 ~ 30 cm。扦插前 1 ~ 2 d 用 40% 甲醛 50 倍液或 0.1% 的高锰酸钾溶液进行消毒，杀死病菌，然后铺约 1 cm 厚基质（黄心土），并用木板轻拍打实以备用。

嫩枝扦插以黄心土∶膨化蛭石 = 1∶1 作基质，基质厚度在 30 cm 以上，用多菌灵 1000 倍液浇透后覆盖地膜，扦插前去除地膜，翻松基质，透气 1 d，浇透水后备用。

（3）扦插。春季扦插在 3 月进行，在傍晚按照 10 cm × 15 cm 的株行距扦插。扦插时先用木棒在基质上插孔，然后放入插穗，用手指压实，使插穗与基质密接。春季扦插深度为插穗长的 2/3，夏季扦插深度为插穗长的 1/3 ~ 1/2。扦插完毕立即喷水，使土壤充分湿润。硬枝扦插搭建塑料拱棚，嫩枝扦插及时搭建透光率为 50% 的荫棚遮阴。

（4）扦插苗管理。硬枝扦插每隔 30 d 揭膜浇水，春季扦插 70 ~ 80 d 生根。嫩枝扦插后每天采用人工或自动间歇喷雾法喷水，以保持基质与插穗叶面湿润，适时施用过磷酸钙 800 倍液或尿素 1000 倍液；嫩枝扦插 50 ~ 60 d 生根，扦插成活率可达 60% 以上。

每隔 10 ~ 15 d 喷施 1 次 0.2% 的多菌灵或 70% 甲基托布津溶液，防治病害。

硬枝扦插生根后，留床培育 1 年出圃；嫩枝扦插生根后，及时移出插床，移栽到苗圃地上继续培养。

（三）绿化大苗培育

（1）苗圃地选择。选择交通方便、地势平坦的旱地或农田，土层厚 60 cm 以上，土壤稍带黏性（利于大苗带土球），灌溉和排水条件良好的地块作苗圃地。

（2）整地及施基肥。冬季全面深翻苗圃地 30 cm，挖栽植穴，穴洞规格为 50 cm×50 cm×40 cm。每穴施腐熟菜枯饼 0.5 kg 或腐熟厩肥 5 kg，并将肥料与土壤充分拌匀。

（3）栽植。秋末苗木开始休眠至翌年早春萌动前，选择阴天或者雨前移栽。株行距根据苗木培育时间及大小决定，一般为 1.5 m×2.0 m。

选用健壮苗木，修剪、去除部分枝叶，剪除过长根系（主根留 20 cm），用泥浆沾根备用。栽栽时，做到"扶正、舒根、打紧"，大苗移栽应带土球，栽栽完毕后浇足定根水。

（4）抚育管理。每年松土除草 4～5 次，结合松土扩穴施肥 2 次，4—5 月和 7—8 月各施复合肥料 1 次，施肥量为 100～150 g/株。

旱地栽植应在高温干旱季节到来之前铺草覆盖，并加强对红蜘蛛、蛴螬等虫害的监控和防治。

（5）苗木修剪。定植 2 年后，苗高 150～200 cm 时进行修剪，控制苗木高生长，以促进直径生长，防止主梢弯曲。春秋季节疏剪过密枝、交叉枝、徒长枝、弯曲枝和病虫害枝。

（四）病虫害防治

野鸦椿苗期病害主要有根腐病、茎腐病和白绢病，虫害有红蜘蛛、蛴螬、茶枝镰蛾、蛴螬等，其危害特点及防治方法见表 6-7。

表 6-7 野鸦椿主要病虫害危害特点及防治方法

病虫害名称	危害特点	防治方法
根腐病	病菌先从须根、侧根侵入，逐步传染至主根，根皮逐渐腐烂萎缩，地上部出现叶片萎蔫，苗茎干缩，甚至整株死亡	（1）预防为主，苗木出土后减少浇水频率及水量，可抑制根腐病的发生 （2）已染病的植株应立即带土挖出丢弃，并用 50% 苯菌灵可湿性粉剂溶液对病株周围土壤进行消毒
茎腐病	苗木发病初期，茎基部变褐色；叶片失绿而发黄，稍下垂；顶梢和叶片逐渐枯萎。以后病斑包围茎基部并迅速向上扩展，最终全株枯死。叶片下垂，不脱落	（1）科学合理地进行水肥管理 （2）在雨季和高温季节喷 70% 甲基托布津可湿性粉剂 800～100 倍液防治 （3）高温季节，在苗床上搭棚遮阴，以降低苗床温度，减轻苗木灼伤危害程度，从而起到防病效果
白绢病	病株皮层腐烂，叶片枯萎脱落，植株死亡	（1）做好苗圃地排水工作，严格进行土壤消毒 （2）发病时用 50% 多菌灵可湿性粉剂 500 倍液、70% 甲基托布津可湿性粉剂 500 倍液交替喷洒
红蜘蛛	红蜘蛛在高温干旱的气候条件下繁殖迅速，危害严重。以口器刺入叶片吮吸汁液，使叶绿素受到破坏，叶片出现灰黄点或斑块，叶片呈橘黄色，脱落甚至落光	在发芽前或展叶期，喷施 20% 三氯杀螨砜可湿性粉剂 600 倍液 2 次，也可喷洒蚜蚧灵防治

续表

病虫害名称	危害特点	防治方法
茶枝镰蛾	幼虫蛀食枝条，常至主干，蛀空部位以上的枝叶全部枯死	（1）6月上旬成虫羽化盛期，用黑光灯诱杀 （2）及时剪除蛀害枝条，将枝条烧毁 （3）危害树干时用棉球蘸乐果后塞洞熏杀
蛴螬	咬断苗木地下根系，取食根皮，造成苗木死亡	（1）结合冬耕，将蛴螬翻出地面冻死 （2）成虫产卵期，用黑光灯诱杀 （3）耕地时施 3% 敌克松 60 kg/hm² （4）严重时，用 50% 辛硫磷乳油或 25% 乙酰甲胺磷乳油 1000 倍液浇灌被害植株周围

（五）苗木出圃

野鸦椿一年生苗苗高可达 40~50 cm，地径为 0.4~0.5 cm。大苗培育 5~6 年即可出圃用于园林绿化。大苗出圃需带土球，土球直径是苗木直径的 6~8 倍，土球高度是土球直径的 2/3，且适当修剪部分枝叶。

第六章 贵州特色乡土园林绿化树种育苗技术

参考文献

包绍红, 2004. 红花木莲育苗技术初报[J]. 林业实用技术(1): 23.

曹展波, 王文辉, 曾宪荣, 2012. 紫花含笑扦插繁殖技术研究[J]. 江西林业科技(4): 26-28.

曹展波, 曾宪荣, 2013. 紫花含笑嫁接繁殖技术研究[J]. 江西林业科技(2): 24-25+35.

柴娜, 何昊东, 黄小柱, 2016. 南方红豆杉育苗技术[J]. 现代农业科技(12): 184+189.

陈碧华, 2012. 杂交马褂木组织培养技术研究[J]. 湖北林业科技(3): 10-13.

陈菊艳, 邓伦秀, 陈景艳, 等, 2014. 红花木莲容器育苗基质的筛选[J]. 贵州农业科学, 42(9): 175-178+183.

陈轲, 2016. 红椿组织培养技术研究[D]. 长沙: 中南林业科技大学.

陈来贺, 王妍, 杨志坚, 等, 2020. 不同植物生长调节剂对闽楠扦插的影响[J]. 西北农林科技大学学报(自然科学版), 48(11): 54-62.

陈丽文, 时群, 梁刚, 等, 2014. 珍贵用材树种红椿的组培育苗技术初探[J]. 亚热带植物科学, 43(2): 164-167.

陈荣江, 宋建伟, 冷怀勇, 等, 2006. 花椒半硬枝扦插育苗试验[J]. 经济林研究, 24(4): 28-33.

陈荣珠, 沈应柏, 2019. 引种珙桐的组织培养研究[J]. 内蒙古师范大学学报(自然科学汉文版), 48(4): 292-297.

陈卫军, 龚洵胜, 游小敏, 2004. 山苍子播种繁殖及扦插育苗初探[J]. 经济林研究(4): 59-60.

陈锡桓, 管建仲, 俞立烜, 等, 2016. 银杏轻基质营养袋育苗技术[J]. 福建林业(3): 40-42+45.

陈晓芬, 2006. 南方红豆杉扦插育苗试验研究[J]. 林业实用技术(10): 24-25.

陈永锋, 2008. 金佛山方竹的育苗技术[J]. 世界竹藤通讯, 6(4): 24-26.

程世平, 施江, 史国安, 等, 2010. 黄连木茎段组织培养中防褐化技术研究[J]. 河南农业科学(8): 110-113.

程世平, 施江, 于维静, 等, 2009. 黄连木的组织培养与快速繁殖[J]. 植物生理学通讯, 45(12): 1210.

邓路明, 王波, 刘作梅, 等, 2021. 珍贵阔叶树种檫木繁育技术研究初探[J]. 现代园艺, 44(5): 15-16+19.

邓伦秀, 杨学义, 2015. 贵州木兰科植物[M]. 贵阳: 贵州科技出版社.

邓永生, 2012. 野鸦椿扦插繁殖试验[J]. 林业勘察设计(2): 148-150.

邓煜, 刘志峰, 2000. 温室容器育苗基质及苗木生长规律的研究[J]. 林业科学, 36(5): 33-39.

董伦鲜, 2016. 不同除草剂对檫树大田育苗的影响[J]. 贵州林业科技, 44(1): 39-42.

段凤芝, 2013. 优质青檀苗培育技术及密度效应探讨[J]. 安徽农业科学, 41(22): 9363-9364+9366.

范春晖, 李永强, 建文娟, 2012. 黄连木容器繁育及栽植技术[J]. 中国园艺文摘, 28(1): 70+77.

范定臣, 刘艳萍, 曾辉, 等, 2018. 不同处理对皂荚硬枝扦插生根的影响[J]. 河南林业科技, 38(1): 8-10+28.

范志远，习学良，2004. 核桃芽苗砧坐地嫁接育苗新技术[J]. 中国南方果树（6）：93.

方小平，杨春华，杨成华，2006. 黄心夜合育苗试验研究[J]. 贵州大学学报（自然科学版），23（2）：196-198.

高相福，罗翠芳，刘劲松，1986. 刺梨的组织培养[J]. 贵州农学院学报（1）：1-6.

耿文清，葛世魁，温龙友，等，2008. 银杏扦插与嫁接繁殖技术[J]. 现代农业科技（21）：41+45.

郭起荣，2011. 南方主要树种育苗关键技术[M]. 北京：中国林业出版社.

郭治友，肖国学，龙应霞，等，2008. 珍稀植物鹅掌楸组织培养与离体快繁技术[J]. 林业实用技术（4）：42-43.

苟惠荣，陶洁，陈中鼎，等，2016. 刺梨扦插育苗技术[J]. 林业科技通讯（12）：21-22.

何灿鸾，文桂喜，李晓铁，2014. 楠木容器育苗新技术[J]. 中国林副特产（2）：39-41.

何贵整，梁刚，蔡林，张桂兰，陈丽文，2012. 南方濒危树种红椿实生苗容器育苗技术[J]. 林业实用技术（10）：28-29.

何俊华，罗蔓，周芳勇，等，2007. 红花木莲容器苗栽培基质配方的比较[J]. 湖南林业科技，34（3）：6-8.

黄超钢，汪爱君，张乃华，等，2011. 毛竹种子秋播育苗技术[J]. 世界竹藤通讯，9（2）：27-28.

黄春晖，2011. 不同育苗方法对黄连木苗木生长的影响[J]. 江苏农业科学，39（4）：197-198.

黄宝祥，符树根，朱培林，2011. 檫木组培快繁试验[J]. 江西林业科技（6）：22-23.

黄丹，2016. 基质配比与施肥对香椿容器苗质量的影响[D]. 雅安：四川农业大学.

黄逢龙，张丽，李燕山，等，2018. 紫花含笑轻基质容器扦插育苗[J]. 林业科技通讯（2）：30-31.

黄宁珍，苏江，冼康华，等，2020. 青钱柳的快速繁殖技术[J]. 广西植物，40（1）：108-118.

惠超，2003. 青檀绿枝扦插育苗技术[J]. 林业科技开发（2）：53.

姬延伟，焦汇民，2019. 花椒育苗方法及丰产栽培技术要点[J]. 南方农业，13（11）：1-4.

江德安，2002. 银杏芽苗砧嫁接育苗研究[J]. 湖北农业科学（3）：54-56.

江灶发，2002. 红花木莲的育苗技术[J]. 江西林业科技（6）：10-11.

姜长阳，邹霞，1991. 花椒的组织培养[J]. 植物生理学通讯，27（6）：431.

金国庆，周志春，胡红宝，等，2005. 3种乡土阔叶树种容器育苗技术研究[J]. 林业科学研究，18（4）：387-392.

金晓玲，2003. 榉树的生物学特性和微繁技术研究[D]. 长沙：中南林学院.

金晓玲，何平，2003. 大叶榉愈伤组织诱导与继代培养的影响因素[J]. 中南林学院学报，23（1）：32-36.

黎娇华，张小平，孙启武，等，2011. 南方红豆杉无性生殖育苗技术研究进展[J]. 安徽师范大学学报（自然科学版），34（1）：60-63.

李富彦，龚尤英，2016. 九叶青花椒容器育苗及早结丰产栽培技术[J]. 南方农业，10（19）：33-34+52.

李红卫，赵庆涛，仝太伟，2011. 青檀硬枝扦插育苗技术[J]. 河南林业科技，31（2）：53-54.

李雪，王淑芬，蒋雄辉，2005. 醉香含笑的组织培养与植株再生[J]. 植物生理学通讯，41（6）：783.

廖明，韦小丽，朱忠荣，等，2005. 鹅掌楸播种苗生长发育规律及育苗技术研究[J]. 贵州林业科技（1）：20-23.

林青，2016. 油桐和油茶离体器官再生体系的建立[D]. 长沙：中南林业科技大学.

刘朝华，李贵芬，高鹏，2020. 青檀大棚轻基质播种育苗技术[J]. 现代农村科技（3）：40-41.

刘成功，陈黎，李燕等，2015. 南方红豆杉种子休眠特性及催芽技术研究[J]. 西南林业大学学报，35（3）：25-29.

刘洁，2010. 黄心夜合扦插繁殖技术及生根机理研究[D]. 长沙：中南林业科技大学.

刘洁，张冬林，张斌，等，2010. 不同生根剂对黄心夜合扦插繁殖的影响[J]. 北方园艺（6）: 124-125.

刘介东，刘善辉，陈建芬，等，2015. 南方红豆杉组织培养技术[J]. 广东林业科技，31（3）: 132-134.

刘均利，杨柳璐，刘青，等，2014. 红椿的组织培养与植株再生[J]. 林业科技，39（6）: 1-5.

刘湘林，欧阳金华，谢克刚，等，2007. 鄂西地区核桃嫁接育苗技术[J]. 林业科技开发（4）: 76-78.

刘作梅，叶芳菲，李小青，2019. 榉树繁育试验研究[J]. 中国林副特产（6）: 34-35+3

陆孝建，2012. 红豆树扦插育苗试验研究[J]. 现代农业科技（15）: 126-127

罗雪梅，2012. 不同榉树品系的生长特性及黄色品系组培快繁技术研究[D]. 长沙: 中南林业科技大学.

罗扬，2012. 贵州主要阔叶树种造林技术[M]. 贵阳: 贵州科技出版社.

龙碧，刘四黑，吴继木，2015. 楠竹无纺布轻基质育苗技术与基质配比[J]. 农村经济与科技，26（4）: 66+188.

龙汉利，周永丽，殷国兰，等，2011. 楠木扦插繁育试验研究[J]. 四川林业科技，32（6）: 85-87.

马秀艳，2015. 不同种子处理及覆盖措施对核桃育苗效果的影响，防护林科技（8）: 30-32.

孟雪，2005. 白玉兰的组织培养和快速繁殖[J]. 植物生理学通讯，41（3）: 339.

欧滨，洪仁辉，钟银宽，等，2016. 不同基质对南方红豆杉扦插育苗成活率的影响研究[J]. 热带林业，44（1）: 15-17.

裴会明，杜坤，2014. 中国鹅掌楸网袋容器育苗轻基质配方的研究[J]. 中国土壤与肥料（6）: 92-95+105.

彭丽，2012. 珍贵乡土树种花榈木播种育苗技术[J]. 林业实用技术（2）: 30.

邱凤英，章挺，戴小英，等，2020. 不同基质配方对樟树容器育苗的影响[J]. 湖南林业科技，47（5）: 1-6.

曲芬霞，陈存及，2010. 闽楠组培快繁技术研究[J]. 林业实用技术（11）: 7-9.

申展，2013. 闽楠无性繁殖技术研究[D]. 长沙: 中南林业科技大学.

沈国舫，2020. 中国主要树种造林技术[M]. 2版. 北京: 中国林业出版社.

沈海龙，2009. 苗木培育学[M]. 北京: 中国林业出版社.

孙雁霞，石大兴，王米力，等，2002. 山苍子的离体培养和植株再生[J]. 植物生理学通讯，38（4）: 353.

孙银祥，张建忠，王逢垚，等，2004. 乐昌含笑扦插繁殖技术[J]. 浙江林业科技，24（5）: 25-27.

汤忠华，韩堂松，王桂萍，2013. 红豆杉容器育苗试验研究[J]. 现代农业科技（6）: 152+163.

唐道方，刘德华，蒋立文，等，2008. 南方红豆杉的组织培养及植株再生研究[J]，湖南农业科学（2）: 21-23.

唐国涛，张汉永，黄锦荣，等，2014. 油茶组织培养繁殖技术初步研究[J]. 广东林业科技，30（3）: 25-29.

万志兵，刘霞，吴林金，2010. 野鸦椿组织培养的初步研究[J]. 湖南农业科学（13）: 26-27+31.

万珠珠，谭秀梅，牛来春，等，2016. 不同处理对油茶继代增殖培养的影响[J]. 中国园艺文摘，32（4）: 31-32.

王枞祁，2011. 花榈木根插及大苗培育技术[J]. 现代农业科技（16）. 203-203, 205.

王灯，陈云飞，王瑶，等，2017. 全佛山方竹苗木分级标准研究[J]. 种子，36（12）: 19-122+123.

王锋利，2011. 银杏育苗技术[J]. 现代农业科技（3）: 230-231.

王港，李周岐，刘晓敏，等，2008. 花椒组织培养再生体系的建立[J]. 西北林学院学报，23（3）: 117-119+155.

王鸣凤，徐八骏，季根田，等，2000. 青檀嫩枝扦插育苗技术[J]. 林业科技开发（3）: 49.

王诗萌，张捷，仲崇禄，等，2016. 不同基质和插穗粗度对醉香含笑扦插生根的影响[J]. 安徽农业科学，44（18）: 152-154+170.

王素根，陈良培，严荣，2012. 银杏嫩枝扦插育苗技术[J]. 林业实用技术（7）: 34.

王贤山，2020. 平利县珙桐有性繁殖培育技术[J]. 陕西林业科技，48（2）: 114-115.

王向前, 2017. 不同扦插基质及不同浓度IBA处理对闽楠生根的影响[J]. 安徽农学通报, 23(17): 98-99+105.

王岩, 2018. 皂荚的扦插繁殖及施肥技术研究[D]. 晋中: 山西农业大学.

汪灵丹, 张日清, 2008. 大叶榉组培苗生根诱导和移栽试验[J]. 经济林研究, 26(3): 59-63.

汪灵丹, 张日清, 金晓玲, 2008. 外植体的选择和消毒对大叶榉组织培养的影响[J]. 湖南林业科技, 35(2): 21-23.

汪灵丹, 张日清, 金晓玲, 2010. 大叶榉顶芽诱导与增殖培养[J]. 中南林业科技大学学报, 30(6): 75-79.

韦强, 2014. 红豆杉容器育苗及栽培技术[J]. 南方农业, 8(15): 11-13.

韦树德, 2008. 花椒扦插育苗技术[J]. 北方园艺(7): 151.

韦小丽, 2003. 不同光环境下香樟、猴樟苗木的生态适应[J]. 山地农业生物学报(3): 208-213.

卫素音, 吕兰英, 卫晓丽, 等, 2020. 皂荚实生苗培育[J]. 中国花卉园艺(12): 50-51.

魏丽秀, 2018. 山苍子繁殖及生根机理研究[D]. 长沙: 中南林业科技大学.

翁小婷, 邓力维, 陈尚钘, 等, 2021. 植物生长调节剂对山苍子茎段扦插的影响[J]. 经济林研究, 39(1): 111-120.

吴安湘, 2006. 珙桐组织培养与植株再生体系的建立[D]. 长沙: 中南林业科技大学.

吴际友, 程政红, 程勇, 等, 2006. 黄心夜合秋季嫩枝扦插效应分析[J]. 浙江林业科技, 26(1): 41-44.

吴玲利, 韩航, 曾艳玲, 等, 2019. 青钱柳组织培养及快速繁殖[J]. 植物生理学报, 55(1): 61-68.

吴吕奇, 杨建辉, 徐志文, 2002. 遮阴在醉香含笑育苗中的经济价值分析[J]. 江西林业科技(1): 45-46.

吴庆锥, 2019. 檫树实生苗繁育技术及苗木生长调查分析[J]. 山东林业科技, 49(6): 45-47.

吴淑玲, 2015. 红花木莲扦插繁殖试验研究[J]. 防护林科技(4): 10-12+15.

吴素娟, 2015. 毛竹实生苗育苗技术[J]. 安徽农学通报, 21(12): 99-100.

吴小慧, 王妍, 杨志坚, 等, 2019. 插穗因素对闽楠扦插苗生根、生长及相关酶活性的影响[J]. 西北植物学报, 39(11): 2028-2036.

吴月燕, 刘秀莲, 汪财生, 2007. 乐昌含笑组织培养过程中根的诱导[J]. 园艺学报, 34(4): 991-994.

吴运辉, 杨序成, 2008. 鹅掌楸两段育苗技术[J]. 林业科技开发(6): 109-111.

武玉玲, 2013. 黄连木容器育苗技术[J]. 河北林业科技(4): 102.

肖祖飞, 王玲玲, 曹璐瑶, 等, 2020. 柠檬醛猴樟茎段组织培养技术研究[J]. 植物研究, 40(2): 196-201.

谢红梅, 柏劲松, 2014. 南方红豆杉优株嫩枝扦插繁殖试验[J]. 林业实用技术(9): 84-87.

谢寅峰, 王莹, 尚旭岚, 等, 2009. 青钱柳组培快繁体系的初步研究[J]. 西北植物学报, 29(11): 2331-2338.

辛全伟, 2010. 香樟优良无性系繁殖技术的研究[D]. 福州: 福建农林大学.

徐会玲, 段银昌, 郭二辉, 等, 2015. 黄连木容器育苗技术[J]. 现代农村科技(15): 55.

徐健, 2010. 山苍子种子繁育和组织培养技术初步研究[D]. 重庆: 西南大学.

徐敏雄, 刘武欢, 吴波, 等, 2012. 南方红豆杉轻基质容器育苗试验[J]. 浙江林业科技, 32(1): 30-33.

徐味, 2018. 不同育苗基质对棕榈容器苗生长、生理及抗性的影响[D]. 贵阳: 贵州大学.

徐佑明, 周仁飞, 唐忠平, 2016. 山苍子扦插繁殖技术研究[J]. 湖南生态科学学报, 3(4): 33-35+52.

许丽琼, 涂炳坤, 2007. 香椿茎段组织培养和再生技术研究[J]. 华中农业大学学报, 26(5): 697-700.

许娜, 沙红, 杜坤, 等, 2015. 马褂木轻基质网袋容器育苗技术[J]. 林业科技通讯(9): 43-44.

闫陈辉, 李荣, 杨萍, 2016. 银杏大田无纺布容器直播技术及苗期管理[J]. 内蒙古林业调查设计, 39(5):

32+6.

杨传宝, 2017. 白玉兰育苗栽培技术[J]. 安徽林业科技, 43(5): 61-63.

杨成华, 方小平, 1996. 青檀实生育苗[J]. 贵州林业科技(3): 53-56.

杨景霞, 2007. 花椒扦插育苗技术[J]. 陕西农业科学(5): 177.

杨留成, 朱凤云, 2008. 珙桐种子育苗技术[J]. 实用林业技术(5): 32.

杨先义, 施金谷, 李永荷, 等, 2016. 毕节市核桃扦插育苗与丰产栽培技术[J]. 农业与技术, 36(21): 102-104.

杨镇, 杨华生, 王志彦, 1997. 黄连木嫩枝扦插育苗研究[J]. 河北林果研究(1): 34-37.

叶金山, 徐海宁, 周诚, 2013. 3种珍贵用材树种扦插繁殖试验初报[J]. 江西林业科技(3): 11-13.

余云云, 2019. 楠木组培技术研究[D]. 合肥: 安徽农业大学.

于志民, 2018. 猴樟容器育苗关键技术研究[D]. 南昌: 江西农业大学.

于志民, 刘娟, 李悦, 等, 2017. 不同遮光度对猴樟容器苗生长及生理特性的影响[J]. 江苏农业科学, 45(15): 119-121.

于志民, 涂淑萍, 邓光华, 等, 2017. 不同配比基质对猴樟容器苗生长的影响[J]. 南方农业学报, 48(12): 2218-2222.

曾庆良, 杨先义, 罗永猛, 等, 2011. 香椿容器育苗基质配方选择研究[J]. 西部林业科学, 40(4): 80-83.

曾武, 程建勤, 林锦容, 等, 2015. 不同生根剂及基质处理对楠木扦插生根的影响[J]. 广东林业科技, 31(6): 57-60.

邹利娟, 苏智先, 胡进耀, 等, 2009. 濒危植物珙桐的组织培养与植株再生[J]. 植物研究, 29(2): 187-192.

张宏辉, 2004. 核桃快速嫁接育苗技术研究[J]. 西北林学院学报, 19(2): 53-55.

张纪卯, 康木水, 连书钗, 2008. 毛红椿扦插育苗试验[J]. 西南林学院学报, 28(6): 57-60+64.

张汝忠, 彭佳龙, 王坚娅, 等, 2007. 毛红椿播种育苗技术及苗期生长规律研究[J]. 浙江林业科技(4): 51-53.

张丽娟, 陈建华, 2008. 实生核桃茎段的组织培养研究[J]. 甘肃农业(2): 72-74.

张清浩, 刘同辉, 李红杰, 等, 2009. 核桃嫩枝扦插育苗技术[J]. 河南林业科技, 29(2): 101-102.

张士文, 2019. 皂荚育苗及造林技术[J]. 河北农业(10): 48-50.

张腾飞, 2019. 香椿播种育苗和栽培技术[J]. 山西林业科技, 48(2): 46-47

赵海鸥, 江泽鹏, 王东雪, 等, 2008. 山苍子扦插试验[J]. 广西林业科学, 37(4): 206-208.

赵惠, 2019. 楠木扦插繁殖技术与其生根机理研究[D]. 合肥: 安徽农业大学.

赵锦河, 2021. 青钱柳嫩枝扦插育苗技术研究[J]. 绿色科技, 23(3): 71-73.

郑道权, 孟晓红, 王遵, 等, 2007. 毛竹种子两段育苗技术[J]. 林业科技开发, 21(1): 75-77.

郑翼, 罗吉斌, 2008. 金佛山方竹育苗与造竹技术[J]. 林业科技开发, 22(3): 115-116.

周红敏, 彭辉, 瞿虹, 等, 2016. 一种新的珍贵树种红豆树扦插快速繁殖技术[J]. 林业科技通讯(11): 30-32.

周进松, 2015. 珍贵树种红豆树的容器苗培育技术[J]. 现代园艺(8): 62-63.

周俊新, 2008. 野鸦椿扦插育苗适宜技术研究[J]. 安徽农学通报, 14(15): 156-158.

周丽华, 蔡燕灵, 曾令海, 等, 2013. 樟树优良家系的组培育苗技术研究[J]. 热带作物学报, 34(1): 67-73.

周永丽, 解锦华, 鄢武先, 等, 2012. 红椿扦插育苗试验[J]. 西南林业大学学报, 32(4): 103-106+109.

钟平兴, 2009. 乐昌含笑育苗及栽培管理技术[J]. 广东林业科技, 25(3): 93-94.

朱碧华,黄宝祥,黄文超,等,2009.紫花含笑的组织培养技术研究[J].安徽农业科学,37(29):14024-14027.

朱惜晨,黄利斌,马东跃,2005.乐昌含笑、深山含笑扦插繁殖试验[J].江苏林业科技,32(1):14-16.

朱祥锦,2005.红花木莲播种苗的育苗技术要点[J].福建林业科技(1):65-67.

朱雁,2010.珍贵树种楠木容器苗芽苗移栽技术[J].中国林副特产(3):54-55.

参考文献

附　录

部分树种育苗图片

▲ 银杏果实

▲ 银杏种子

▲ 银杏大田播种育苗

▲ 南方红豆杉果实

▲ 南方红豆杉容器育苗

▲ 南方红豆杉扦插育苗

▲ 南方红豆杉四年生裸根苗

▲ 鹅掌楸嫁接育苗

▲ 鹅掌楸扦插育苗

▲ 鹅掌楸大田播种育苗

▲ 香樟大田裸根苗

▲ 香樟扦插育苗

▲ 香樟大田容器育苗

▲ 猴樟果实

▲ 猴樟种子

▲ 猴樟大田裸根苗

▲ 闽楠果实

▲ 闽楠种子

▲ 闽楠大棚容器育苗

▲ 闽楠露地容器育苗

▲ 闽楠大田裸根苗

▲ 楠木大田裸根苗

▲ 楠木林下育苗

▲ 楠木芽苗

▲ 楠木芽苗移栽

▲ 楠木露地容器育苗

▲ 花榈木果实

▲ 花榈木种子（吸胀）

▲ 花榈木一年生容器苗

▲ 花榈木二年生裸根苗

▲ 红豆树种子

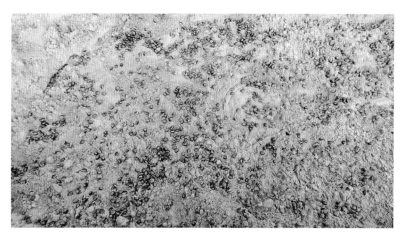

▲ 红豆树种子（混沙湿藏）

▲ 红豆树芽苗

▲ 红豆树一年生裸根苗

▲ 红豆树二年生容器苗

▲ 青钱柳苗床

▲ 青钱柳出土芽苗

▲ 青钱柳一年生裸根苗

▲ 大叶榉树一年生裸根苗

▲ 大叶榉树一年生容器育苗

▲ 秋季大叶榉树苗木色彩

▲ 红椿种子

▲ 红椿幼苗

▲ 红椿扦插育苗

▲ 红椿一年生容器苗

▲ 红椿一年生裸根苗

▲ 香椿果实和种子

▲ 香椿硬枝扦插

▲ 香椿半木质化枝条扦插

▲ 香椿扦插苗

▲ 香椿裸根苗

▲ 香椿大棚容器育苗

▲ 黄连木一年生裸根苗

▲ 黄连木一年生裸根苗

▲ 山鸡椒种子

▲ 山鸡椒幼苗

▲ 山鸡椒一年生裸根苗

▲ 刺梨出土实生苗

▲ 刺梨实生苗

▲ 刺梨扦插育苗

▲ 刺梨扦插苗

▲ 皂荚种子

▲ 皂荚芽苗培育

▲ 皂荚大田播种育苗

▲ 皂荚容器苗

▲ 皂荚扦插苗

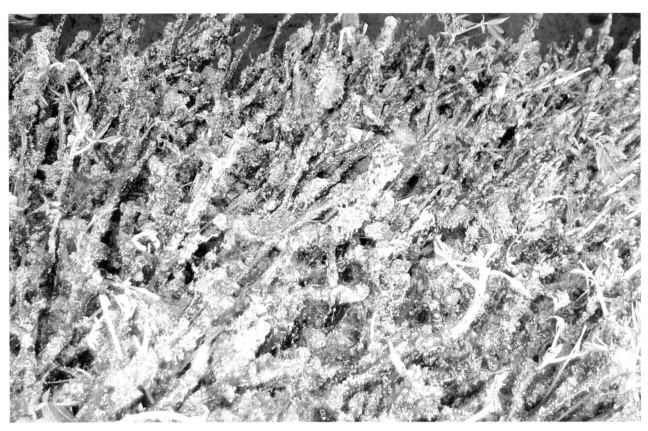

▲ 核桃室内嫁接（保温促进嫁接口愈合）

▲ 核桃嫁接苗

▲ 油茶果实

▲ 油茶芽苗砧嫁接苗

▲ 油茶嫁接容器苗

▲ 油茶裸根苗

▲ 油茶芽苗砧嫁接育苗

▲ 花椒芽苗移栽

▲ 花椒芽苗移植苗

▲ 花椒实生苗

▲ 花椒嫁接苗

▲ 花椒石山地露地育苗

▲ 棕榈果穗

▲ 棕榈一年生裸根苗

▲ 棕榈二年生裸根苗

▲ 棕榈一年生容器苗

▲ 棕榈二年生容器苗

▲ 毛竹种子

▲ 毛竹容器育苗

▲ 毛竹一年生容器苗

▲ 毛竹一年生裸根苗

▲ 金佛山方竹种子

▲ 金佛山方竹容器育苗

▲ 金佛山方竹大田播种育苗

▲ 金佛山方竹一年生容器苗

▲ 乐昌含笑裸根苗

▲ 乐昌含笑容器苗

▲ 黄心夜合裸根苗

▲ 紫花含笑裸根苗

▲ 醉香含笑容器苗

▲ 珙桐容器苗

▲ 野鸦椿果实

▲ 野鸦椿容器苗